자연 탐사 길잡이 01

봄에 피는 우리꽃 386

지은이 현진오(玄眞旿) — 1963년 제주에서 났다. 서울대학교 식물학과와 같은 대학원에서 식물분류학을 전공, 석사를 거쳐 박사과정을 수료했다. 박사과정을 마친 지 10년이 넘어 순천향대학교에서 '한반도 보호식물의 선정과 사례연구'로 이학박사학위를 받았다. 〈사람과 산〉 편집부장, 〈메가람〉 편집국장을 역임하고, 2002년에 동북아식물연구소를 설립해 소장으로 일하고 있다. 우이령보존회 학술위원장, 국회환경포럼 정책자문위원 등 사회활동도 활발히 하고 있다. 〈꽃산행〉, 〈아름다운 우리꽃〉, 〈설악산 생태여행〉, 〈덕유산의 꽃〉, 〈우리 민들레〉 등 10여 권의 식물 관련 책을 냈으며, 자연다큐멘터리 〈희귀식물의 보고, 울릉도〉를 촬영하기도 했다.

사진 문순화(文順和) — 1933년 제주에서 났다. 1954년 해군 정·동 사진교육 수료를 계기로 50여 년간 사진과 인연을 맺어왔다. 해군을 거쳐 건설부에서 정년을 맞이한 40여 년의 공무원 생활에서 사진은 직업이자 인생으로서 언제나 그의 곁에 있었다. 산악사진가로서 전국의 산과 들을 헤치는 동안 생태계 기록의 중요성을 깨닫고 매달리기 시작한 식물 촬영은 후에 그를 우리나라의 이 분야 개척자로서 우뚝 서게 했다. 25회 대한민국 예술전람회 특선을 비롯하여 사진 부문 화려한 수상경력이 있으며, 산과 식물을 주제로 한 굵직한 개인전을 10여 차례나 열었다. 사진 작품집으로 〈사진으로 보는 아름다운 우리 산하〉가 있으며, 〈백두산의 꽃〉, 〈덕유산의 꽃〉, 〈설악산의 꽃〉, 〈한라산의 꽃〉, 〈지리산의 꽃〉 등의 식물 화보집을 출간했다.

자연탐사 길잡이 01 **봄에 피는 우리꽃 386**
초판 1쇄 발행 2003년 6월 10일 | 개정판 2쇄 발행 2012년 4월 20일

지은이 현진오 | 사진 문순화 | 펴낸이 김정일 | 펴낸곳 신구문화사
출판등록 1968. 6. 10. 제1-205호 | 주소 경기도 성남시 중원구 금광2동 2661
전화 031-741-3055~6 | 팩스 031-741-3054
인쇄 삼신문화사 | 제본 예인바인텍
ⓒ 문순화・현진오, 2003 ISBN 89-7668-103-7 03480 값 20,000원
지은이와의 협의로 인지는 생략합니다.

자연탐사 길잡이 01

봄에 피는 우리꽃 386

현진오 지음
문순화 사진

신구문화사

책을내며

봄꽃 386가지를 안다면?

봄에 꽃이 피는 식물 386가지를 구분할 수 있게 된다면 무슨 일이 생길까요? 모두들 '식물박사'라고 불러줄 것입니다. 하지만 그게 어디 쉬운 일입니까? 철마다 피고 지는 우리꽃이 마냥 좋아서 산과 들을 헤매고 다니지만, 비슷비슷하고 알쏭달쏭한 식물들을 구분할 수 있는 방법을 찾을 길이 없으니 말입니다. 웬만큼 식물을 안다고 자신하는 이들도 봄꽃 150가지를 정확하게 구분하지 못합니다. 열정은 누구 못지 않지만 어느 수준에 도달하고 나면 한계를 느끼게 되고, 더 이상의 발전을 기대하기 어렵게 됩니다. 이것은 비슷한 식물들을 서로 구분하는 데 실패하기 때문입니다. 식물학자들이 사용하는 검색표를 이용하면 비슷한 식물들을 구분하여 정확한 이름을 찾을 수 있습니다. 하지만, 우리나라 모든 식물의 이름을 정확하게 찾을 수 있는 검색표는 여러 가지 이유 때문에 아직 완성되지 못하였습니다. 그래서 이웃나라 일본과 중국 도감을 기웃거려 보지만, 이 역시 귀찮고 어려운 일입니다. 이 책은 이런 아마추어 식물애호가들과 식물분류학, 식물생태학, 보전생물학, 원예학을 전공하는 이들에게 조금이나마 도움을 드리기 위해 기획되었습니다.

봄꽃 386가지를 구분할 수 있게 된다면 어떤 일이 생길까요? 우리나라 자연이 새롭게 보일 것입니다. 봄철에 찾아가면 언제나 만날 수 있는 봄꽃들은 그곳 생태계를 이루는 중요한 구성요소라는 것을 깨닫게 될 것이며, 이를 잣대 삼아 그 생태계의 건강성을 가늠할 수 있게 될 것입니다. 자연을 구성하는 생물종들과 친숙해지려는 노력이야말로 자연사랑의 출발점이요 우리를 밝고 맑은 새로운 세계로 이끌어주는 계기가 된다는 것을 저는 굳게 믿고 있습니다. 식물종을 먼저 알아야 생태계에 대한 이해가 더욱 깊어집니다. 봄꽃 386가지를 찾아서 힘차게 출발해 보십시오.

_2003년 봄 현진오

차례

책을 내며 **5**
일러두기 **25**

양치식물문(Pteridophyta)

속새강(Articulatae)

속새목(Equisetaceae)

속새과(Equisetaceae)

쇠뜨기 *Equisetum arvense* L. **29**

양치식물강(Filices)

고비목(Osmundales)

고비과(Osmundaceae)

고비 *Osmunda japonica* Thunb. **30**

고사리과(Polypodiaceae)

관중 *Dryopteris crassirhizoma* Nakai **31**

피자식물문(Angiospermae)

쌍자엽식물강(Dicotyledoneae)

이판화아강(Archichlamydeae)

가래나무목(Juglandales)

소귀나무과(Myricaceae)

소귀나무 *Myrica rubra* (Lour.) Siebold et Zucc. **32**

가래나무과(Juglandaceae)

가래나무 *Juglans mandshurica* Maxim. **33**

참나무목(Fagales)

자작나무과(Betulaceae)

두메오리나무 *Alnus maximowiczii* Callier **34**

개암나무 *Corylus heterophylla* Fisch. ex Trautv. var. *thunbergii* Blume **35**

참나무과(Fagaceae)
너도밤나무 *Fagus japonica* Maxim. var. *multinervis* (Nakai) Y.N. Lee **36**

쐐기풀목(Urticales)

뽕나무과(Moraceae)
산뽕나무 *Morus bombycis* Koidz. **37**

단향목(Santalales)

단향과(Santalaceae)
제비꿀 *Thesium chinense* Turcz. **38**

마디풀목(Polygonales)

여뀌과(Polygoanceae)
애기수영 *Rumex acetosella* L. **39**

중심자목(Centrospermae)

석죽과(Caryophyllaceae)
갯장구채 *Melandrium oldhamianum* (Miq.) Rohrb. **40**
개벼룩 *Moehringia laterifolia* (L.) Fenzl **41**
쇠별꽃 *Myosoton aquaticum* (L.) Moench **42**
참개별꽃 *Pseudostellaria coreana* (Nakai) Ohwi **43**
덩굴개별꽃 *Pseudostellaria davidii* (Franch.) Pax **44**
개별꽃 *Pseudostellaria heterophylla* (Miq.) Pax **45**
큰개별꽃 *Pseudostellaria palibiniana* (Takeda) Ohwi **46**
벼룩나물 *Stellaria alsine* Grimm **47**
별꽃 *Stellaria media* (L.) Vill. **48**

목련목(Magnoliales)

목련과(Magnoliaceae)
튤립나무 *Liriodendron tulipifera* L. **49**
백목련 *Magnolia denudata* Desr. **50**
태산목 *Magnolia grandiflora* L. **51**

목련 *Magnolia kobus* DC. **52**
자목련 *Magnolia liliflora* Desr. **53**
일본목련 *Magnolia obovata* Thunb. **54**
함박꽃나무 *Magnolia sieboldii* K. Koch **55**

붓순나무과(Illiciaceae)
붓순나무 *Illicium anisatum* L. **56**

녹나무과(Lauraceae)
생강나무 *Lindera obtusiloba* Blume **57**

미나리아재비목(Ranunculales)
미나리아재비과(Ranunculaceae)
노루삼 *Actaea asiatica* H. Hara **58**
복수초 *Adonis amurensis* Regel et Radde **59**
세복수초 *Adonis multiflora* T. Nishikawa et K. Ito **60**
들바람꽃 *Anemone amurensis* (Korsh.) Kom. **61**
홀아비바람꽃 *Anemone koraiensis* Nakai **62**
태백바람꽃 *Anemone pendulisepala* Y.N. Lee **63**
꿩의바람꽃 *Anemone raddeana* Regel **64**
회리바람꽃 *Anemone reflexa* Stephan et Willd. **65**
세바람꽃 *Anemone stolonifera* Maxim. **66**
매발톱꽃 *Aquilegia oxysepala* Trautv. et C.A. Mey. **67**
동의나물 *Caltha palustris* L. var. *nipponica* H. Hara **68**
큰꽃으아리 *Clematis patens* C. Morren et Decne. **69**
변산바람꽃 *Eranthis byunsanensis* B.Y. Sun **70**
너도바람꽃 *Eranthis stellata* Maxim. **71**
노루귀 *Hepatica asiatica* Nakai **72**
새끼노루귀 *Hepatica insularis* Nakai **73**
섬노루귀 *Hepatica maxima* Nakai **74**
만주바람꽃 *Isopyrum mandshuricum* (Kom.) Kom. **75**
나도바람꽃 *Isopyrum raddeanum* (Regel) Maxim. **76**

모데미풀 *Megaleranthis saniculifolia* Ohwi **77**
가는잎할미꽃 *Pulsatilla cernua* (Thunb.) Bercht. et Opiz **78**
할미꽃 *Pulsatilla cernua* (Thunb.) Bercht. et Opiz var. *koreana* Yabe ex Nakai **79**
분홍할미꽃 *Pulsatilla dahurica* (Fisch.) Spreng. **80**
동강할미꽃 *Pulsatilla tongangensis* Y.N. Lee et T.C. Lee **81**
구름미나리아재비 *Ranunculus borealis* Trautv. **82**
왜미나리아재비 *Ranunculus franchetii* H. Boissieu **83**
매화마름 *Ranunculus kazusensis* Makino **84**
개구리자리 *Ranunculus sceleratus* L. **85**
개구리갓 *Ranunculus ternatus* Thunb. **86**
개구리발톱 *Semiaquilegia adoxoides* (DC.) Makino **87**
연잎꿩의다리 *Thalictrum coreanum* H. Lév. **88**

매자나무과(Berberidaceae)

꿩의다리아재비 *Caulophyllum robustum* Maxim. **89**
삼지구엽초 *Epimedium koreanum* Nakai **90**
한계령풀 *Gymnospermium microrrhynchum* (S. Moore) Takht. **91**
깽깽이풀 *Jeffersonia dubia* (Maxim.) Benth. et Hook. fil. ex Baker et S. Moore **92**

으름덩굴과(Lardizabalaceae)

으름덩굴 *Akebia quinata* (Thunb.) Decne. **93**
멀꿀 *Stauntonia hexaphylla* (Thunb.) Decne. **94**

새모래덩굴과(Menispermaceae)

새모래덩굴 *Menispermum dahuricum* DC. **95**

후추목(Piperales)

삼백초과(Saururaceae)

약모밀 *Houttuynia cordata* Thunb. **96**

홀아비꽃대과(Chloranthaceae)

옥녀꽃대 *Chloranthus fortunei* (A. Gray) Solms **97**

홀아비꽃대 *Chloranthus japonicus* Siebold **98**

쥐방울덩굴목(Aristolochiales)

쥐방울덩굴과(Aristolochiaceae)

등칡 *Aristolochia manshuriensis* Kom. **99**

개족도리 *Asarum maculatum* Nakai **100**

족도리풀 *Asarum sieboldii* Miq. **101**

무늬족도리 *Asarum sieboldii* Miq. var. *versicolor* T. Yamaki **102**

물레나물목(Guttiferales)

작약과(Paeoniaceae)

백작약 *Paeonia japonica* (Makino) Miyabe et Takeda **103**

모란 *Paeonia suffruticosa* Andr. **104**

차나무과(Theaceae)

사스레피나무 *Eurya japonica* Thunb. **105**

양귀비목(Papaverales)

양귀비과(Papaveraceae)

애기똥풀 *Chelidonium majus* L. var. *asiaticum* (H. Hara) Ohwi **106**

섬현호색 *Corydalis filistipes* Nakai **107**

갈퀴현호색 *Corydalis grandicalyx* B.U. Oh et Y.S. Kim **108**

갯괴불주머니 *Corydalis heterocarpa* Siebold et Zucc. var. *japonica* (Franch. et Sav.) Ohwi **109**

자주괴불주머니 *Corydalis incisa* (Thunb.) Pers. **110**

점현호색 *Corydalis maculata* B.U. Oh et Y.S. Kim **111**

산괴불주머니 *Corydalis speciosa* Maxim. **112**

들현호색 *Corydalis ternata* Nakai **113**

금낭화 *Dicentra spectabilis* (L.) Lem. **114**

매미꽃 *Hylomecon hylomeconoides* (Nakai) Y.N. Lee **115**

피나물 *Hylomecon vernale* Maxim. **116**

십자화과(Cruciferae)

큰산장대 *Arabis gemmifera* (Matsum.) Makino **117**

장대나물 *Arabis glabra* (L.) Bernh. **118**

섬갯장대 *Arabis stelleri* DC. var. *japonica* F. Schmidt **119**

섬장대 *Arabis takesimana* Nakai **120**

유채 *Brassica campestris* L. **121**

꽃황새냉이 *Cardamine amaraeformis* Nakai **122**

는쟁이냉이 *Cardamine komarovi* Nakai **123**

미나리냉이 *Cardamine leucantha* (Tausch) O.E. Schulz **124**

꽃다지 *Draba nemorosa* L. **125**

물냉이 *Rorippa nasturtium-aquaticum* (L.) Hayek **126**

말냉이 *Thlaspi arvense* L. **127**

고추냉이 *Wasabia japonica* (Miq.) Matsum. **128**

장미목(Rosales)

조록나무과(Hamamelidaceae)

히어리 *Corylopsis coreana* Uyeki **129**

풍년화 *Hamamelis japonica* Siebold et Zucc. **130**

돌나물과(Crassulaceae)

땅채송화 *Sedum oryzifolium* Makino **131**

돌나물 *Sedum sarmentosum* Bunge **132**

범의귀과(Saxifragaceae)

돌단풍 *Aceriphyllum rossii* (Oliv.) Engl. **133**

애기괭이눈 *Chrysosplenium flagelliferum* F. Schmidt **134**

산괭이눈 *Chrysosplenium japonicum* (Maxim.) Makino **135**

흰털괭이눈 *Chrysosplenium pilosum* Maxim. var. *fulvum* (A. Terracc.) H. Hara **136**

금괭이눈 *Chrysosplenium pilosum* Maxim. var. *valdepilosum* Ohwi **137**

선괭이눈 *Chrysosplenium pseudo-fauriei* H. Lév. **138**

가지괭이눈 *Chrysosplenium ramosum* Maxim. **139**

매화말발도리 *Deutzia uniflora* Shirai. **140**

고광나무 *Philadelphus schrenkii* Rupr. **141**

까마귀밥여름나무 *Ribes fasciculatum* Siebold et Zucc. var. *chinense* Maxim. **142**

명자순 *Ribes maximowiczianum* Kom. **143**

헐떡이풀 *Tiarella polyphylla* D. Don **144**

돈나무과(Pittosporaceae)

돈나무 *Pittosporum tobira* (Thunb.) Aiton **145**

장미과(Rosaceae)

풀명자 *Chaenomeles japonica* (Thunb.) Lindl. **146**

섬개야광나무 *Cotoneaster wilsonii* Nakai **147**

산사나무 *Crataegus pinnatifida* Bunge **148**

뱀딸기 *Duchesnea chrysantha* (Zoll. et Moritzi) Miq. **149**

가침박달 *Exochorda serratifolia* S. Moore **150**

흰땃딸기 *Fragaria nipponica* Makino **151**

황매화 *Kerria japonica* (L.) DC. **152**

야광나무 *Malus baccata* (L.) Borkh. **153**

나도국수나무 *Neillia uekii* Nakai **154**

양지꽃 *Potentilla fragarioides* L. var. *major* Maxim. **155**

세잎양지꽃 *Potentilla freyniana* Bornm. **156**

가락지나물 *Potentilla kleiniana* Wight et Arn. **157**

민눈양지꽃 *Potentilla yokusaiana* Makino **158**

이스라지 *Prunus japonica* Thunb. var. *nakaii* (H. Lév.) Rehder **159**

개벚지나무 *Prunus maackii* Rupr. **160**

개살구나무 *Prunus mandshurica* (Maxim.) Koehne **161**

산개벚지나무 *Prunus maximowiczii* Rupr. **162**

매실나무 *Prunus mume* Siebold et Zucc. **163**

귀룽나무 *Prunus padus* L. **164**

올벚나무 *Prunus pendula* Maxim. for. *ascendens* (Makino) Ohwi **165**

산벚나무 *Prunus sargentii* Rehder **166**

섬벚나무 *Prunus takesimensis* Nakai **167**

왕벚나무 *Prunus yedoensis* Matsum. **168**

다정큼나무 *Rhaphiolepis umbellata* (Thunb.) Makino **169**

병아리꽃나무 *Rhodotypos scandens* (Thunb.) Makino **170**

찔레나무 *Rosa multiflora* Thunb. **171**

수리딸기 *Rubus corchorifolius* L. fil. **172**

복분자딸기 *Rubus coreanus* Miq. **173**

산딸기나무 *Rubus crataegifolius* Bunge **174**

장딸기 *Rubus hirsutus* Thunb. **175**

거제딸기 *Rubus tozawai* Nakai ex Chung **176**

줄딸기 *Rubus oldhamii* Miq. **177**

섬나무딸기 *Rubus takesimensis* Nakai **178**

팥배나무 *Sorbus alnifolia* (Siebold et Zucc.) K. Koch **179**

산조팝나무 *Spriaea blumei* G. Don **180**

공조팝나무 *Spiraea cantoniensis* Lour. **181**

인가목조팝나무 *Spiraea chamaedryfolia* L. **182**

당조팝나무 *Spiraea chinensis* Maxim. **183**

참조팝나무 *Spiraea fritschiana* C.K. Schneid. **184**

조팝나무 *Spiraea prunifolia* Siebold et Zucc. for. *simpliciflora* Nakai **185**

갈기조팝나무 *Spiraea trichocarpa* Nakai **186**

국수나무 *Stephanandra incisa* (Thunb.) Zabel **187**

나도양지꽃 *Waldsteinia ternata* (Stephan) Fritsch **188**

콩과(Leguminosae)

자운영 *Astragalus sinicus* L. **189**

실거리나무 *Caesalpinia decapetala* (Roth) Alston var. *japonica* (Siebold et Zucc.) Ohashi **190**

골담초 *Caragana sinica* (Buc'hoz) Rehder **191**

박태기나무 *Cercis chinensis* Bunge **192**

개느삼 *Echinosophora koreensis* (Nakai) Nakai **193**

땅비싸리 *Indigofera kirilowii* Maxim. **194**

아까시나무 *Robinia pseudo-accacia* L. **195**

붉은토끼풀 Trifolium pratense L. **196**

토끼풀 Trifolium repens L. **197**

살갈퀴 Vicia angustifolia L. var. segetalis (Thuill.) K. Koch **198**

등 Wisteria floribunda (Will.) DC. **199**

쥐손이풀목(Geraniales)

괭이밥과(Oxalidaceae)

애기괭이밥 Oxalis acetosella L. **200**

괭이밥 Oxalis corniculata L. **201**

큰괭이밥 Oxalis obtriangulata Maxim. **202**

대극과(Euphorbiaceae)

민대극 Euphorbia ebracteolata Hayata **203**

흰대극 Euphorbia esula L. **204**

등대풀 Euphorbia helioscopia L. **205**

암대극 Euphorbia jolkini H. Boissieu **206**

개감수 Euphorbia sieboldiana C. Morren et Decne. **207**

산쪽풀 Mercurialis leiocarpa Siebold et Zucc. **208**

운향목(Rutales)

운향과(Rutaceae)

백선 Dictamnus dasycarpus Turcz. **209**

상산 Orixa japonica Thunb. **210**

탱자나무 Poncirus trifolia (L.) Raf. **211**

멀구슬나무과(Meliaceae)

멀구슬나무 Melia azedarch L. **212**

원지과(Polygalaceae)

애기풀 Polygala japonica Houtt. **213**

무환자나무목(Sapindales)

옻나무과(Anacardiaceae)

개옻나무 *Rhus trichocarpa* Miq. **214**

단풍나무과(Aceraceae)

신나무 *Acer ginnala* Maxim. **215**

고로쇠나무 *Acer mono* Maxim. **216**

당단풍나무 *Acer pseudo sieboldianum* (Pax) Kom. **217**

산겨릅나무 *Acer tegmentosum* Maxim. **218**

시닥나무 *Acer tschonoskii* Maxim. var. *rubripes* Kom. **219**

부게꽃나무 *Acer ukurunduense* Trautv. et C.A. Mey. **220**

칠엽수과(Hippocastanaceae)

칠엽수 *Aesculus turbinata* Blume **221**

노박덩굴목(Celastrales)

감탕나무과(Aquifoliaceae)

호랑가시나무 *Ilex cornuta* Lindl. et Paxton **222**

노박덩굴과(Celastraceae)

화살나무 *Euonymus alatus* (Thunb.) Siebold **223**

고추나무과(Staphyleaceae)

고추나무 *Staphylea bumalda* (Thunb.) DC. **224**

회양목과(Buxaceae)

회양목 *Buxus microphylla* Siebold et Zucc. var. *koreana* Nakai ex Rehder **225**

아욱목(Malvales)

아욱과(Malvaceae)

당아욱 *Malva sylvestris* L. var. *mauritiana* Mill. **226**

팥꽃나무목(Thymelaeales)

팥꽃나무과(Thymelaeaceae)

팥꽃나무 *Daphne genkwa* Siebold et Zucc. **227**

백서향 *Daphne kiusiana* Miq. **228**

서향 *Daphne odora* Thunb. **229**

삼지닥나무 *Edgeworthia chrysantha* Lindl. **230**

보리수나무과(Elaeagnaceae)

보리수나무 *Elaeagnus umbellata* Thunb. **231**

제비꽃목(Violales)

제비꽃과(Violaceae)

졸방제비꽃 *Viola acuminata* Ledeb. **232**

태백제비꽃 *Viola albida* Palib. **233**

단풍제비꽃 *Viola albida* Palib. var. *takahashii* (Makino) Nakai **234**

둥근털제비꽃 *Viola collina* Besser **235**

금강제비꽃 *Viola diamantica* Nakai **236**

남산제비꽃 *Viola dissecta* Ledeb. var. *chaerophylloides* (Regel) Makino **237**

낚시제비꽃 *Viola grypoceras* A. Gray **238**

흰털제비꽃 *Viola hirtipes* S. Moore **239**

왜제비꽃 *Viola japonica* Langsd. **240**

잔털제비꽃 *Viola keiskei* Miq. **241**

큰졸방제비꽃 *Viola kusanoana* Makino **242**

흰젖제비꽃 *Viola lactiflora* Nakai **243**

제비꽃 *Viola mandshurica* W. Becker **244**

노랑제비꽃 *Viola orientalis* (Maxim.) W. Becker **245**

종지나물 *Viola papilionacea* Pursh **246**

흰제비꽃 *Viola patrini* DC. **247**

고깔제비꽃 *Viola rossii* Hemsl. **248**

뫼제비꽃 *Viola selkirkii* Pursh ex Goldie **249**

서울제비꽃 *Viola seoulensis* Nakai **250**

알록제비꽃 *Viola variegata* Fisch. ex Link **251**
콩제비꽃 *Viola verecunda* A. Gray **252**
왕제비꽃 *Viola websteri* F.B. Forbes et Hemsl. **253**
우산제비꽃 *Viola woosanensis* Y.N. Lee et J.K. Kim **254**
호제비꽃 *Viola yedoensis* Makino **255**

산형목(Umbellales)

층층나무과(Cornaceae)

식나무 *Aucuba japonica* Thunb. **256**
산수유나무 *Cornus officinalis* Siebold et Zucc. **257**

산형과(Umbelliferae)

붉은참반디 *Sanicula rubriflora* F. Schmidt **258**
애기참반디 *Sanicula tuberculata* Maxim. **259**

합판화아강(Sympetalae)

진달래목(Ericales)

진달래과(Ericaceae)

진달래 *Rhododendron mucronulatum* Turcz. **260**
흰진달래 *Rhododendron mucronulatum* Turcz. var. *albiflorum* Nakai **261**
털진달래 *Rhododendron mucronulatum* Turcz. var. *ciliatum* Nakai **262**
철쭉나무 *Rhododendron schlippenbachii* Maxim. **263**
참꽃나무 *Rhododendron weyrichii* Maxim. **264**
산철쭉 *Rhododendron yedoense* Maxim. ex Regel var. *poukhanense* (H. Lév.) Nakai **265**
산앵도나무 *Vaccinium hirtum* Thunb. var. *koreanum* (Nakai) Kitam. **266**

앵초목(Primulales)

앵초과(Primulaceae)

뚜껑별꽃 *Anagallis arvense* L. **267**
봄맞이 *Androsace umbellata* (Lour.) Merr. **268**
좀가지풀 *Lysimachia japonica* Thunb. **269**

물까치수영 *Lysimachia leucantha* Miq. **270**
갯까치수영 *Lysimachia mauritiana* Lam. **271**
큰앵초 *Primula jesoana* Miq. **272**
설앵초 *Primula modesta* Bisset et S. Moore var. *fauriei* (Franch.) Takeda **273**
앵초 *Primula sieboldii* E. Morren **274**

감나무목(Ebenales)
때죽나무과(Styracaceae)
때죽나무 *Styrax japonicus* Siebold et Zucc. **275**
쪽동백 *Styrax obassia* Siebold et Zucc. **276**

노린재나무과(Symplocaceae)
노린재나무 *Symplocos sawafutagi* Nagam. **277**

물푸레나무목(Oleales)
물푸레나무과(Oleaceae)
미선나무 *Abeliophyllum distichum* Nakai **278**
이팝나무 *Chionanthus retusus* Lindl. et Paxton **279**
개나리 *Forsythia koreana* (Rehder) Nakai **280**
만리화 *Forsythia ovata* Nakai **281**
산개나리 *Forsythia saxatilis* Nakai **282**
쇠물푸레 *Fraxinus sieboldiana* Blume **283**
영춘화 *Jasminum nudiflorum* Lindl. **284**
라일락 *Syringa vulgaris* L. **285**

용담목(Gentianales)
용담과(Gentianaceae)
흰그늘용담 *Gentiana pseudo-aquatica* Kusn. **286**
큰구슬붕이 *Gentiana zollingeri* Fawc. **287**

박주가리과(Asclepiadaceae)

민백미꽃 Cynanchum ascyrifolium (Franch. et Sav.) Matsum. **288**

백미꽃 Cynanchum atratum Bunge **289**

꼭두서니과(Rubiaceae)

선갈퀴 Asperula odorata L. **290**

호자나무 Damnacanthus indicus C.F. Gaertn. **291**

통화식물목(Tubiflorae)

지치과(Boraginaceae)

모래지치 Argusia sibirica (L.) Dandy **292**

당개지치 Brachybotrys paridiformis Maxim. **293**

컴프리 Symphytum officinale L. **294**

덩굴꽃마리 Trigonotis icumae (Maxim.) Makino **295**

꽃마리 Trigonotis peduncularis (Trevis.) Benth. ex Baker et S. Moore **296**

참꽃마리 Trigonotis radicans (Turcz.) Steven var. sericea (Maxim.) H. Hara **297**

꿀풀과(Labiatae)

금창초 Ajuga decumbens Thunb. **298**

조개나물 Ajuga multiflora Bunge **299**

긴병꽃풀 Glechoma longituba (Nakai) Kuprian. **300**

광대수염 Lamium album L. var. barbatum (Siebold et Zucc.) Franch. et Sav. **301**

광대나물 Lamium amplexicaule L. **302**

벌깨덩굴 Meehania urticifolia (Miq.) Makino **303**

배암차즈기 Salvia plebeia R. Br. **304**

가지과(Solanaceae)

노랑미치광이풀 Scopolia lutescens Y.N. Lee **305**

미치광이풀 Scopolia parviflora (Dunn) Nakai **306**

현삼과(Scrophulariaceae)

주름잎 *Mazus pumilus* (Burm. fil.) van Steenis **307**

참오동나무 *Paulownia tomentosa* (Thunb.) Steud. **308**

선개불알풀 *Veronica arvensis* L. **309**

큰개불알풀 *Veronica persica* Poir. **310**

큰물칭개나물 *Veronica anagallis-aquatica* L. **311**

열당과(Orobanchaceae)

개종용 *Lathraea japonica* Miq. **312**

산토끼꽃목(Dipsacales)

인동과(Caprifoliaceae)

털댕강나무 *Abelia biflora* Turcz. **313**

섬댕강나무 *Abelia insularis* Nakai **314**

줄댕강나무 *Abelia tyaihyoni* Chung ex Nakai **315**

댕댕이나무 *Lonicera caerulea* L. var. *edulis* Turcz. ex Herder **316**

길마가지나무 *Lonicera harai* Makino **317**

인동덩굴 *Lonicera japonica* Thunb. ex Murray **318**

괴불나무 *Lonicera maackii* (Rupr.) Maxim. **319**

섬괴불나무 *Lonicera insularis* Nakai **320**

올괴불나무 *Lonicera praeflorens* Batalin **321**

왕괴불나무 *Lonicera vidalii* Franch. et Sav. **322**

딱총나무 *Sambucus sieboldiana* (Miq.) Blume var. *miquelii* (Nakai) H. Hara **323**

말오줌나무 *Sambucus sieboldiana* (Miq.) Blume var. *pendula* (Nakai) T.B. Lee **324**

분꽃나무 *Viburnum carlesii* Hemsl. **325**

분단나무 *Viburnum furcatum* Blume **326**

배암나무 *Viburnum koreanum* Nakai **327**

붉은병꽃나무 *Weigela florida* (Bunge) A. DC. **328**

병꽃나무 *Weigela subsessilis* (Nakai) L.H. Bailey **329**

연복초과(Adoxaceae)

연복초 *Adoxa moschatellina* (Tourn.) L. **330**

마타리과(Valerianaceae)

쥐오줌풀 *Valeriana fauriei* Briq. **331**

초롱꽃목(Campanulales)

초롱꽃과(Campanulaceae)

홍노도라지 *Peracarpa carnosa* (Wall.) Hook. fil. et Thomson var. *circaeoides* (F. Schmidt ex Miq.) Makino **332**

국화과(Compositae)

조뱅이 *Breea segeta* (Bunge) Kitam. **333**

지느러미엉겅퀴 *Carduus crispus* L. **334**

지칭개 *Hemistepta lyrata* Bunge **335**

선씀바귀 *Ixoris chinensis* (Thunb.) Kitag. var. *strigosa* (H. Lév. et Vaniot) Ohwi **336**

벌음씀바귀 *Ixeris debilis* (Thunb.) A. Gray **337**

씀바귀 *Ixeris dentata* (Thunb.) Nakai **338**

벌씀바귀 *Ixeris ploycephala* Cass. **339**

갯씀바귀 *Ixeris repens* (L.) A. Gray **340**

좀씀바귀 *Ixeris stolonifera* A. Gray **341**

솜나물 *Leibnitzia anandria* (L.) Turcz. **342**

머위 *Petasites japonicus* (Siebold et Zucc.) Maxim. **343**

솜방망이 *Senecio integrifolius* (L.) Clairv. var. *spathulatus* (Miq.) H. Hara **344**

뽀리뱅이 *Youngia japonica* (L.) DC. **345**

흰민들레 *Taraxacum coreanum* Nakai **346**

좀민들레 *Taraxacum hallaisanense* Nakai **347**

민들레 *Taraxacum mongolicum* Hand.-Mazz. **348**

서양민들레 *Taraxacum officinale* Weber **349**

산민들레 *Taraxacum ohwianum* Kitam. **350**

단자엽식물강(Monocotyledoneae)

백합목(Liliiflorae)

백합과(Liliaceae)

달래 *Allium monanthum* Maxim. **351**

방울비짜루 *Asparagus oligoclonos* Maxim. **352**

비짜루 *Asparagus schoberioides* Kunth **353**

은방울꽃 *Convallaria majalis* L. **354**

윤판나물아재비 *Disporum sessile* D. Don ex Schult. **355**

애기나리 *Disporum smilacinum* A. Gray **356**

윤판나물 *Disporum uniflorum* Baker ex S. Moore **357**

큰애기나리 *Disporum viridescens* (Maxim.) Nakai **358**

얼레지 *Erythronium japonicum* Dence. **359**

흰얼레지 *Erythronium japonicum* Decne. for. *album* T.B. Lee **360**

중의무릇 *Gagea nakaiana* Kitag. **361**

처녀치마 *Heloniopsis orientalis* (Thunb.) Tanaka **362**

나도개감채 *Lloydia triflora* (Ledeb.) Baker **363**

두루미꽃 *Maianthemum bifolium* (L.) F.W. Schmidt **364**

큰두루미꽃 *Maianthemum dilatatum* (Wood) A. Nelson et J.F. Macbr. **365**

삿갓나물 *Paris verticillata* M. Bieb. **366**

진황정 *Polygonatum falcatum* A. Gray **367**

각시둥굴레 *Polygonatum humile* Fisch. ex Maxim. **368**

퉁둥굴레 *Polygonatum inflatum* Kom. **369**

용둥굴레 *Polygonatum involucratum* (Franch. et Sav.) Maxim. **370**

죽대 *Polygonatum lasianthum* Maxim. **371**

둥굴레 *Polygonatum odoratum* (Mill.) Druce var. *pluriflorum* (Miq.) Ohwi **372**

왕둥굴레 *Polygonatum robustum* (Korsh.) Nakai **373**

갈고리층층둥굴레 *Polygonatum sibiricum* Redouté **374**

층층둥굴레 *Polygonatum stenophyllum* Maxim. **375**

풀솜대 *Smilacina japonica* A. Gray **376**

청미래덩굴 *Smilax china* L. **377**

선밀나물 *Smilax nipponica* Miq. **378**

금강애기나리 *Streptopus ovalis* (Ohwi) F.T. Wang et Y.C. Tang **379**

연령초 *Trillium kamtschaticum* Pall. ex Pursh **380**

큰연령초 *Trillium tschonoskii* Maxim. **381**

산자고 *Tulipa edulis* (Miq.) Baker **382**

붓꽃과(Iridaceae)

노랑붓꽃 *Iris koreana* Nakai **383**

타래붓꽃 *Iris lactea* Pall. **384**

금붓꽃 *Iris minutoaurea* Makino **385**

노랑무늬붓꽃 *Iris odaesanensis* Y.N. Lee **386**

각시붓꽃 *Iris rossii* Baker **387**

붓꽃 *Iris sanguinea* Donn ex Hornem. **388**

부채붓꽃 *Iris setosa* Pall. ex Link **389**

난장이붓꽃 *Iris uniflora* Pall. ex Link **390**

등심붓꽃 *Sisyrinchium angustifolium* Mill. **391**

천남성목(Spathiflorae)

천남성과(Araceae)

넓은잎천남성 *Arisaema amurense* Maxim. **392**

두루미천남성 *Arisaema hetrophyllum* Blume **393**

큰천남성 *Arisaema ringens* (Thunb.) Schott **394**

천남성 *Arisaema serratum* (Thunb.) Schott **395**

섬남성 *Arisaema takesimense* Nakai **396**

무늬천남성 *Arisaema thunbergii* Blume **397**

반하 *Pinellia ternata* (Thunb.) Breitenb. **398**

앉은부채 *Symplocarpus renifolius* Schott ex Miq. **399**

난초목(Microspermae)

난초과(Orchidaceae)

자란 *Bletilla striata* (Thunb.) Rchb. fil. **400**

새우난초 *Calanthe discolor* Lindl. **401**

금새우난초 *Calanthe sieboldii* Decne. **402**

은난초 *Cephalanthera erecta* (Thunb.) Blume **403**

금난초 *Cephalanthera falcata* (Thunb.) Blume **404**

은대난초 *Cephalanthera longibracteata* Blume **405**

김의난초 *Cephalanthera longifolia* (L.) Fritsch **406**

꼬마은난초 *Cephalanthera subaphylla* Miyabe et Kudo **407**

보춘화 *Cymbidium goeringii* (Rchb. fil.) Rchb. fil. **408**

광릉요강꽃 *Cypripedium japonicum* Thunb. **409**

개불알꽃 *Cypripedium macranthum* Sw. **410**

주름제비난 *Gymnadenia camtschatica* (Cham.) Miyabe et Kudo **411**

나리난초 *Liparis makinoana* Schltr. **412**

나도제비난 *Orchis cyclochila* (Franch. et Sav.) Maxim. **413**

감자난초 *Oreorchis patens* (Lindl.) Lindl. **414**

용어해설 **416**
참고문헌 **425**
학명 찾아보기 **427**
꽃이름 찾아보기 **441**

일러두기

1. 이 책은 우리나라 산과 들에 스스로 자라는 자생식물, 외국에서 들어왔지만 번식하며 토착화한 귀화식물, 그리고 원예 또는 식용 등의 목적으로 심어 기르는 나무와 풀 가운데 봄에 꽃이 피는 386종류를 수록했다. 북부 지방에 분포하여 우리가 실제로 볼 수 없는 것들은 제외하고, 남한에서 관찰할 수 있는 것들만을 대상으로 했다. 따라서, 여기서 다룬 봄꽃 386종류는 사초과, 벼과 등을 제외하고 꽃이 아름답다고 느낄 수 있는 남한의 봄꽃을 망라했다고 할 수 있다.

2. 학명은 국내외의 최신 연구 결과를 수용했다. 드러나지 않게 필자의 견해를 조심스레 밝힌 것도 있지만, 이 경우에도 신조합 등 새로운 분류학적 처리보다는 국내외 학자의 기존 견해 가운데 필자의 생각과 가장 가까운 것을 채택했다.

3. 식물의 특징은 이해하기 쉬운 말과 문장으로 쓰려고 노력했다. 그럼에도 불구하고 아직 어렵고 낯선 용어들이 많이 남아 있는 게 사실인데, 우리말 용어를 잘못 쓰면 더욱 혼란스럽게 될지도 모른다는 우려 때문이다. 예를 들면, 거(距)라는 한자말을 '꽃뿔'이라는 우리말로 바꾸고 싶었지만, 어느 말이 더 의미를 잘 전달할 수 있는지에 대한 확신이 서지 않아서 포기했다.

4. 이 책이 다른 식물도감들과 뚜렷하게 구별되는 특징은 각각의 식물을 구분할 수 있는 방법을 소개하고 있다는 점이다. 이는 설명문 아래쪽에 '식별포인트'로 정리되어 있으며, 여기에서 이 책이 다루고 있는 봄꽃 386종류 각각을 혼동하기 쉬운 식물들과 서로 어떻게 구별하는지에 대해 설명했다.

5. 사진은 부득이한 몇몇 종을 제외하고는 모두가 자생지에서 촬영된 것을 사용했다. 고도 등 환경이 다른 곳에 이식된 경우에 식물은 외형, 개화기 등이 자생지에서와 달라질 수 있다는 점을 고려한 것이다.

6. 식물의 배열은 진화적 유연관계를 반영하고자 엥글러의 분류체계를 따랐다. 다만, 독자들이 식물을 쉽게 찾아볼 수 있도록 과(科)내에서의 속(屬) 배열순서와 속내에서의 종(種) 배열순서는 알파벳순으로 했다.

7. 필드가이드북으로서의 기능성을 고려하여, 쪽마다 밑 부분에 그 식물을 관찰한 장소와 날짜, 특징을 기록할 수 있는 빈칸을 마련해 두었다.

8. 봄꽃 386종류를 각각 한 쪽에 걸쳐 다루었으며, 편집은 다음과 같은 체제를 채택했다.

낱쪽보기

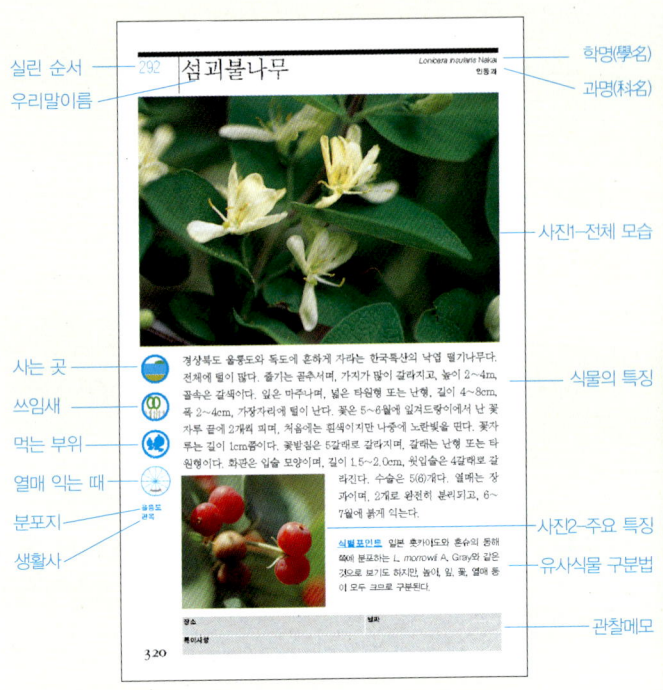

아이콘보기

사는 곳
- 고산 능선
- 숲 속
- 들판
- 바닷가
- 물 속
- 습지

쓰임새
- 정원수
- 유실수
- 원예식물
- 약용식물
- 식용식물
- 잡초

먹는 부위
- 잎
- 뿌리
- 줄기
- 열매
- 독초
- 독초 아니지만 안 먹음

열매 익는 때

Equisetum arvense L.
속새과

쇠뜨기 | 001

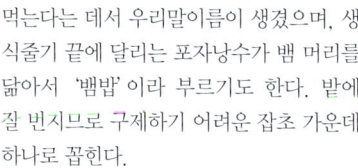

전국의 산과 들 양지바른 곳에 흔하게 자라는 여러해살이 양치식물이다. 줄기는 생식줄기와 영양줄기 두 종류인데, 포자낭이 달리는 생식줄기가 먼저 나와 스러진 후 광합성을 하는 녹색의 영양줄기가 나온다. 생식줄기는 3월부터 5월까지 볼 수 있다. 영양줄기는 높이 30~40cm이며, 마디에 비늘 모양으로 퇴화한 잎과 잎처럼 보이는 가지가 돌려난다. 소가 잘 뜯어먹는다는 데서 우리말이름이 생겼으며, 생식줄기 끝에 달리는 포자낭수가 뱀 머리를 닮아서 '뱀밥'이라 부르기도 한다. 밭에 잘 번지므로 구제하기 어려운 잡초 가운데 하나로 꼽힌다.

식별포인트 남한에 자라는 쇠뜨기속 식물 중에서는 유일하게 생식줄기와 영양줄기가 따로 나온다. 중부 이북에 자라는 개쇠뜨기(*E. palustre* L.)와 비슷하지만, 개쇠뜨기는 포자낭수가 녹색 줄기 끝에 달린다.

전국
다년초

장소	날짜
특이사항	

002 고비

Osmunda japonica Thunb.
고비과

전국
다년초

전국의 숲 가장자리 또는 계곡 근처에 자라는 여러해살이 양치식물이다. 잎은 생식잎과 영양잎 두 종류가 있지만, 영양잎 뒷면에 포자낭이 발달하는 경우도 드물게 있다. 영양잎은 여러 장이 모여 나와서 위로 서는데, 길이 80cm쯤이다. 나올 때는 붉은 색을 띠어 둥그렇게 말리고, 흰색 솜털로 덮여 있다. 다 자란 영양잎은 연한 녹색이고 윤이 나며, 깃꼴로 갈라진다. 작은잎은 잔 톱니가 있고, 길이 5~6cm, 폭 1.0~1.8cm다. 생식잎은 이른봄 영양잎보다 먼저 나오는데, 영양잎이 나온 후에도 남아있으며, 5월까지 볼 수 있다. 어린 영양잎을 삶아서 말린 후에 나물로 먹는다.

식별포인트 우리나라의 고비과 식물 3종류 중에서 영양잎이 두 번 깃꼴로 갈라지는 종이므로, 한 번만 갈라지는 꿩고비, 음양고비와 쉽게 구분된다. 작은잎 가장자리는 잔 톱니가 있을 뿐, 깃꼴로 갈라지지 않는다.

장소		날짜	
특이사항			

Dryopteris crassirhizoma Nakai
고사리과

관중 003

전국의 깊은 산에 자라는 여러해살이 양치식물이다. 굵은 뿌리줄기에서 여러 장의 잎이 둥그렇게 배열된다. 잎은 길이 100cm에 이르며, 깃꼴로 두 번 갈라지고, 잎자루가 잎몸에 비해 훨씬 짧다. 잎자루와 잎줄기에 황갈색 또는 흑갈색 비늘조각이 많이 붙어 있다. 첫 번째 갈라진 깃꼴 잎조각은 잎줄기의 밑으로 갈수록 붙는 간격이 점점 넓어지고 크기는 점점 작아진다. 포자낭군은 잎줄기 위쪽의 깃꼴 잎조각에 중앙을 향해 두 줄로 달린다. 포자낭군을 덮고 있는 포막은 둥근 콩팥 모양이며, 나중에 불규칙하게 찢어진다. 난대 지방에서는 상록성이지만 중부 지방에서는 겨울이 잎이 죽고 봄에 새싹이 둥글게 말려서 나온다.

전국
다년초

식별포인트 잎자루 아래쪽으로 갈수록 깃꼴 잎조각이 작아지며, 깃꼴 잎조각의 작은잎에 있는 잎맥이 2~3갈래로 갈라지는 특징으로 구분할 수 있다.

장소	날짜
특이사항	

004　소귀나무　　　　　　　　　　*Myrica rubra* (Lour.) Siebold et Zucc.
　　　　　　　　　　　　　　　　　　　　소귀나무과

제주도
교목

제주도에 자라는 상록활엽 큰키나무로서 높이 15m에 이른다. 줄기껍질은 회색이다. 잎은 좁은 타원상 난형으로 길이 5~14cm, 폭 1~4cm이고, 가죽질이다. 잎 가장자리는 밋밋하거나 중간 이상에 톱니가 있으며, 뒷면은 연한 녹색, 앞면은 진한 녹색이다. 꽃은 3~4월에 암수딴그루로 핀다. 수꽃이삭은 잎겨드랑이에서 나오며 길이 1~3cm, 암꽃이삭은 잎겨드랑이에서 나며 길이 0.5~1.5cm다. 수술은 4~6개, 꽃밥은 검붉은 색이다. 암술머리는 2개다. 열매는 핵과이며, 6~7월에 검붉은 색으로 익는데, 둥글고 지름 1~2cm, 먹을 수 있다. 중국, 일본, 필리핀에도 자라며 중국에서는 열매를 생산하기 위해 재배한다.

식별포인트 우리나라에 분포하는 유일한 소귀나무과 식물이다. 소귀나무과는 주로 열대에 2속이 있으며, 소귀나무속에는 30여 종이 포함된다.

장소		날짜	
특이사항			

Juglans mandshurica Maxim.
가래나무과

가래나무 | 005

중부 지방 이북의 산에 자라는 낙엽 큰키나무다. 줄기껍질은 회색이며 세로로 갈라진다. 잎은 홀수깃꼴겹잎이며, 작은잎은 7~17장으로 이루어지고, 길이 7~28cm, 폭 10cm쯤이다. 작은잎 가장자리에는 이빨 모양의 잔 톱니가 있다. 꽃은 4~5월에 암수한그루로 피며, 꼬리모양 꽃차례를 이룬다. 수꽃이삭은 길고 여러 개의 꽃이 달리며, 암꽃이삭은 짧고 꽃이 4~5개 달린다. 열매는 9월에 익으며, 겉에 털이 많은 달걀 모양 핵과인데, 바깥껍질 속에 호두처럼 단단한 안쪽껍질이 있다. 안쪽껍질 속에 들어 있는 씨앗을 먹을 수 있다.

중부 이북
교목

식별포인트 호두나무(*J. regia* L.)는 잎이 작은잎 5~9장으로 이루어져서 다르다. 또한, 호두나무의 작은잎 가장자리에는 톱니가 거의 없다. 열매의 경우, 호두나무는 4개의 방으로 나뉘어 있다. 호두나무는 중국 원산으로 심어 기른다.

장소　　　　　　　　　　　　　　**날짜**

특이사항

006 두메오리나무

Alnus maximowiczii Callier
자작나무과

울릉도 설악산 이북 소교목

울릉도와 설악산 이북에 자라는 작은키나무로서 높이 5~10m에 이른다. 줄기껍질은 검은 갈색이며, 어린가지는 밝은 갈색이다. 잎은 넓은 난형으로 길이 5~10cm, 폭 4~9cm이며, 밑은 둥글거나 심장 모양이다. 앞면은 짙은 녹색으로 윤이 나며, 뒷면은 연한 녹색으로 만지면 끈적거리며 잎맥에 털이 난다. 잎 가장자리에 날카로운 겹톱니가 있다. 잎자루는 길이 2~4cm다. 꽃은 4~6월에 암수한그루로 피며, 수꽃이삭은 아래로 쳐진다. 열매는 타원형 소견과이며, 길이 2~3cm다. 일본과 러시아에도 분포한다.

식별포인트 북부 지방에 분포하는 덤불오리나무(*A. mandshurica* (Callier ex C.K. Schneid.) Hand.-Mazz.)와는 달리 잎을 만지면 끈적끈적하며, 잎 뒷면 맥이 갈라지는 곳에 갈색 털이 많이 난다.

장소   날짜

특이사항

Corylus heterophylla Fisch. ex Trautv. var. *thunbergii* Blume
자작나무과

개암나무 007

전국의 산에 자라는 낙엽 떨기나무로서 높이 2~3m에 이른다. 잎은 어긋나며, 난상 원형 또는 넓은 도란형, 길이와 폭이 각각 5~12cm, 잎 끝이 짧게 뾰족해진다. 잎에 샘털이 거의 없다. 꽃은 암수한그루이며, 3~4월에 잎보다 먼저 핀다. 수꽃이삭은 가지 끝에서 나서 밑으로 처지며, 암꽃은 겨울눈처럼 생겼고 암술머리가 진한 붉은 색이다. 열매를 싸고 있는 총포는 종 모양이며, 샘털이 조금 난다. 열매는 둥근 견과이며, 1~3개씩 달리고, 10월에 익는다.

전국
관목

식별포인트 난티잎개암나무(*C. heterophylla* Fisch. ex Trautv.)의 변종으로 잎 모양이 서로 다른데, 난티잎개암나무는 잎 끝이 칼로 자른 듯이 납작하거나 난티나무의 잎 모양이다. 다른 개암나무 종류들과는 달리 열매의 총포가 통 모양으로 길어지지 않는다.

장소		날짜	
특이사항			

008 너도밤나무

Fagus japonica Maxim. var. *multinervis* (Nakai) Y.N. Lee
참나무과

울릉도
교목

울릉도에 흔하게 자라는 낙엽 큰키나무로서 높이 20m에 이른다. 한국특산식물이다. 밑동에서 어린 가지가 왕성하게 발달한다. 잎은 어긋나며, 난상 타원형, 길이 6~12cm, 폭 3~6cm, 잎 뒷면의 맥은 10~14쌍이다. 꽃은 4~5월에 암수한그루에 핀다. 수꽃은 잎겨드랑이에서 난 꽃대 끝에 여러 개가 둥그렇게 모여 머리모양꽃차례로 달리며, 암꽃은 가지 끝에 달린다. 열매는 견과이며, 딱딱하지 않은 가시로 덮인 총포 속에 1~2개씩 들어 있고, 열매자루는 길이 2~4cm다.

식별포인트 밤나무속(*Castanea*) 식물과는 달리 열매를 싸고 있는 총포의 가시가 단단하지 않으며, 열매자루가 길게 발달하고, 싹이 틀 때 떡잎이 땅 위로 나온다. 울릉도에서만 볼 수 있다.

장소　　　　　　　　　　날짜
특이사항

Morus bombycis Koidz.
뽕나무과

산뽕나무 009

전국의 산과 들에 자라는 낙엽 작은키나무로서 높이 7~10m에 이른다. 줄기껍질은 회갈색이다. 잎은 난형 또는 넓은 난형이며, 길이 8~20cm, 폭 5~12cm다. 잎 끝은 뾰족하고, 밑은 심장 모양이다. 잎 가장자리에는 예리한 톱니가 있다. 잎자루는 길이 1.0~4.0cm다. 꽃은 4~5월에 암수딴그루 또는 잡성으로 피며, 수꽃이삭은 길이 2~3cm다. 열매는 물이 많은 집합과이며, 6~8월에 검게 익고, 먹을 수 있다.

전국 소교목

식별포인트 재배하는 뽕나무(*M. alba* L.)와는 달리 암술대가 씨방보다 길고, 열매가 익은 후에도 길게 남아있으며, 잎 가장자리의 톱니가 보다 예리하다.

장소	날짜
특이사항	

010 제비꿀

Thesium chinense Turcz.
단향과

전국
다년초

전국의 양지바른 곳에 자라는 반기생 여러해살이풀이다. 줄기는 높이 10~25cm이고, 아래쪽에서 가지가 갈라지며, 전체에 털이 없다. 잎은 어긋나며, 선형, 길이 2~4cm, 폭 1~3mm, 흰빛이 도는 녹색, 가끔 3갈래로 갈라지기도 한다. 꽃은 4~6월에 잎겨드랑이에서 1개씩 피며, 연한 녹색이다. 꽃자루는 없거나 길이 4mm 이하다. 열매는 타원형, 녹색, 안에 씨가 1개씩 들어 있으며, 겉에 그물 모양의 맥이 있다.

식별포인트 우리나라에 분포하는 제비꿀속 식물 2종 가운데 하나인 긴제비꿀(*T. refractum* C.A. Mey.)은 열매자루가 길이 6~15mm로 보다 길고, 열매 겉은 밋밋하며 세로무늬가 있으므로 다르다.

장소	날짜
특이사항	

Rumex acetosella L.
여뀌과

애기수영 | 011

중부 지방 이남의 저지대에 자라는 여러해살이 귀화식물이다. 산성흙에 잘 자라며, 땅속줄기가 뻗으면서 번식한다. 줄기는 높이 20~50cm, 세로로 난 능선이 있다. 전체가 붉은 색이 돌고 신맛이 난다. 뿌리잎은 모여나며, 창 모양, 길이 3~6cm, 폭 1~2cm, 잎자루가 길다. 줄기잎은 어긋나게 달리며, 피침형 또는 긴 타원형, 아래쪽이 창 모양이다. 꽃은 5~6월 암수딴포기에 피며, 붉은 녹색, 줄기 끝 원추꽃차례에 돌아가며 달린다. 열매는 타원형 수과이며, 갈색, 능선이 3개 있다.

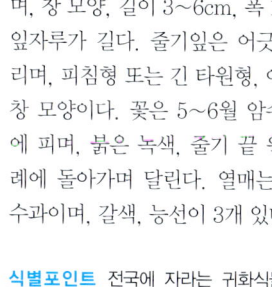

중부 이남
다년초

식별포인트 전국에 자라는 귀화식물인 수영(*R. acetosa* L.)과 비슷하지만 전체가 작으며, 잎이 창 모양이어서 구분된다.

장소   날짜
특이사항

39

012 갯장구채 *Melandrium oldhamianum* (Miq.) Rohrb.
석죽과

전국
이년초

전국의 바닷가 양지바른 곳에 자라는 두해살이풀이다. 줄기는 곧추서며, 가지가 갈라지고, 높이 30~70cm다. 전체에 털이 많다. 줄기잎은 마주나며, 피침형 또는 도피침형, 길이 4~7cm, 폭 0.4~0.8cm다. 뿌리잎은 줄기잎보다 크다. 꽃은 5~6월에 줄기와 가지 끝에 피며, 분홍색, 지름 1cm쯤이다. 꽃받침은 종 모양이며, 끝이 5갈래로 갈라지고, 자주색 줄이 10개 있다. 꽃잎은 5장이며, 끝이 2갈래로 갈라지고, 꽃받침보다 훨씬 길다. 수술은 10개이며, 암술대는 3개다. 열매는 삭과이며, 난형, 끝이 6갈래로 갈라진다. 씨는 갈색이며, 겉에 잔돌기가 있다.

식별포인트 애기장구채(*M. apricum* (Turcz. ex Fisch. et C.A. Mey.) Rohrb.)에 비해서 바닷가에 분포하며, 줄기에 달린 잎이 보다 길므로 구분된다.

장소 날짜

특이사항

Moehringia lateriflora (L.) Fenzl
석죽과

개벼룩 013

소백산 이북에 자라는 여러해살이풀이다. 줄기는 곧추서며, 높이 10~20cm, 털이 없다. 잎은 어긋나며, 잎자루가 거의 없고, 길이 1.0~2.5cm, 폭 0.4~1.0cm다. 잎 가장자리는 톱니가 없으며, 털이 난다. 꽃은 5~7월 잎겨드랑이에서 난 취산꽃차례에 1~3개씩 달리며, 흰색이다. 꽃자루는 길이 0.5~1.5cm이며, 가늘다. 꽃받침과 꽃잎은 각각 5장이다. 꽃잎은 길이 4mm쯤으로 꽃받침보다 2배쯤 길다. 수술은 10개, 꽃잎보다 짧다. 암술대는 3개다. 열매는 삭과이며, 길이 3.5~5.5mm, 6갈래로 갈라진다. 씨는 검은 갈색이며, 윤이 난다.

경기 이북
다년초

식별포인트 우리나라에 분포하는 유일한 개벼룩속 식물이다. 개벼룩속은 잎에 측맥이 있으므로 주맥만 있는 벼룩이자리속(*Arenaria*)과 구분된다.

장소	날짜
특이사항	

014 쇠별꽃

Myosoton aquaticum (L.) Moench
석죽과

전국
다년초

전국의 습기가 있는 밭이나 들에서 자라는 두해 또는 여러해살이풀이다. 줄기는 밑에서 가지가 갈라지며, 길이 20~80cm, 밑 부분은 연약하여 옆으로 눕는다. 잎은 마주나며, 난형, 길이 2~6cm, 폭 0.5~3.0cm다. 꽃은 4~5월에 가지 끝 취산꽃차례에 피며, 흰색이다. 꽃자루는 길이 1~2cm이고, 털이 많이 나며, 꽃이 진 후 밑으로 굽는다. 꽃받침조각은 5장, 가장자리는 막질, 뒷면에 털이 많다. 꽃잎은 5장, 깊게 2갈래로 갈라지며, 길이 3~4mm다. 수술은 10개, 꽃잎보다 짧다. 암술대는 5개인데, 꽃받침잎과 어긋나게 붙는다. 열매는 삭과이며, 난형, 5갈래로 갈라진다.

식별포인트 아시아와 유럽의 온대 지방에 널리 분포하는 쇠별꽃속은 쇠별꽃 단 한 종으로 이루어진 속이다. 별꽃속(*Stellaria*)에 포함시키기도 하지만, 암술대가 5갈래이고, 열매가 달걀 모양이어서 구분한다.

장소	날짜
특이사항	

Pseudostellaria coreana (Nakai) Ohwi
석죽과

참개별꽃 015

경기도 이남의 숲 속에 자라는 여러해살이풀로 한국특산식물이다. 뿌리는 각뿔 모양이다. 줄기는 높이 10~20cm이고, 세로로 흰 털이 있다. 잎은 마주나며, 피침형 또는 도피침형, 길이 1.5~2.5cm, 폭 0.5~1.0cm다. 꽃은 4~5월에 줄기 끝에서 나온 꽃자루에 1개씩 피며, 흰색이다. 꽃자루는 가늘며, 길이 2~4cm다. 꽃받침은 끝이 뾰족한 피침형이고, 가장자리가 흰색 막질로 된다. 꽃잎은 6~8장, 도피침형 또는 주걱 모양, 길이 5~6mm, 끝이 둥글거나 두 갈래로 조금 갈라진다. 수술 숫자는 꽃잎의 2배다. 암술대는 3~4개다.

경기 이남
다년초

식별포인트 큰개별꽃(*P. palibiniana* (Takeda) Ohwi)를 닮았지만, 꽃잎 모양이 도피침형이고, 암술대가 3~4개여서 구분된다.

장소	날짜
특이사항	

016 덩굴개별꽃

Pseudostellaria davidii (Franch) Pax
석죽과

제주도를 제외한 전국의 높은 산 응달에 자라는 여러해살이풀이다. 굵은 각뿔 모양 뿌리가 있다. 줄기는 연하고, 흰색 털이 나며, 다 자라면 50cm에 이른다. 꽃이 핀 다음 덩굴지며 길게 뻗으며, 끝이 실처럼 가늘어지고 땅에 닿으면 뿌리가 난다. 잎은 마주나고, 잎자루가 없으며, 난형, 길이 1.5~3.0cm, 폭 1.0~2.0cm다. 잎 가장자리는 밋밋하다. 꽃은 4~6월에 줄기 위쪽 잎겨드랑이에서 1개씩 피며, 흰색이다. 꽃자루는 가늘고, 길이 3~4cm, 털이 한 줄로 난다. 꽃받침잎은 5장, 녹색, 뒷면에 흰색 털이 있다. 꽃잎은 5장, 길이 6mm쯤으로 꽃받침보다 2배쯤 길다. 수술은 10개, 암술대는 2개다. 열매는 삭과이며, 4갈래로 터진다.

식별포인트 꽃이 줄기 끝에서 피지 않고, 꽃이 진 후에 줄기가 덩굴지어 자라므로 개별꽃속의 다른 종류들과 쉽게 구분된다.

전국
다년초

Pseudostellaria heterophylla (Miq.) Pax
석죽과

개별꽃 017

전국의 숲 속에 자라는 여러해살이풀이다. 덩이뿌리는 긴 각뿔 모양이며, 흰색 또는 회색을 띤 노란색이다. 줄기는 곧추서며, 높이 8~20cm, 겉에 털이 2줄로 난다. 줄기 끝 부분의 잎은 2쌍이 돌려난 것처럼 보이며, 넓은 난형, 길이 3~6cm, 폭 1~2cm, 연한 녹색이다. 꽃은 4~5월에 줄기 끝 잎겨드랑이에서 1~5개가 취산꽃차례를 이룬다. 꽃자루는 길이 1~4cm다. 꽃받침잎은 5장이며, 피침형, 길이 1mm다. 꽃잎은 5장, 길이 7~8mm, 가장자리가 밋밋하거나 조금 갈라진다. 수술은 10개이며, 꽃잎보다 짧다. 암술은 3개, 수술보다 조금 길다. 폐쇄화는 꽃자루가 짧으며, 꽃잎이 없고, 수술 2개, 암술대 3개다. 열매는 삭과이며, 3갈래로 갈라진다.

전국 다년초

식별포인트 줄기 끝 부분의 잎이 넓은 난형이고, 꽃자루에 짧은 털이 있어서 큰개별꽃(*P. palibiniana* (Takeda) Ohwi)과 구분된다. 학명의 종소명은 줄기 끝 잎의 모양이 줄기의 다른 잎들과 달라서 붙여졌다.

장소   날짜

특이사항

018 # 큰개별꽃

Pseudostellaria palibiniana (Takeda) Ohwi
석죽과

전국
다년초

전국의 숲 속에 자라는 여러해살이풀이다. 뿌리줄기는 1~4개가 함께 달리는데, 개별꽃처럼 굵어지지 않는다. 줄기는 곧추서며, 높이 10~20cm, 곁에 털이 2줄로 난다. 잎은 진한 녹색이며, 피침형 또는 넓은 피침형, 길이 3~4cm, 폭 0.5~2.0cm다. 꽃은 4~5월에 줄기 끝에 항상 1개씩 달리며, 흰색이다. 꽃자루는 길이 1.5~2.5cm이며, 털이 없다. 꽃받침잎과 꽃잎은 5~8장이다. 수술은 10개, 암술대는 2~3개다. 열매는 삭과다. 일본에도 분포한다.

식별포인트 잎은 진한 녹색, 피침형이고, 꽃자루에 털이 없으며, 뿌리줄기가 조금만 비대해지므로 개별꽃(*P. heterophylla* (Miq.) Pax)과 구분된다.

장소	날짜
특이사항	

Stellaria alsine Grimm
석죽과

벼룩나물 019

전국의 저지대 들판에 자라는 한해살이풀이다. 전체에 털이 없다. 줄기는 높이 13~35cm이며, 아래쪽에서 가지가 많이 갈라진다. 잎은 마주나며, 잎자루가 없고, 피침형 또는 타원상 피침형, 길이 0.5~2.0cm, 폭 1~4mm다. 꽃은 4~5월에 줄기 끝 또는 잎겨드랑이에 1개씩 피거나 3~5개가 취산꽃차례를 이루어 피며, 흰색이다. 꽃자루는 길이 0.5~2.0cm이며, 가늘고, 털이 없다. 꽃받침잎은 5장, 피침형, 길이 2~4mm다. 꽃잎은 5장, 꽃받침잎보다 조금 짧거나 비슷하며, 깊게 2갈래로 갈라진다. 수술은 5개, 암술대는 2~3개다. 열매는 삭과이며, 6갈래로 갈라진다.

식별포인트 우리나라에 자라는 별꽃속 식물 가운데 쉽게 구분되는 식물이다. 잎에 털이 없으며, 가장자리는 물결 모양이고, 포가 흰색 비늘 모양으로 작은 것 등이 큰 특징이다.

전국
일년초

장소		날짜	
특이사항			

별꽃

Stellaria media (L.) Vill.
석죽과

전국의 밭이나 길가에 흔하게 자라는 두해살이 잡초다. 줄기는 밑에서 가지가 많이 갈라지며, 길이 10~20cm, 밑 부분이 눕는다. 잎은 마주나며, 난형, 길이 1~2cm, 폭 0.5~1.5cm다. 꽃은 3~4월에 가지 끝 취산꽃차례에 피며, 흰색이다. 꽃자루는 길이 0.5~4.0cm, 꽃이 진 후 밑으로 굽었다가 열매가 익으면 다시 곧추선다. 꽃받침잎은 5장이다. 꽃잎은 5장, 깊게 2갈래로 갈라지며, 꽃받침잎보다 조금 짧다. 수술은 1~7개, 암술대는 3개다. 열매는 삭과이며, 6갈래로 갈라진다.

전국
이년초

식별포인트 잎에 털이 전혀 없으며, 꽃잎이 꽃받침보다 짧은 특징으로 구분할 수 있다. 봄에 일찍 꽃이 피는 식물 가운데 하나다.

Liriodendron tulipifera L.
목련과

튤립나무 | 021

북미 원산의 낙엽 큰키나무로서 관상수로 심으며, 높이 15m에 이른다. 줄기껍질은 검은 회갈색이며, 불규칙하게 터진다. 잎은 어긋나며, 가장자리가 얕게 몇 갈래로 갈라지고, 길이와 폭이 각각 6~20cm다. 잎자루는 길이 3~10cm다. 꽃은 5~6월 잎이 난 후에 가지 끝에서 한 개씩 피며, 튤립 모양, 지름 5cm이고, 녹색이 도는 연한 노란색이다. 꽃잎 아래쪽에는 귤색 무늬가 있다. 꽃받침잎은 3장, 꽃잎은 6장이다. 수술은 많다.

식별포인트 잎이 난 후에 꽃이 피며, 꽃은 튤립의 꽃을 닮아서 구분된다. 목련속 식물과는 달리 잎 가장자리가 몇 갈래로 갈라진다.

북미
교목

장소

날짜

특이사항

022 백목련

Magnolia denudata Desr.
목련과

중국 원산의 낙엽 큰키나무로서 높이 15m에 이른다. 줄기껍질은 회백색이며, 어린 가지와 겨울눈에 눌린 털이 많다. 잎은 넓은 도란형, 길이 8~15cm, 폭 4~11cm, 잎 양면에 털이 있으나 차츰 없어진다. 잎자루는 길이 1~2cm다. 꽃은 3~4월에 잎보다 먼저 피며, 흰색, 종 모양이다. 꽃받침잎 3장과 꽃잎 6장은 서로 구분되지 않으며, 좁은 도란형으로 길이 7~8cm, 폭 3~4cm이고, 퍼져서 수평으로 벌어지지 않는다. 수술은 많으며, 나선상으로 배열한다. 조경용으로 심는 것은 대부분 백목련이고, 목련(*M. kobus* DC.)은 드물다.

식별포인트 목련과는 달리 꽃잎과 꽃받침잎이 구분되지 않고, 보다 크며, 옆으로 퍼져서 벌어지지 않는다. 중국 원산으로 정원에 심는다.

장소		날짜	
특이사항			

Magnolia grandiflora L.
목련과

태산목 023

북미 원산의 상록 큰키나무로서 남부 지방에서 심으며, 높이 20m에 이른다. 잎은 긴 타원형, 길이 10~23cm, 폭 4~10cm, 두껍고 가죽질이다. 잎 가장자리는 밋밋하고, 양면에 연한 갈색 털이 많다. 잎자루는 길이 2~3cm다. 꽃은 5~6월에 가지 끝에서 한 개씩 피며, 흰색, 지름 15~25cm, 향기가 난다. 꽃받침잎과 꽃잎이 구분되지 않으며, 모두 9장인데, 3장씩 3줄로 난다.

북미
교목

식별포인트 우리나라에서 볼 수 있는 목련속 식물 가운데 유일하게 상록성이므로 쉽게 구분할 수 있다. 꽃은 크며, 진한 향기가 난다.

장소   날짜

특이사항

024 목련

Magnolia kobus DC.
목련과

제주도 숲 속에 매우 드물게 자라는 낙엽 작은키나무로서 높이 5~10m다. 가지를 꺾으면 향기가 난다. 잎은 도란형 또는 넓은 도란형, 길이 6~18cm, 폭 3~6cm다. 꽃은 3~4월에 잎이 나기 전에 피며, 지름 10cm쯤이고, 흰색이다. 짧은 꽃자루에 보통 작은 잎이 달린다. 꽃받침잎은 3장, 꽃잎과 다른 모양이며, 길이 1.5~2.0cm다. 꽃잎은 6~9장, 좁은 도란형, 길이 2~4cm, 밑 부분에 연한 붉은 색이 돌기도 하고, 향기가 있다. 수술은 30~40개다. 열매는 원통형, 길이 7~10cm다.

제주도
소교목

식별포인트 백목련(*M. denudata* Desr.)과는 달리 꽃잎과 꽃받침잎을 구분할 수 있으며, 크기가 작아 꽃이 빈약해 보이고, 꽃잎이 보다 넓게 퍼져서 벌어진다.

장소　　　　　　　　　　　　날짜

특이사항

Magnolia liliflora Desr.
목련과

자목련 025

중국 원산의 낙엽 작은키나무로서 관상수로 심으며, 높이 3~4m다. 잎은 도란형 또는 넓은 도란형, 길이 8~18cm, 폭 4~10cm다. 잎 뒷면은 연한 녹색이다. 잎자루는 길이 10~15cm다. 꽃은 4~5월에 잎보다 먼저 또는 같은 시기에 피며, 진한 자주색이다. 꽃받침잎은 3장, 피침형, 길이 3cm, 폭 1cm쯤, 아래쪽으로 젖혀진다. 꽃잎은 6장, 위를 향해 똑바로 서며, 길이 10cm쯤, 폭 3~4cm 안쪽에 흰빛이 돈다.

식별포인트 우리나라에서 볼 수 있는 목련 속 식물 가운데 자주색 꽃이 피므로 구분된다. 꽃받침잎은 3장이며, 꽃잎에 비해 매우 작다.

중국
소교목

장소 　　　　　　　　　　날짜

특이사항

026 일본목련

Magnolia obovata Thunb.
목련과

일본
중국
교목

일본 및 중국 원산의 낙엽 큰키나무로서 중부 지방 이남에 심으며, 높이 30m에 이른다. 잎은 가지 위쪽에 모여 달리며, 도란형 또는 도란상 긴 타원형, 길이 20~40cm, 폭 10~25cm다. 잎 가장자리는 밋밋하며, 뒷면은 흰빛을 띠고 털이 조금 난다. 잎자루는 길이 2~4cm다. 꽃은 5~6월에 가지 끝에 한 개씩 위를 향해 달리며, 지름 15cm쯤이고, 향기가 난다. 꽃받침잎은 3장으로 꽃잎보다 조금 작으며, 붉은 빛이 조금 도는 연한 녹색이다. 꽃잎은 6~9장, 도란형, 노란빛이 도는 흰색이다. 수술은 많고 길이 1.5~2.0cm, 꽃밥은 노란색을 띠는 흰색, 수술대는 붉다. '후박나무'라고 부르기도 한다.

식별포인트 잎은 우리나라에서 볼 수 있는 목련속 식물 가운데 가장 크며, 가지 위쪽에 모여 달리므로 쉽게 구분할 수 있다.

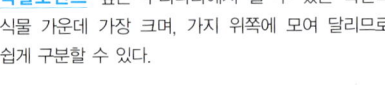

장소   날짜

특이사항

Magnolia sieboldii K. Koch
목련과

함박꽃나무 027

전국의 산골짜기 숲 속에 비교적 흔하게 자라는 낙엽 작은키나무로서 높이 6~10m다. 겨울눈에 누운 털이 많다. 잎은 어긋나며, 타원형, 길이 6~15cm, 폭 5~10cm다. 꽃은 5~6월 잎이 난 후에 옆 또는 밑을 향해 피며, 흰색, 지름 7~10cm, 향기가 난다. 꽃받침잎은 3장, 난형이며, 꽃잎보다 작다. 꽃잎은 6~9장이며, 도란형이다. '산에 자라는 목련'이라는 뜻으로 '산목련'이라고도 부른다. 북한에서는 '목란'이라 부르며, 국화(國花)로 지정하고 있다.

전국
소교목

식별포인트 우리나라에서 볼 수 있는 목련속 식물 가운데 유일하게 꽃이 위를 향하지 않고 옆 또는 아래를 향하므로 구분된다. 꽃받침잎은 3장으로, 꽃잎보다 작고 짧다.

장소		날짜	
특이사항			

028 붓순나무

Illicium anisatum L.
붓순나무과

제주도
남해안
소교목

제주도, 진도, 완도의 저지대 숲 속에 드물게 자라는 상록성 작은키나무로서 높이 3~5m다. 잎은 어긋나며, 가죽질이고, 도란형 또는 긴 타원형, 길이 5~10cm, 폭 2~4cm다. 잎 가장자리에 이 모양 톱니가 있다. 잎 양면에 털이 없고, 앞면은 윤이 나고 뒷면은 연두색이다. 잎자루는 길이 0.6~1.0cm다. 꽃은 3~4월에 피며, 가지 끝 잎겨드랑이에 한 개씩 달리고, 녹색이 도는 흰색, 지름 2.5~3.0cm다. 꽃자루는 길이 1~2cm다. 꽃잎은 꽃받침잎과 구분되지 않으며, 10~15장으로 선형, 길이 1.0~1.3cm다. 수술은 20개쯤, 암술은 8개쯤이다. 열매는 골돌이며, 바람개비 모양이다.

식별포인트 목련과에 포함시키기도 한다. 제주도와 남해안 몇몇 섬에서만 자라며, 상록성 잎을 가졌고, 열매가 바람개비 모양이어서 목련속(*Magnolia*), 오미자속(*Schisandra*)과 구분된다.

장소

날짜

특이사항

Lindera obtusiloba Blume
녹나무과

생강나무 029

전국의 산기슭 양지바른 곳에 자라는 낙엽 떨기나무로서 높이 3~5m다. 잎은 어긋나며, 심장형 또는 난형, 길이 5~15cm, 폭 4~13cm, 가장자리가 밋밋하거나 3~5갈래로 크게 갈라진다. 잎자루는 길이 1~2cm다. 꽃은 3~4월에 잎보다 먼저 암수딴그루로 피며, 꽃대가 없는 산형꽃차례에 달리고, 노란색이다. 화피는 6장이다. 수꽃에는 수술 6개, 암꽃에는 암술 1개와 헛수술 9개가 있다. 열매는 장과이며, 9~10월에 검게 익는다. '동백나무' 또는 '동박나무'라고 부르기도 한다.

식별포인트 어린 가지가 녹색이며, 잎보다 꽃이 먼저 피므로 구분된다. 외래식물인 층층나무과의 산수유나무(*Cornus officinalis* Siebold et Zucc.)와는 달리 산에 저절로 자란다. 어린 가지와 잎에서 생강 냄새가 난다.

전국
관목

장소		날짜	
특이사항			

030 # 노루삼

Actaea asiatica H. Hara
미나리아재비과

전국의 숲 속에 자라는 여러해살이풀이다. 줄기는 높이 40~70cm다. 잎은 2~3장이 줄기에 붙는데, 2~4번 3갈래로 갈라지는 겹잎이다. 작은 잎은 톱니가 있고, 3갈래로 갈라지기도 하며, 길이 4~10cm, 폭 2~6cm다. 꽃은 5~6월, 줄기 끝에 나는 길이 3~5cm의 총상꽃차례에 빽빽이 달리며, 흰색이다. 꽃자루는 꽃줄기에 거의 수직으로 달리며, 길이 1.0~1.5cm다. 꽃받침잎은 꽃이 피자마자 떨어지며, 꽃잎은 넓은 난형으로 길이 2.0~2.5mm로서 작아서 수술처럼 보인다. 수술은 많다. 열매는 장과이며, 지름 6mm쯤이고, 검게 익는다.

전국
다년초

식별포인트 잎 모양과 꽃차례 모양이 촛대승마(*Cimicifuga simplex* (DC.) Wormsk. ex Turcz.)와 닮아서 헷갈리는 경우가 있지만, 꽃이 피는 시기, 꽃잎 모양, 열매 종류가 달라서 구분된다. 촛대승마는 꽃차례가 가지를 치는 경우가 흔하다.

장소	날짜
특이사항	

Adonis amurensis Regel et Radde
미나리아재비과

복수초 | 031

제주도를 제외한 전국의 산 숲 속에 자라는 여러해살이풀이다. 줄기는 꽃이 필 때 5~15cm지만 나중에 30~40cm까지 자라며, 보통은 가지가 갈라지지 않지만 갈라지기도 한다. 잎은 어긋나며, 3~4번 깃꼴로 갈라지는 겹잎이다. 아래쪽 잎자루는 길지만 위쪽으로 갈수록 짧아진다. 꽃은 3~4월에 줄기 끝에서 1개씩 피며, 지름 2.8~3.5cm, 노란색이다. 꽃받침잎은 보통 8~9장이고, 꽃잎과 길이가 비슷하거나 조금 길며, 검은 갈색을 띤다. 꽃잎은 10~30장이고, 길이 1.4~2.0cm, 폭 5~7mm다. 수술과 암술은 많다.

전국
다년초

식별포인트 제주도에 자라는 세복수초(*A. multiflora* T. Nishikawa et K. Ito)와 비슷하지만, 꽃받침잎이 보다 많고 폭이 좁으며, 줄기에 난 잎의 자루가 보다 길어서 구분된다.

장소	날짜
특이사항	

세복수초

Adonis multiflora T. Nishikawa et K. Ito
미나리아재비과

제주도
다년초

제주도 숲 속에 자라는 여러해살이풀로서 높이 10~30cm다. 뿌리줄기는 굵고 검은 갈색이다. 줄기에 달리는 잎은 어긋나며, 잎자루가 매우 짧다. 잎몸은 매우 가늘게 갈라진다. 꽃은 2~4월에 피며, 노란색, 지름 3~4cm다. 꽃받침잎은 보통 5장이며, 폭이 길이보다 넓다. 꽃잎은 10~30장, 도피침형으로 꽃받침잎보다 길고 수평으로 퍼진다. 열매는 골돌이며 겉에 털이 난다. 잎이 가늘어서 '세복수초'라는 우리말 이름이 붙었으며, 제주도에만 자란다. 일본에도 분포한다.

식별포인트 서해안과 남해안의 산에 자라며, 큰 꽃이 피는 것을 구분하여 개복수초(*A. pseudoamurensis* W.T. Wang)라 하기도 하는데, 이 종은 세복수초에 비해 암술과 수술 수가 많고, 꽃잎이 꽃받침잎보다 넓어서 구분된다.

장소	날짜
특이사항	

Anemone amurensis (Korsh.) Kom.
미나리아재비과

들바람꽃

강원도 태백산 이북에 자라는 여러해살이풀로서 높이 15~25cm다. 뿌리잎은 1~2장이지만 없는 경우도 있으며, 1~2번 3갈래로 갈라진 겹잎이다. 잎자루는 길이 5~20cm다. 꽃은 4~5월에 줄기 끝에서 1개씩 피며, 흰색, 지름 2.5~3.0cm다. 꽃자루는 길이 1.5~4.0cm이며, 겉에 부드러운 털이 난다. 꽃을 받치고 있는 줄기잎은 3장이며, 3갈래로 깊게 갈라지고, 잎자루의 밑 부분이 넓어져서 좁은 날개가 된다. 꽃받침잎은 6~10장으로 꽃잎처럼 보이며, 흰색, 뒤로 조금 젖혀지고, 뒷면에 털이 난다.

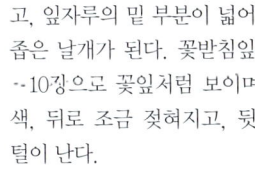

태백산 이북
다년초

식별포인트 북부 지방에 자라는 외대바람꽃(*A. nikoensis* Maxim.)은 꽃은 지름 4~6cm로 크고, 꽃받침잎은 5~6장이며, 줄기잎의 잎자루는 밑 부분이 넓어지지 않아서 이 종과 구분된다.

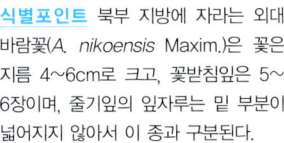

034 홀아비바람꽃

Anemone koraiensis Nakai
미나리아재비과

강원도, 경기도, 충청북도, 경상북도 및 북부 지방의 높은 산 습기가 있는 곳에 자라는 여러해살이풀이다. 줄기는 높이 7~15cm다. 뿌리잎은 1~2장이며, 길이 2cm, 폭 4cm쯤이고, 5갈래로 갈라진다. 꽃은 4~5월에 줄기 끝에서 1개 또는 드물게 2개씩 피며, 흰색, 지름 1.5cm쯤이다. 꽃자루는 길이 3~4cm, 겉에 털이 난다. 꽃을 받치고 있는 포잎은 3갈래로 깊게 갈라진다. 꽃받침잎은 보통 5장이며, 꽃잎처럼 보인다. 꽃잎은 없다. 수술과 암술은 많고, 꽃밥은 노란색이다. 한국 특산식물로 알려져 있다.

중부 이북
다년초

식별포인트 남한에서 볼 수 있는 바람꽃 속 식물 가운데 전체 높이 및 꽃의 크기가 작으며, 꽃받침잎이 튼실해 보이고, 수술대가 짧아서 쉽게 구분된다.

장소	날짜
특이사항	

Anemone pendulisepala Y.N. Lee
미나리아재비과

태백바람꽃 035

강원도 태백산 및 청태산에서 자라는 한국 특산의 여러해살이풀이다. 땅속줄기는 길게 자라서 가지가 갈라지며, 노란색이다. 줄기는 곧추서며 높이 15~20cm다. 줄기의 잎은 3장이 모인꽃싸개잎처럼 꽃자루 밑에 모여 달리며, 삼각형, 3갈래로 갈라지고, 길이와 폭이 5cm쯤이다. 잎자루에 털이 난다. 꽃은 4~5월에 줄기 끝에서 1개씩 피며, 흰색, 지름 1.2~2.0cm다. 꽃자루는 길이 2~4cm이며, 털이 난다. 꽃받침은 5~8장, 꽃잎처럼 보이며, 아래로 젖혀지고, 녹색이 도는 흰색, 긴 타원형이다. 꽃잎은 없다. 수술은 많으며, 수술대는 길이 3mm쯤이다. 암술은 여러 개이며, 씨방은 도란형이다. 열매는 수과다.

식별포인트 회리바람꽃(A. *reflexa* Stephan et Willd.)과 비슷하지만 꽃받침이 더욱 크게 발달해서 다르며, 들바람꽃(A. amurensis (Korsh.) Kom.)에 비해서 꽃받침이 아래쪽으로 젖혀지므로 구분된다.

강원도 다년초

장소		날짜	
특이사항			

036 꿩의바람꽃

Anemone raddeana Regel
미나리아재비과

전국
다년초

전국의 높은 산 습기가 많은 숲 속에 자라는 여러해살이풀이다. 줄기는 가지가 갈라지지 않고, 높이 15~20cm다. 뿌리잎은 잎자루가 길고, 1~2번 3갈래로 갈라지며, 보통 연한 녹색이지만 포잎과 함께 붉은 빛을 띠는 경우도 많다. 꽃은 4~5월에 줄기 끝에서 1개씩 피며, 흰색, 지름 3~4cm다. 꽃을 받치고 있는 포잎은 3장이며, 각각 3갈래로 끝까지 갈라진다. 꽃자루는 길이 2~3cm이며, 긴 털이 난다. 꽃받침잎은 8~13장이며, 꽃잎처럼 보이고, 긴 타원형, 길이 2cm쯤이다. 꽃잎은 없다. 수술과 암술은 많고, 씨방에 털이 난다. 변산반도 등지에서는 저지대에서도 자란다.

식별포인트 우리나라에서 자라는 바람꽃속 식물 가운데 꽃받침잎의 숫자가 가장 많아서 구분된다.

장소	날짜
특이사항	

64

Anemone reflexa Stephan et Willd.
미나리아재비과

회리바람꽃 | 037

강원도, 경기도, 충청북도, 경상북도 및 북부 지방의 산 속 그늘진 곳에 자라는 여러해살이풀이다. 줄기는 가지가 갈라지지 않으며, 높이 15~30cm다. 뿌리잎은 없다. 꽃은 4~6월에 줄기 끝에서 1~4개씩 피며, 노란색이다. 꽃자루는 길이 2~3cm이며, 겉에 털이 난다. 꽃을 받치고 있는 포잎은 3장이며, 3갈래로 완전히 갈라진다. 꽃받침잎은 5장이며, 노란색이고, 꽃이 필 때 뒤로 완전히 젖혀지므로 꽃에 노란 수술만 있는 것처럼 보인다. 수술과 암술은 많으며, 암술은 녹색을 띤다.

식별포인트 우리나라에 자라는 바람꽃속 식물 가운데 가장 작은 꽃이 피며, 꽃받침잎이 있지만 뒤로 젖혀지기 때문에 수술만이 있는 것처럼 보여서 구분된다.

중부 이북
다년초

장소

날짜

특이사항

038 세바람꽃

Anemone stolonifera Maxim.
미나리아재비과

제주도
다년초

제주도 한라산 해발 700m 이상의 계곡 주변과 높은 능선에 자라는 여러해살이풀이다. 줄기는 여러 대가 모여나며, 비스듬히 서거나 옆으로 눕고, 높이 10~20cm다. 뿌리잎은 잎자루가 길고, 3장의 작은잎으로 갈라진 다음 다시 깊게 갈라진다. 꽃은 4~6월에 줄기 끝에서 1~4개씩 달리며, 흰색, 지름 1~2cm다. 꽃자루는 꽃이 핀 후에도 계속 자라서 길이 3~10cm에 이른다. 꽃을 받치고 있는 포잎은 3장이며, 깊게 갈라진다. 꽃받침잎은 보통 5장이지만 드물게 6~7장인 경우도 있으며, 꽃잎처럼 보이고, 길이 0.8~1.0cm다. 북부 지방에도 드물게 자라며, 일본과 중국에 분포한다.

식별포인트 남한에서는 한라산에서만 자란다. 남한에 자라는 바람꽃속 식물 가운데는 바람꽃(*A. narcissiflora* L.)과 함께 여러 개의 꽃이 피는 종류지만, 바람꽃은 설악산에만 자라고 여름에 꽃이 피어 다르다.

장소 날짜

특이사항

Aquilegia oxysepala Trautv. et C.A. Mey.
미나리아재비과

매발톱꽃 039

전국의 계곡과 풀밭 양지바른 곳에 자라는 여러해살이풀이다. 줄기는 가지가 갈라지며, 매끈하고 자줏빛, 높이 30~130cm다. 뿌리잎은 여러 장이 모여나며, 잎자루가 길고, 2번 3갈래로 갈라진다. 줄기잎은 겹잎이며, 위로 갈수록 잎자루가 짧다. 꽃은 5~7월에 가지 끝에서 밑을 향해 달리며, 노란빛이 도는 자주색이다. 꽃받침잎은 5장, 꽃잎처럼 보이며, 길이 2cm, 갈색이 도는 자주색이다. 꽃잎은 5장, 노란색이며, 꽃받침잎과 번갈아 늘어선다. 꽃잎 아래쪽에 거가 있는데, 끝이 안으로 구부러지고 밖으로 나온다. 수술은 많으며, 안쪽 것은 꽃밥이 없는 헛수술이다. 암술은 5개다. 열매는 골돌이며, 위를 향해 달린다.

전국
다년초

식별포인트 백두산에 자라는 노랑매발톱(*A. oxysepala* Trautv. et C.A. Mey. for. *pallidiflora* Nakai)은 꽃잎과 꽃받침잎이 노란빛을 띤 흰색이어서 구분된다.

장소

날짜

특이사항

040 # 동의나물

Caltha palustris L. var. *nipponica* H. Hara
미나리아재비과

전국
다년초

제주도를 제외한 전국의 산 속 습기 많은 곳에 자라는 여러해살이풀이다. 줄기는 매끈하고, 높이 30~60cm에 이르며, 연약하기 때문에 아래쪽은 옆으로 비스듬히 눕기도 한다. 뿌리잎은 모여나며, 잎자루가 길고, 둥근 심장형, 큰 것은 지름 20cm에 이른다. 줄기잎은 잎자루가 짧거나 없다. 꽃은 4~5월에 줄기 위쪽에서 2~4개씩 달리며, 지름 2~3cm, 노란색이다. 꽃자루는 길이 5~11cm다. 꽃받침잎은 5~7장이며, 꽃잎처럼 보인다. 꽃잎은 없다. 수술은 많고, 암술은 4~16개다. 열매는 골돌이며, 끝에 짧은 부리가 있고, 길이 1cm쯤이다.

식별포인트 종내 변이가 매우 심한 식물로 알려져 있는데, 중국에서만 6개의 변종이 기록될 정도다. 남한에서 관찰되는 것들은 기본종에 가깝다.

장소 날짜

특이사항

Clematis patens C. Morren et Decne.
미나리아재비과

큰꽃으아리 | 041

제주도를 제외한 전국의 산기슭 양지에 자라는 낙엽 덩굴나무다. 줄기는 갈색, 길이 2~4m다. 잎은 마주나며, 작은잎 3~5장으로 이루어진 겹잎이다. 작은잎은 난형, 길이 3~10cm, 폭 2~5cm이며, 보통 3갈래로 갈라지고, 가장자리가 밋밋하다. 잎 뒷면에 털이 난다. 꽃은 5~6월에 줄기 끝에서 1개씩 위를 향해 피며, 지름 10~15cm, 흰색 또는 연한 노란색이다. 꽃자루는 포잎이 없고, 길이 10~15cm다. 꽃받침잎은 보통 8장이지만 변이가 있고, 꽃잎처럼 보인다. 꽃잎은 없다. 꽃밥은 선형, 길이 0.6~1.0cm다. 수술대는 털이 없고, 꽃밥보다 조금 길다. 열매는 수과이며, 횡갈색 깃털 모양의 긴 암술대가 남아있다.

전국 만경

식별포인트 우리나라에 자생하는 으아리속 식물 가운데 가장 큰 꽃을 피우므로 구분된다. 중국 원산의 원예식물인 위령선(*C. florida* Thunb.)은 꽃자루에 포잎이 2장 있고, 꽃받침잎이 6장이어서 이 종과 다르다.

장소	날짜
특이사항	

042 변산바람꽃

Eranthis byunsanensis B.Y. Sun
미나리아재비과

설악산 이남
다년초

마이산, 변산반도, 설악산의 동해 쪽 계곡, 토함산, 지리산, 한라산의 낙엽수림 밑에 자라는 한국특산의 여러해살이풀이다. 줄기는 높이 10~30cm다. 뿌리잎은 오각상 원형, 길이와 폭이 각각 3~5cm, 3갈래로 깊게 갈라진다. 꽃은 2~3월에 줄기 끝에서 1개씩 피며, 흰색 또는 분홍빛이 조금 돌고, 지름 2~3cm다. 꽃자루는 털이 없고, 길이 1cm쯤이다. 꽃을 받치고 있는 포잎은 2장, 잎자루가 없고, 3~4갈래로 갈라지는데 갈래는 가장자리가 밋밋한 선형이다. 꽃받침잎은 5~7장, 꽃잎처럼 보인다. 꽃잎은 4~11장, 깔때기 모양, 노란빛이 도는 녹색, 길이 3~4mm다. 수술은 많고, 길이 5~8mm다. 열매는 골돌, 길이 1cm쯤이다.

식별포인트 너도바람꽃(*E. stellata* Maxim.)과는 분포 지역, 포잎 및 꽃잎 모양이 다르다. 일본특산식물인 *E. pinnatifida* Maxim.는 꽃잎이 Y자로 완전히 갈라지므로 이 종과 다르다.

장소	날짜
특이사항	

Eranthis stellata Maxim.
미나리아재비과

너도바람꽃 043

제주도를 제외한 전국의 높은 산 계곡 주변에 자라는 여러해살이풀이다. 줄기는 높이 10~20cm다. 뿌리잎은 잎자루가 길고, 3갈래로 깊게 갈라진 후 다시 깃 모양으로 작게 갈라진다. 꽃은 3~4월에 줄기 끝에서 1개씩(드물게 2개) 피며, 지름 1~2cm, 흰색이다. 꽃자루는 길이 1cm쯤이다. 꽃을 받치고 있는 포잎은 돌려난 것처럼 보이며, 3갈래로 크게 갈라진 다음 다시 깃 모양으로 갈라진다. 꽃받침잎은 5~7장, 꽃잎처럼 보인다. 꽃잎은 작아서 수술처럼 보이며, 끝이 2갈래로 갈라져 노란색 꿀샘으로 된다. 열매는 골돌이며, 2~5개가 달린다.

식별포인트 지리산(장당골), 남덕유산, 주흘산을 비롯하여 경기도, 강원도에 분포한다. 변산바람꽃(*E. byunsanensis* B.Y. Sun)에 비해서 높은 산에 자라므로 꽃이 조금 늦게 핀다.

전국
다년초

장소　　　　　　　　　　　　　　날짜
특이사항

노루귀

Hepatica asiatica Nakai
미나리아재비과

전국
다년초

제주도를 제외한 전국의 숲 속에 자라는 여러해살이풀로서 높이 8~20cm, 전체에 희고 긴 털이 많이 난다. 잎은 뿌리에서 나며, 3~6장이다. 잎몸은 3갈래로 갈라진 삼각형이며, 밑은 심장형, 끝은 둔하다. 잎 앞면에 보통 얼룩무늬가 없지만 있는 경우도 있다. 꽃은 3~5월에 잎보다 먼저 피는데, 뿌리에서 난 1~6개의 꽃줄기에 위를 향해 피고, 흰색, 분홍색, 보라색이며, 지름 1.0~1.5cm다. 꽃 바로 밑에 잎처럼 생긴 포가 3장 달린다. 꽃받침잎은 꽃잎처럼 보이며, 6~11장이다. 수술은 많으며, 노란색이다. 열매는 수과다. 노루귀라는 이름은 꽃줄기나 잎이 올라올 때 '노루의 귀'를 닮아서 붙여졌다.

식별포인트 새끼노루귀(*H. insularis* Nakai)에 비해서 전체가 더욱 크며, 잎보다 꽃이 먼저 피는 경우가 많다. 남해안부터 북부 지방을 거쳐 만주, 우수리 등지까지 분포하므로, 새끼노루귀와는 분포 지역이 다르다.

장소   날짜

특이사항

Hepatica insularis Nakai
미나리아재비과

새끼노루귀

남해안 섬과 제주도의 숲 속에 자라는 한국특산의 여러해살이풀이다. 뿌리줄기는 가늘고 길며 수염뿌리가 많다. 줄기는 높이 5~15cm다. 잎은 뿌리에서 여러 장이 모여나며, 잎자루가 길다. 잎 앞면은 진한 녹색 바탕에 흰색 무늬가 있으며, 뒷면은 연한 녹색이다. 잎몸은 길이 1~2cm이며, 3갈래로 갈라지는데, 갈래는 난형 또는 난상 원형으로 끝이 둔하다. 잎 양면에 털이 난다. 꽃은 3~4월에 잎보다 먼저 또는 동시에 피며, 흰색 또는 붉은 보라색이다. 꽃받침잎은 꽃잎처럼 보이며, 6~11장이고, 길이 0.9~1.0cm다.

식별포인트 노루귀(*H. asiatica* Nakai)에 비해 잎이 작고, 잎 앞면에 흔히 얼룩무늬가 있어서 구분된다. 하지만 남부 지방에 자라는 것들 가운데는 서로를 종으로 구분하기에 애매한 중간 크기의 것도 발견된다.

남부 지방
다년초

장소	날짜
특이사항	

046 섬노루귀　　　　　　　　　　　　　　　*Hepatica maxima* Nakai
　　　　　　　　　　　　　　　　　　　　　미나리아재비과

울릉도
다년초

울릉도의 숲 속에 자라는 한국특산의 여러해살이풀로서 전체에 희고 긴 털이 많다. 높이 9~30cm다. 잎은 뿌리에서 3~6장이 나와서 퍼지며, 잎자루는 길이 14~28cm다. 잎몸은 3갈래로 크게 갈라지며, 두껍고, 폭 8cm 이상이다. 겨울에도 푸른 잎이 남아있으며, 눈 속에서 겨울을 난 잎은 봄철에 새 잎이 돋은 후에 마른다. 꽃은 4~5월에 꽃줄기 끝에서 위를 향해 1개씩 피며, 흰색 또는 연한 분홍색, 지름 1.5cm쯤이다. 꽃줄기는 길이 6~19cm다. 꽃 아래의 포는 3장이며, 녹색, 길이 1.0~2.5cm, 폭 0.6~2.0cm로서 꽃받침잎보다 훨씬 크다. 꽃받침잎은 꽃잎처럼 보이며, 6~8장이다. 꽃잎은 없다. 씨방에 털이 없다.

식별포인트 세계적으로 울릉도에만 자라는데, 울릉도에는 다른 노루귀속 식물이 없다. '큰노루귀'라고 부르기도 할 만큼 전체가 크고, 잎이 두해살이여서 쉽게 구분된다.

장소	날짜
특이사항	

Isopyrum mandshuricum (Kom.) Kom.
미나리아재비과

만주바람꽃 047

제주도를 제외한 전국의 높은 산 계곡 주변에 드물게 자라는 여러해살이 풀이다. 줄기는 높이 15~20cm다. 땅속줄기가 옆으로 길게 뻗는데, 여기에 보리알 같은 덩이뿌리가 주렁주렁 달린다. 뿌리잎은 잎자루가 길고, 2번 3갈래로 갈라진다. 줄기잎은 2~3장이며, 잎자루가 짧고, 3갈래로 갈라진다. 잎은 연한 녹색이지만 붉은 빛을 띠기도 한다. 꽃은 3~5월에 줄기 위쪽의 잎겨드랑이에서 난 꽃자루에 1개씩 달리며, 흰색 또는 노란빛이 조금 도는 흰색이고, 지름 1~2cm다. 꽃받침잎은 꽃잎처럼 보이며, 5장, 길이 7mm쯤이다. 열매는 골돌이다. 1970년대에 경기도에서 처음 발견된 이래, 최근에는 전라남도 백양사, 경상남도 와룡산에서도 확인되었다.

식별포인트 이른봄에 새싹이 나올 때는 나도바람꽃(*I. raddeanum* (Regel) Maxim.)과 비슷해 보이지만, 보리알 같은 덩이뿌리가 있고, 뿌리잎이 항상 달려 있으며, 꽃이 잎겨드랑이에서 피므로 다르다.

전국
다년초

장소	날짜
특이사항	

048 나도바람꽃

Isopyrum raddeanum (Regel) Maxim.
미나리아재비과

지리산 이북의 높은 산 습기가 많고 그늘진 숲 속에 자라는 여러해살이풀이다. 줄기는 높이 20~30cm다. 뿌리잎은 2~3장이며, 잎자루가 길다. 줄기잎은 보통 1장이며, 줄기 위쪽에 달리고 잎자루가 짧다. 잎은 3갈래로 갈라진 겹잎이며, 작은잎은 다시 3갈래로 갈라진다. 꽃은 4~6월에 줄기 끝의 잎처럼 생긴 포 위에 4~5개가 산형꽃차례로 달리며, 흰색 또는 분홍색을 조금 띠는 흰색이고, 지름 1.0~1.5cm다. 꽃자루는 길이 3cm쯤이다. 꽃받침잎은 꽃잎처럼 보이며, 4~5장이다. 꽃잎은 없다. 암술은 3~5개다. 열매는 골돌이다.

지리산 이북
다년초

식별포인트 만주바람꽃(*I. mandshuricum* (Kom.) Kom.)에 비해서 줄기가 더 크고 강건해 보이며, 꽃이 더 늦게 피므로 구분된다. 또한, 꽃이 줄기 끝에서 산형꽃차례를 이루므로 다르다.

장소	날짜
특이사항	

Megaleranthis saniculifolia Ohwi
미나리아재비과

모데미풀 049

한라산과 금강산 사이의 높은 산 계곡 주변과 습기가 많은 숲 속에 자라는 한국특산의 여러해살이풀이다. 뿌리에서 여러 개의 꽃줄기와 잎이 모여난다. 꽃줄기는 높이 20~40cm다. 뿌리잎은 잎자루가 길고, 3갈래로 완전히 갈라진 다음 다시 깊게 2~3갈래로 갈라진다. 잎 가장자리에는 끝이 뾰족한 톱니가 있다. 잎 양면에는 털이 없다. 꽃은 4~5월에 잎처럼 생긴 포 위에서 난 짧은 꽃자루에 1개가 달리며, 흰색, 지름 2~3cm다. 꽃받침잎은 꽃잎처럼 보이며, 보통 5장, 끝이 얕게 갈라진다. 꽃잎은 5개이며, 헛수술처럼 보인다. 수술은 많다. 열매는 골돌이다. 모데미풀 한 종이 모데미풀속을 이루는데, 한국특산 속이다.

금강산 이남
다년초

식별포인트 한라산, 지리산, 덕유산, 소백산, 태백산, 화천 광덕산, 점봉산 등지에서 발견된다. 특산속 식물로서 미나리아재비과의 다른 식물들과 쉽게 구분된다.

장소	날짜
특이사항	

050 가는잎할미꽃

Pulsatilla cernua (Thunb.) Bercht. et Presl
미나리아재비과

제주도
다년초

제주도의 양지바른 곳에 자라는 여러해살이풀이다. 줄기는 높이 10~30cm. 전체에 흰 털이 많다. 뿌리는 굵고 깊게 들어간다. 잎은 뿌리에서 여러 장이 나며, 2번 깃꼴로 갈라진 겹잎이다. 꽃은 3~4월에 피며, 종 모양, 검붉은 자주색, 밑을 향해 달린다. 꽃 밑에 붙은 총포는 3~4갈래로 갈라지며, 갈래는 다시 선형이 되고, 겉에 긴 털이 있다. 꽃받침잎은 꽃잎처럼 보이며, 6장, 긴 타원형, 길이 2~3cm, 겉에 흰색 긴 털이 많다. 열매는 수과, 길이 3~4cm로 크게 자란 암술대가 깃 모양으로 남아있다. 일본과 중국에도 분포한다.

식별포인트 변종인 할미꽃과 비슷하지만, 꽃받침잎 길이가 조금 짧고, 꽃 색깔이 조금 더 어둡다.

장소	날짜
특이사항	

Pulsatilla cernua (Thunb.) Bercht. et Presl (Yabe ex Nakai) Y.N. Lee
미나리아재비과

할미꽃 051

전국
다년초

전국의 양지바른 곳에 자라는 여러해살이풀이다. 줄기는 높이 30~40cm다. 잎은 뿌리에서 여러 장 나고, 작은잎 5장으로 이루어진 깃꼴겹잎이다. 작은잎은 깊게 갈라진다. 총포는 꽃줄기를 감싸며, 3~4갈래로 갈라지고, 긴 털이 난다. 꽃은 4~5월에 줄기 끝에서 1개씩 아래를 향해 피며, 긴 종 모양, 붉은 자주색이다. 꽃받침잎은 꽃잎처럼 보이며, 6장, 길이 3~4cm, 긴 타원형, 겉에 털이 많다. 수술은 많고, 꽃밥은 노란색이다. 암술은 많다. 열매는 수과이며, 길이 4cm쯤으로 자란 암술대가 깃 모양으로 남아있다.

식별포인트 제주도에 자라는 기본종인 가는잎할미꽃과 매우 비슷하므로 두 식물을 같은 것으로 보기도 한다. 가는잎할미꽃에 비해서 꽃받침잎 길이가 조금 길고, 꽃은 조금 더 밝은 색이며, 잎몸의 마지막 갈래가 조금 더 넓다.

장소	날짜
특이사항	

052 분홍할미꽃

Pulsatilla dahurica (Fisch.) Spreng.
미나리아재비과

북부 지방의 산과 들 양지바른 곳에 자라는 여러해살이풀이다. 전체에 긴 털이 많다. 줄기는 높이 25~40cm다. 잎은 뿌리에서 7~9장이 모여나고, 5장의 작은잎으로 이루어진 겹잎이다. 잎자루는 길이 3~15cm다. 꽃 밑에 붙은 총포는 꽃줄기를 감싸며, 3갈래로 완전히 갈라진다. 꽃은 5월에 꽃줄기 끝에서 1개씩 옆 또는 밑을 향해 피며, 종 모양, 연한 분홍색이다. 꽃받침잎은 꽃잎처럼 보이고, 6장, 긴 타원형, 길이 2cm, 겉에 부드러운 털이 많다. 열매는 수과이며, 끝에 깃 모양의 암술대가 남아있고, 길이 4.0~5.5cm다.

북부 지방
다년초

식별포인트 남한에는 분포하지 않는다. 할미꽃이나 가는잎할미꽃에 비해 꽃받침잎의 길이가 짧고, 연분홍색이어서 구분된다.

장소	날짜
특이사항	

Pulsatilla tongangensis Y.N. Lee et T.C. Lee
미나리아재비과

동강할미꽃 053

강원도 석회암지대의 바위틈에 자라는 한국 특산의 여러해살이풀이다. 줄기는 높이 15~30cm다. 전체에 흰 털이 많다. 잎은 깃꼴겹잎, 윗면은 반들거리고 진한 녹색이다. 꽃은 4월에 피며, 연분홍, 청보라 또는 붉은 자주색, 위 또는 옆을 향한다. 꽃받침잎은 꽃잎처럼 보이며, 5~8장이다. 수술은 많고, 꽃밥은 노란색이다 암술은 많고, 암술머리는 꽃받침잎과 색깔이 같다. 열매는 수과다. 최근에 동강에서 발견되어 한국특산식물로 발표되었으며, 석회암지역 몇몇 곳에서만 발견된다.

강원도 동강
다년초

식별포인트 우리나라에 분포하는 할미꽃속 식물들과는 다른 꽃 색깔을 가졌으며, 할미꽃과는 암술의 숫자가 적고 꽃이 하늘을 향해 피므로 구분된다.

장소　　　　　　　　　　　　**날짜**

특이사항

054 구름미나리아재비

Ranunculus borealis Trautv.
미나리아재비과

한라산
북부 지방
다년초

한라산 고지대와 북부 지방 높은 산에 자라는 여러해살이풀이다. 줄기는 높이 15~50cm이며, 거친 털이 있다. 뿌리잎은 몇 장이 모여 나며, 잎자루는 길이 3~10cm다. 잎몸은 둥근 모양, 길이 1.7~2.2cm, 폭 2.0~2.5cm, 3갈래로 깊게 갈라지며, 밑이 심장 모양이다. 잎 앞면은 진한 녹색이며, 거친 털이 드물게 있고, 뒷면은 연한 녹색, 털이 있다. 꽃은 5~6월에 가지 끝에서 1~3개씩 피며, 연한 노란색, 지름 1.8~2.4cm다. 꽃자루는 길이 5~15cm다. 꽃받침잎은 5장, 난상 피침형, 길이 3~4mm다. 꽃잎은 5장, 도란형, 길이 4~8mm, 폭 3~5mm다. 수술과 암술은 많다. 러시아, 중국에도 분포한다. 제주도 특산으로 알려져 있는 바위미나리아재비(*R. crucilobus* H. Lév.)와의 관계에 대해 연구가 필요하다.

식별포인트 한라산 특산으로 알려져 있는 바위미나리아재비에 비해 털이 적고, 미나리아재비(*R. japonicus* Thunb.)에 비해서는 암술대가 길이 5mm쯤으로 더 길며, 끝이 둥글게 말리므로 구분된다.

장소	날짜
특이사항	

Ranunculus franchetii H. Boissieu
미나리아재비과

왜미나리아재비 055

강원도 이북의 고지대에 자라는 여러해살이풀이다. 전체에 털이 조금 나며, 윤기가 난다. 줄기는 곧추서지만 연약하고, 높이 20~30cm다. 뿌리잎은 잎자루가 길고, 3갈래로 깊게 갈라지며, 길이 2.0~3.5cm, 폭 2.5cm쯤이다. 줄기잎은 잎자루가 없거나 짧으며, 3갈래로 깊게 갈라지고, 갈래는 선형이다. 꽃은 4~5월에 줄기 끝에서 1~3개씩 피며, 노란색, 지름 1.5~2.0cm다. 꽃자루는 가늘고, 길이 3~8cm다. 꽃받침잎은 5장, 겉에 성긴 털이 조금 나거나 없으며, 길이 6~7mm다. 꽃잎은 5장, 길이 1.0~1.2cm다. 열매는 수과이며, 여러 개가 모여 둥글게 된다.

강원도 이북
다년초

식별포인트 잎에서 윤기가 나고, 잎이 깊게 갈라지며, 전체가 작으므로 초여름에 꽃이 피는 미나리아재비(*R. japonicus* Thunb.)와 다르고, 제주도에 자라는 개구리갓(*R. ternatus* Thunb.)과는 덩이뿌리가 없으므로 구분된다.

장소

날짜

특이사항

056 매화마름

Ranunculus kazusensis Makino
미나리아재비과

서해안 이년초

서해안과 서해안 섬의 논에 매우 드물게 자라는 한해 또는 두해살이풀이다. 줄기는 속이 비고, 가지가 갈라지며, 길이 50cm까지 자란다. 줄기의 마디에서 뿌리가 내린다. 물 속의 잎은 어긋나며, 3~4번 가는 실처럼 갈라진다. 땅 위에서 자라는 식물체의 잎은 통통하다. 꽃은 4~5월에 잎과 마주난 꽃자루가 물 위로 나와 그 끝에 1개씩 피며, 흰색, 지름 1cm쯤이다. 꽃받침잎은 5장, 녹색, 길이 3.0~4.5mm다. 꽃잎은 5장, 길이 6~9mm이고, 밑 부분이 수술과 더불어 노란색이다. 열매는 수과이며, 여러 개가 모여 둥글게 된다.

식별포인트 논에서 사는 수생식물이며, 잎이 실처럼 가늘게 갈라지므로, 우리나라에 분포하는 미나리아재비속의 다른 식물들과 쉽게 구분된다.

장소

날짜

특이사항

Ranunculus sceleratus L.
미나리아재비과

개구리자리 | 057

중부 지방 이남의 논과 습지에 흔하게 자라는 한해 또는 두해살이풀이다. 전체에 털이 없고, 윤이 난다. 줄기는 가지가 갈라지기도 하며, 높이 10~50cm다. 뿌리잎은 잎자루가 길고, 3갈래로 깊게 갈라진다. 줄기잎은 위로 갈수록 잎자루가 짧아지고, 위쪽의 것은 완전히 3갈래로 갈라진다. 꽃은 4~6월에 가지 끝에서 1개씩 피며, 노란색, 지름 0.8~1.0cm다. 꽃자루는 길이 1.0~2.5cm다. 꽃받침잎은 5장, 타원형, 뒤로 젖혀진다. 꽃잎은 5장, 도란형, 꽃받침과 비슷한 크기다. 열매는 수과이며, 여러 개가 긴 타원상 원주형으로 모여 달린다.

식별포인트 열매가 원주형으로 모여 달리는 특징은 젓가락나물(*R. chinensis* Bunge)과 비슷하지만, 전체에 털이 없고, 여러해살이풀이 아니므로 다르다. 미나리아재비속의 다른 종들과는 열매가 구형이므로 구분된다.

중부 이남
일년초

장소	날짜
특이사항	

058 개구리갓

Ranunculus ternatus Thunb.
미나리아재비과

제주도
다년초

제주도 습지에 자라는 여러해살이풀이다. 뿌리는 일부가 방추형 덩이뿌리로 되어 굵어진다. 줄기는 가지가 갈라지며, 높이 5~25cm다. 전체에 털이 거의 없다. 뿌리잎은 5~10장이며, 3~5갈래로 깊게 갈라지고, 잎자루는 길이 2~6cm다. 줄기잎은 작고, 잎자루가 없으며, 3갈래로 갈라지는데 갈래는 선형으로 폭 1~3mm다. 꽃은 4~5월에 피며, 노란색, 지름 1.0~1.6cm다. 꽃받침잎은 5장, 난형 또는 넓은 난형, 길이 3~4mm다. 꽃잎은 5장, 도란형, 길이 5~7mm, 폭 4~5mm다. 수술은 많다. 열매는 수과이며, 털이 없고, 지름 6mm쯤의 구형으로 모여 달린다. 따뜻한 곳에 사는 식물로서 대만, 일본, 중국에도 분포한다.

식별포인트 뿌리의 아래쪽이 방추형 덩이뿌리로 되므로 우리나라에 분포하는 다른 미나리아재비속 식물들과 구분된다.

장소　　　　　　　　　　날짜

특이사항

Semiaquilegia adoxoides (DC.) Makino
미나리아재비과

개구리발톱 | 059

제주도와 남부 지방에 자라는 여러해살이풀이다. 줄기는 가지가 갈라지며, 털이 있고, 높이 15~35cm다. 잎은 줄기 아래쪽의 뿌리 부근에서 몇 장이 나며, 잎자루가 길고, 작은잎 3장으로 된 겹잎이다. 작은잎은 잎자루가 짧고, 3갈래로 깊게 갈라진다. 잎 뒷면은 보랏빛이 조금 돈다. 꽃은 3~5월에 꽃자루가 아래로 구부러져 밑을 향해 피며, 종 모양, 분홍빛이 조금 도는 흰색, 지름 4~5mm, 활짝 벌어지지 않는다. 꽃받침잎은 꽃잎처럼 보이며, 5장이고, 길이 5~7mm다. 꽃잎은 5장, 길이 2.5~3.0mm, 밑 부분이 통처럼 되고 짧은 거가 있다. 수술은 9~14개, 안쪽 몇 개는 납작한 헛수술로 된다. 암술은 3~5개, 암술대가 없다. 열매는 골돌이며, 길이 5~6mm다.

남부 지방
다년초

식별포인트 싹이 나올 때는 만주바람꽃(*Isopyrum mandshuricum* (Kom.) Kom.)과 비슷하지만 꽃이 밑을 향하며 활짝 벌어지지 않아서 다르다. 매발톱꽃(*Aquilegia oxysepala* Trautv. et C.A. Mey.)에 비해서는 전체가 작고, 꽃잎의 거(距)가 조금밖에 발달하지 않는다.

장소	날짜
특이사항	

060 연잎꿩의다리

Thalictrum coreanum H. Lév.
미나리아재비과

중부 지방
다년초

단양, 정선, 설악산 등 중부 지방에 드물게 자라는 한국특산의 여러해살이풀이다. 뿌리는 흑갈색, 곤봉 모양으로 된 굵은 뿌리도 있다. 줄기는 높이 30~60cm다. 잎은 1~2번 3갈래로 갈라지는 겹잎이며, 둥근 방패 모양, 길이 5.5.~7.5cm, 폭 6~8cm, 가장자리에 물결 모양 톱니가 있다. 잎자루는 잎 뒷면 아래에 방패 모양으로 붙으며, 길이 6.0~8.5cm다. 잎 뒷면은 흰빛이 돈다. 꽃은 5~8월에 줄기 끝의 원추꽃차례에 피며, 자주색 또는 흰색이다. 꽃받침잎은 4~5장, 꽃이 피자마자 떨어진다. 꽃잎은 없고, 자주색 또는 흰색 수술이 꽃을 이룬다. 열매는 수과이며, 열매자루는 길이 0.5mm 이하로 매우 짧다.

식별포인트 잎이 방패 모양이어서 쉽게 구분된다. 북부 지방과 중국의 꼭지연잎꿩의다리(*T. ichangense* Lecoy. ex Oliv.)는 잎은 길이 2~4cm, 폭 1.5~4.0cm로 조금 작고, 열매자루는 1.5mm쯤으로 길며, 뿌리가 모두 수염뿌리이므로 이 식물과 구분된다.

장소　　　　　　　　　　　　　　　　　　날짜

특이사항

Caulophyllum robustum Maxim.
매자나무과

꿩의다리아재비 061

제주도를 제외한 전국의 높은 산에 자라는 여러해살이풀이다. 줄기는 높이 60~100cm이며, 흰 분을 칠한 것 같다. 잎은 어긋나며, 2~3번 3갈래로 갈라지는 겹잎이다. 작은잎은 긴 타원형, 길이 4~8cm, 폭 2~4cm다. 잎 가장자리는 밋밋하거나 2~3갈래로 갈라진다. 잎 앞면은 진한 녹색으로 윤기가 나며, 뒷면은 연한 녹색이다. 꽃은 5~6월에 줄기 끝의 원추꽃차례에 여러 개가 달리며, 녹색이 도는 노란색, 지름 0.7~1.0cm다. 꽃받침잎은 꽃잎처럼 보이며, 6장이다. 꽃잎은 꽃받침과 마주나며, 6장, 작고, 꿀샘처럼 된다. 장과처럼 생긴 2개의 씨앗이 함께 달리며, 하늘색으로 익는다. 일본, 중국, 러시아, 북미에 분포한다.

전국
다년초

식별포인트 세계적으로 꿩의다리아재비 속에 2종이 있으며, 우리나라에는 1종이 있다. 우리나라의 다른 매자나무과 식물들과 뚜렷하게 구분되는 특징이 많다.

장소	날짜
특이사항	

062 삼지구엽초

Epimedium koreanum Nakai
매자나무과

**충북 이북
다년초**

충청북도 이북의 계곡 주변에 드물게 자라는 여러해살이풀이다. 줄기는 한 포기에서 여러 대가 나며, 높이 30cm쯤이다. 잎은 뿌리와 줄기에서 나며, 2번 3갈래로 갈라져서 작은잎 9장으로 된 겹잎이다. 작은잎은 난형, 길이 10cm쯤이며, 끝은 뾰족하고, 밑은 심장 모양이다. 잎 가장자리에 가시 모양의 톱니가 있다. 꽃은 4~5월에 겹총상꽃차례로 드문드문 밑을 향해 달리며, 노란빛이 도는 흰색이다. 꽃받침잎은 꽃잎처럼 보이며, 8장, 바깥쪽의 4장은 일찍 떨어진다. 꽃잎은 4장, 둥글고 긴 거(距)가 있다. 수술은 4개, 암술은 1개다. 열매는 삭과이며, 길이 1.0~1.3cm다. 지리산에서 발견된 적이 있으며, 만주, 우수리, 일본의 혼슈와 홋카이도에도 분포한다.

식별포인트 우리나라에는 삼지구엽초속에 한 종만이 있으며, 우리나라의 다른 매자나무과 식물들과 뚜렷하게 구분된다.

장소	날짜
특이사항	

Gymnospermium microrrhynchum (S. Moore) Takht.
매자나무과

한계령풀 | 063

가리왕산, 금대봉, 오대산, 점봉산, 태백산 및 북부 지방의 고지대에 드물게 자라는 여러해살이풀이다. 전체가 연한 녹색이며, 털이 없고 연약하다. 실처럼 가늘어진 뿌리줄기의 20~50cm 아래에 둥근 덩이뿌리가 있고, 여기에서 수염뿌리가 난다. 줄기는 높이 30~50cm이며, 6월이 되면 전체가 시들어 없어진다. 잎은 2번 3갈래로 갈라지는 겹잎이며, 가장자리가 밋밋하다. 작은잎은 길이 6~7cm다. 꽃은 4~5월에 줄기 끝의 총상꽃차례에 10~20개가 빽빽이 달리며, 노란색, 지름 1cm쯤이다. 꽃잎은 6장이다. 수술은 6개, 암술은 1개다. 열매는 삭과이며, 둥글고, 익어도 벌어지지 않는다.

식별포인트 우리나라에는 한계령풀속에 한 종만이 있으며, 우리나라의 다른 매자나무과 식물들과 뚜렷하게 구분된다. 북한에서는 '메감자'라 부르는데, 덩이뿌리가 있기 때문이다. 덩이뿌리는 이 식물이 여러해살이풀이라는 명확한 증거다.

강원 이북
다년초

장소	날짜
특이사항	

064 깽깽이풀 *Jeffersonia dubia* (Maxim.) Benth. et Hook. fil. ex Baker et S. Moore
매자나무과

전국
다년초

제주도를 제외한 전국의 산 중턱 아래에 드물게 자라는 여러해살이풀로서 높이 20cm쯤이다. 잎은 뿌리에서 여러 장이 나며, 잎자루가 길다. 잎몸은 둥근 모양, 지름 15cm쯤이며, 밑은 심장 모양, 끝은 오목하고, 가장자리는 물결 모양이다. 꽃은 4월에 잎보다 먼저 뿌리에서 난 긴 꽃자루 끝에 1개씩 달리며, 붉은 보라색 또는 드물게 흰색, 지름 2cm쯤이다. 꽃받침잎은 4장, 피침형, 일찍 떨어진다. 꽃잎은 6~8장이며, 난형이다. 수술은 6~8개, 암술은 1개다. 열매는 삭과다.

식별포인트 우리나라에 분포하는 매자나무과 식물 가운데 줄기가 없는 식물이므로 쉽게 구분된다.

장소	날짜
특이사항	

Akebia quinata (Thunb.) Decne.
으름덩굴과

으름덩굴 065

황해도 이남에 자라는 낙엽 덩굴나무로서 줄기는 길이 10~20m다. 잎은 어긋나며, 작은잎 5장으로 이루어진 손바닥 모양의 겹잎이다. 작은잎은 난형 또는 타원형, 길이 3~6cm, 폭 1~2cm, 끝이 오목하고, 가장자리가 밋밋하다. 꽃은 4~5월에 암수한그루로 피는데, 잎겨드랑이에서 난 총상꽃차례에 달리고, 노란빛이 도는 흰색 또는 연한 자주색이다. 꽃받침잎은 꽃잎처럼 보이며, 3장이다. 수꽃은 꽃차례 위쪽에 달리며, 수술 6개가 서로 떨어져 있다. 암꽃은 수꽃보다 크고, 꽃차례 아래쪽에 달리며, 기둥 모양의 암술대가 3~6개 있다. 열매는 장과, 긴 타원형으로 길이 10cm쯤이고, 9~10월에 익으면 한쪽이 벌어진다.

황해 이남 만경

식별포인트 멀꿀(*Stauntonia hexaphylla* (Thunb.) Decne.)에 비해서 상록성이 아니며, 열매는 길이 10cm의 긴 타원형이고 완전히 익으면 벌어지므로 구분된다.

장소	날짜
특이사항	

066 멀꿀

Stauntonia hexaphylla (Thunb.) Decne.
으름덩굴과

남해안 만경

남해안과 제주도의 계곡에 자라는 상록 덩굴나무로서 줄기는 길이 15m쯤이다. 잎은 어긋나며, 두껍고, 손바닥 모양의 겹잎이다. 잎자루는 길이 6~8cm, 작은잎자루는 길이 1~4cm다. 작은잎은 5~7장, 타원형, 길이 6~10cm, 폭 2.5~4.0cm다. 꽃은 5~6월에 암수한그루로 피며, 잎겨드랑이에서 난 총상꽃차례에 3~7개씩 달리고, 갈색이 도는 흰색이다. 꽃받침잎은 6장인데, 바깥쪽 3장은 피침형으로 길이 1~2cm이고, 안쪽 3장은 선형으로 작다. 꽃잎은 없다. 수꽃에는 수술 6개가 서로 붙어 있다. 암꽃은 수꽃보다 크며, 암술 1개와 퇴화된 수술 6개가 있다. 열매는 장과, 타원형, 길이 5~10cm, 10~11월에 보라색으로 익지만 벌어지지 않는다.

식별포인트 으름덩굴(*Akebia quinata* (Thunb.) Decne.)에 비해서 상록성으로서 남해안과 제주도에만 분포하며, 열매는 익어도 벌어지지 않으므로 구분된다.

장소	날짜
특이사항	

Menispermum dahuricum DC.
새모래덩굴과

새모래덩굴 067

전국의 산기슭 양지바른 곳에 자라는 여러해살이풀이다. 줄기는 길이 1~3m이며, 다른 물체를 감는다. 잎은 어긋나며, 홑잎, 둥근 심장 모양, 길이와 폭은 각각 7~13cm, 가장자리가 5~9갈래로 얕게 갈라진다. 잎자루는 길이 5~15cm, 잎몸에 방패 모양으로 붙는다. 잎 앞면은 진한 녹색, 뒷면은 흰빛을 띤다. 꽃은 5~6월에 암수딴포기로 피며, 잎겨드랑에서 난 원추꽃차례에 달리고, 연한 노란색이다. 수꽃은 꽃받침잎 6장, 꽃잎 4장, 수술 12~24개, 꽃받침잎이 꽃잎보다 크다. 암꽃은 꽃받침잎 4장, 꽃잎 6상이다. 열매는 핵과이며, 10월에 검게 익는다.

전국
다년초

식별포인트 우리나라의 새모래덩굴과 식물 4종 가운데 댕댕이덩굴(*Cocculus trilobus* (Thunb.) DC.)과 함께 남한 전 지역에서 볼 수 있으며, 잎이 방패 모양이므로 구분된다.

장소	날짜
특이사항	

068 약모밀

Houttuynia cordata Thunb.
삼백초과

남부 지방
울릉도
다년초

남부 지방 및 울릉도에 야생상으로 퍼져 있는 여러해살이풀이다. 전체에서 역겨운 냄새가 난다. 줄기는 높이 10~60cm, 아래쪽은 누워 자라는데 마디에서 뿌리가 내린다. 잎은 어긋나며, 넓은 난형 또는 난상 심장형, 길이 2~10cm, 폭 2~6cm다. 꽃은 5~6월에 줄기 끝의 이삭꽃차례에 많은 꽃이 빽빽하게 붙어 피는데, 꽃차례는 길이 1.5~2.5cm, 전체가 한 송이 꽃처럼 보인다. 꽃차례 아래쪽에 꽃싸개잎이 4장 있는데, 흰색, 길이 1.5~2.0cm, 꽃잎처럼 보인다. 수술은 3개이며, 암술보다 길다. 네팔, 미얀마, 부탄, 인도, 인도네시아, 일본, 중국, 태국 등 동남아시아에 널리 퍼져 있는 식물이다. 전체에서 물고기 비린내가 나므로 '어성초(魚腥草)'라 부르기도 하며, 약재로 쓴다.

식별포인트 약모밀속에는 세계적으로 단 한 종만이 있다. 삼백초(*Saururus chinensis* (Lour.) Baill.)와는 달리 꽃차례가 짧으며, 꽃차례 밑에 꽃잎처럼 보이는 4장의 꽃싸개잎이 있고, 수술은 3개이므로 구분된다.

장소	날짜
특이사항	

Chloranthus fortunei (A. Gray) Solms
홀아비꽃대과

옥녀꽃대

제주도 및 남부 지방의 숲 속에 자라는 여러해살이풀이다. 전체에 털이 없다. 줄기는 곧추서며, 가지가 갈라지지 않고, 높이 15~40cm다. 잎은 줄기 끝에 4장이 모여나며, 넓은 타원형 또는 도란형, 길이 5~11cm, 폭 3~7cm, 가장자리에 톱니가 있고, 끝이 뾰족하다. 잎자루는 길이 1.0~1.5cm다. 꽃은 4~5월에 피며, 흰색, 향기가 있다. 수술은 3개이며, 가늘고, 길이 1.0~1.9cm다. 양쪽 수술대에는 1실로 된 꽃밥이 있고, 가운데 수술대에 2실로 된 꽃밥이 있다. 씨방은 난형이며, 암술대는 없다. 열매는 삭과이며, 둥글고, 노란색이 도는 녹색으로 익는다.

식별포인트 홀아비꽃대(*C. japonicus* Siebold)에 비해서 남부 지방에 자라며, 가운데 수술에 2실로 된 꽃밥이 있고, 잎 가장자리의 톱니가 덜 날카로우므로 구분된다.

남부 지방
다년초

장소

날짜

특이사항

070 홀아비꽃대

Chloranthus japonicus Siebold
홀아비꽃대과

전국
다년초

전국의 산 숲 속에 자라는 여러해살이풀이다. 줄기는 높이 20~40cm, 마디가 3~4개 있고, 윤이 나며 보라색을 띤다. 잎은 줄기 끝에 4장이 모여나며, 난형 또는 타원형, 길이 4~12cm, 폭 5~6cm, 가장자리에 날카로운 톱니가 있다. 꽃은 4~5월에 줄기 끝의 이삭꽃차례에 피며, 흰색이다. 꽃차례는 길이 3cm쯤이다. 꽃받침잎과 꽃잎은 없다. 수술은 3개, 흰색 실 같으며, 길이 4~5mm, 밑 부분이 합쳐져서 씨방의 등 쪽에 붙고, 바깥쪽 2개의 수술대 아래쪽 밑 부분에 꽃밥이 달린다. 열매는 삭과이며, 둥글다.

식별포인트 남부 지방과 제주도에 분포하는 옥녀꽃대(*C. fortunei* (A. Gray) Solms)에 비해서 양쪽 2개의 수술 밑에만 1실로 된 꽃밥이 달리며, 수술대가 보다 짧으므로 구분된다.

장소　　　　　　　　　　　　　　　　날짜

특이사항

Aristolochia manshuriensis Kom.
쥐방울덩굴과

등칡 071

경상도, 충청북도, 강원도 및 북부 지방에 자라는 낙엽 덩굴나무다. 줄기는 길이 10m쯤이다. 잎은 어긋나며, 둥근 심장형, 길이와 폭이 각각 10~25cm, 가장자리가 밋밋하다. 잎자루는 길이 6~8cm다. 꽃은 5~6월에 암수딴그루로 피며, 잎겨드랑이에 1개씩 달리고, 꽃받침통이 구부러져 U자형으로 된다. 꽃자루는 길이 1.5~3.0cm, 밑 부분에 짧고 부드러운 털이 난다. 열매는 삭과이며, 긴 타원형, 길이 8~11cm, 지름 2~3cm다.

전국 만경

식별포인트 우리나라에 분포하는 쥐방울덩굴속의 다른 식물인 쥐방울덩굴(*A. contorta* Bunge)은 나무가 아니라 덩굴성 풀이며, 잎과 열매가 작고, 꽃 모양이 다르다.

장소   **날짜**

특이사항

072 개족도리

Asarum maculatum Nakai
쥐방울덩굴과

남부 지방
다년초

제주도 및 남부 지방의 숲 속에 자라는 한국특산의 여러해살이풀이다. 높이 15~25cm이며, 원줄기는 없다. 잎은 뿌리에서 1~3장이 나며, 심장형, 길이와 폭 각각 7cm쯤이다. 잎 앞면은 진한 녹색이며, 흰 무늬가 있다. 잎자루는 길다. 꽃은 4~5월에 꽃줄기 끝에 1개씩 피며, 꽃받침통은 족두리 모양, 검은 빛이 도는 자주색, 위쪽이 3갈래로 갈라지고 갈래는 삼각형이다. 수술은 12개, 암술대는 6개다.

식별포인트 족도리풀(*A. sieboldii* Miq.)에 비해 잎이 두껍고, 보통 잎에 흰 무늬가 있으며, 남부 지방에서만 자라므로 구분된다.

장소   날짜

특이사항

Asarum sieboldii Miq.
쥐방울덩굴과

족도리풀 073

전국의 산 숲 속에 자라는 여러해살이풀이다. 뿌리줄기는 육질, 매운 맛이 난다. 잎은 뿌리줄기에서 1~2장이 나며, 심장형 또는 신장형, 길이와 폭이 각각 5~10cm, 가장자리가 밋밋하다. 잎 앞면은 녹색으로 털이 없으며, 뒷면은 맥 위에 잔털이 난다. 꽃은 4~5월에 잎 사이에서 난 꽃줄기 끝에 1개씩 달리며, 족두리 모양, 꽃받침통 위쪽이 3갈래로 갈라지는데 갈래는 삼각형, 검은 빛이 도는 자주색, 지름 1.0~1.5cm다. 수술은 12개, 암술은 6개다. 한방에서 '세신(細辛)'이라 부르는 약용식물이다. '족두리'를 닮은 데서 우리말 이름이 유래하였지만, 오래 전부터 사용하여 이름으로 굳어진 '족도리풀'로 표기하는 게 혼란을 줄이는 일이다.

전국
다년초

식별포인트 우리나라의 족도리풀속 다른 식물들에 비해서 분포 지역이 넓고, 잎에 무늬가 없으므로 구분된다.

장소　　　　　　　　　　　　　날짜
특이사항

074 무늬족도리

Asarum sieboldii Miq. var. *versicolor* T. Yamaki
쥐방울덩굴과

강원도, 경기도, 충청북도의 숲 속 바위 틈 또는 경사면에 드물게 자라는 한국특산의 여러해살이풀이다. 높이 10~20cm이며, 원줄기는 없다. 잎은 홑잎으로 얇고, 앞면에 흰 무늬가 있으며, 심장형, 길이 5~10cm, 폭 5~8cm다. 꽃은 4~5월에 피며, 꽃받침통은 길쭉한 통 모양, 위쪽이 3갈래로 갈라지고, 갈래는 끝이 뾰족해져서 위로 꺾인다. 1995년 일본에서 한국특산식물로 발표되었으며, 점봉산, 유명산, 화야산, 속리산 등지에 분포한다.

강원 경기
충북
다년초

식별포인트 기본종인 족도리풀(*A. sieboldii* Miq.)에 비해서 잎 앞면에 흰 무늬가 있으며, 분포 지역이 한정되어 있으므로 구분된다.

Paeonia japonica (Makino) Miyabe et Takeda
작약과

백작약 075

전국의 산 숲 속에 자라는 여러해살이풀이다. 줄기는 곧추서며, 높이 50~60cm다. 잎은 어긋나며, 1~2번 3갈래로 갈라지는 겹잎, 작은잎은 도란형 또는 타원형, 길이 5~12cm, 폭 3~7cm, 가장자리가 밋밋하다. 잎 앞면은 녹색이고, 뒷면은 흰빛이 난다. 잎자루는 길다. 꽃은 5~6월에 줄기 끝에서 1개씩 피며, 향기가 강하고, 흰색, 지름 4~5cm, 활짝 벌어지지 않는다. 꽃받침잎은 3장, 난형, 크기가 서로 다르다. 꽃잎은 5~7장이다. 수술은 많고, 암술은 3~4개다. 암술대는 뒤로 젖혀진다. 열매는 골돌이다.

전국
다년초

식별포인트 산작약(*P. obovata* Maxim.)은 꽃이 연한 분홍색(드물게 붉은 색 또는 흰색)이며, 지름 7~10cm로서 보다 크고, 열매에 남아있는 암술대가 길게 자라서 뒤로 말리므로 다르다.

장소   날짜

특이사항

076 모란

Paeonia suffruticosa Andr.
작약과

중국
관목

중국 원산의 낙엽 떨기나무로서 꽃이 아름다우므로 전 세계에서 널리 심고 있다. 줄기는 높이 1~2m이며, 가지가 갈라진다. 잎은 어긋나며, 2번 3갈래로 갈라진 겹잎이다. 중앙의 작은잎은 넓은 난형, 길이 7~8cm, 폭 5~7cm, 3갈래로 얕게 갈라진다. 잎 앞면은 녹색, 뒷면은 연한 녹색이다. 꽃은 5월에 가지 끝에서 1개씩 피며, 흰색 붉은 색 등 여러 가지 색깔이고, 지름 10~20cm다. 포잎은 5장, 긴 타원형이다. 꽃받침잎은 5장, 녹색이다. 꽃잎은 5장 또는 그 이상이다. 수술은 많다. '목단' 이라고도 부른다.

식별포인트 우리나라에서 볼 수 있는 작약속 식물 가운데 중국 원산으로서 재배하며, 꽃이 크고, 풀이 아니라 떨기나무이므로 구분된다.

장소   날짜

특이사항

Eurya japonica Thunb.
차나무과

사스레피나무

제주도와 남부 지방에 자라는 상록 떨기나무로서 높이 2~5m다. 잎은 어긋나며, 가죽질, 타원형, 길이 3~8cm, 폭 1~3cm, 가장자리에 물결 모양의 둔한 톱니가 있다. 잎 앞면은 윤이 나며, 뒷면은 연한 녹색으로 윤이 나지 않는다. 잎자루는 길이 1~5mm, 털이 없다. 꽃은 3~4월에 암수딴그루로 피며, 잎겨드랑이에 1~3개씩 달리고, 노란빛이 도는 녹색이다. 꽃받침과 꽃잎은 각각 5장이다. 열매는 장과이며, 10~5월에 검게 익는다.

남부 지방 관목

식별포인트 우리나라에 자라는 사스레피나무속의 다른 한 종인 우묵사스레피(*E. emarginata* (Thunb.) Makino)는 꽃이 여름에 피고, 잔가지에 황갈색 털이 많으며, 잎 가장자리가 뒤로 말리므로 다르다.

장소	날짜
특이사항	

078 애기똥풀

Chelidonium majus L. var. *asiaticum* (H. Hara) Ohwi
양귀비과

전국
이년초

전국의 마을 근처 또는 숲 가장자리에 흔하게 자라는 두해살이풀이다. 전체에 희고 긴 털이 많은데, 어릴 때 더욱 많다. 줄기는 가지가 갈라지며, 연약하고, 높이 50~80cm다. 잎은 어긋나며, 1~2번 깃 모양으로 갈라지는 겹잎이다. 잎 앞면은 녹색, 뒷면은 연두색이며, 가장자리에 둔한 톱니가 있다. 꽃은 주로 4~5월에 피지만 8월까지도 볼 수 있으며, 줄기와 가지 끝에 산형꽃차례로 달리고, 노란색, 지름 2.5~3.5cm다. 꽃받침잎은 2장, 겉에 긴 털이 나고, 일찍 떨어진다. 꽃잎은 4장, 길이 1.2cm쯤이다. 수술은 많고, 암술은 1개다. 열매는 삭과이며, 가는 기둥 모양이다.

식별포인트 우리나라에 분포하는 유일한 애기똥풀속 식물로서 마을 근처에 흔하게 자라며, 줄기를 자르면 연한 노란색 즙이 나오므로 구분된다.

장소	날짜
특이사항	

Corydalis filistipes Nakai
양귀비과

섬현호색 | 079

울릉도 성인봉 숲 속에 드물게 자라는 한국특산의 여러해살이풀이다. 덩이줄기는 구형, 지름 1~2cm, 안쪽은 노란색이다. 줄기는 밑동에서 눕지 않고 곧추서며, 높이 20~50cm다. 잎은 3번 깃꼴로 갈라지는 겹잎이다. 작은잎은 잘게 갈라진다. 꽃은 3~4월에 5~20개가 총상꽃차례로 피며, 노란빛이 조금 도는 흰색, 길이 1.0~1.5cm다. 꽃차례의 포잎은 긴 타원형으로 끝이 2~3갈래로 갈라진다. 열매는 삭과이며, 원통형, 길이 2~4cm다.

식별포인트 울릉도 숲 속에서 자라는 덩이줄기가 있는 유일한 현호색속 식물이며, 전체가 큰데 꽃에 비해 잎이 무성하게 발달하므로 구분된다.

울릉도 다년초

장소	날짜
특이사항	

080 갈퀴현호색

Corydalis grandicalyx B.U. Oh et Y.S. Kim
양귀비과

중부 지방
다년초

강원도, 경기도, 경상북도, 충청북도의 높은 산 숲 속에 자라는 여러해살이 풀이다. 덩이줄기는 구형, 안쪽은 흰색이다. 줄기는 밑동에서 여러 개가 나오며, 밑쪽은 조금 눕고, 높이 10~25cm다. 잎은 2번 작은잎 3장으로 갈라지며, 작은잎은 타원형 또는 도란형이다. 꽃은 4~5월에 총상꽃차례로 피며, 길이 2.0~2.5cm, 보통 진한 푸른색이지만 붉거나 흰색도 있다. 꽃받침잎은 끝이 갈퀴 모양으로 갈라진 채로 크게 발달하며, 꽃통을 감싼다. 열매는 삭과이며, 납작한 방추형, 길이 0.5~1.5cm다.

식별포인트 다른 현호색 종류에서는 발달하지 않는 꽃받침잎이 크게 발달하는데, 갈퀴 모양으로 깊게 갈라져서 꽃통을 싸므로 구분된다.

Corydalis heterocarpa Siebold et Zucc. var. *japonica* (Franch. et Sav.) Ohwi
양귀비과

갯괴불주머니 | 081

울릉도와 제주도의 바닷가에 자라는 두해살이풀이다. 전체가 흰빛이 도는 녹색이고, 자르면 나쁜 냄새가 난다. 줄기는 가지가 갈라지고, 보통 붉은 빛을 띠며, 높이 40~60cm다. 잎은 어긋나며, 2~3번 깃꼴로 갈라지는 겹잎이다. 꽃은 3~4월에 줄기와 가지 끝의 총상꽃차례에 피며, 노란색, 길이 2.2~2.5cm다. 거(距)는 거의 직각으로 휘어져서 수직으로 선다. 수술은 6개다. 열매는 삭과이며, 불규칙한 넓은 염주 모양, 길이 2~3cm, 폭 3~5mm다. 씨는 2줄 또는 거의 2줄로 붙는다. 일본에도 분포한다.

울릉도
제주도
이년초

식별포인트 땅 속에 덩이줄기가 없는 현호색속 식물이다. 전국의 바닷가에 자라는 기본종인 염주괴불주머니(*C. heterocarpa* Siebold et Zucc.)에 비해 열매는 크고 폭이 넓으며, 씨가 2줄로 배열되므로 구분된다.

장소   날짜
특이사항

082 자주괴불주머니

Corydalis incisa (Thunb.) Pers.
양귀비과

남부 지방
이년초

남부 지방과 제주도의 산과 들에 자라는 두해살이풀이다. 뿌리는 긴 타원형이다. 줄기는 가지가 갈라지며, 겉에 능선이 있어 단면이 오각형이고, 높이 10~50cm다. 잎은 어긋나며, 위로 갈수록 잎자루가 짧아진다. 뿌리잎은 2번 3갈래로 갈라지는 깃꼴겹잎이고, 길이 3~8cm다. 꽃은 3~5월에 가지 끝의 총상꽃차례에 피며, 붉은 보라색이고, 길이 2.0~2.5cm다. 꽃차례는 길이 3~18cm다. 포잎은 부채 모양이다. 수술은 6개다. 열매는 삭과이며, 원통형, 길이 1.5cm쯤이다.

식별포인트 주로 남부 지방에 분포하며, 잎은 가늘게 갈라지고, 꽃은 붉은 색 계통이므로 쉽게 구분된다. 또한, 뿌리가 긴 타원형으로서 덩이줄기가 없는 점도 특징이다.

장소	날짜
특이사항	

Corydalis maculata B.U. Oh et Y.S. Kim
양귀비과

점현호색 083

강원도, 경기도, 충청북도, 경상북도의 숲 속에 자라는 한국특산의 여러해살이풀이다. 덩이줄기는 구형, 지름 1~2cm, 안쪽은 노란색이다. 줄기는 밑이 조금 굽으며, 높이 10~25cm다. 줄기 아래쪽의 비늘잎은 길이 1~2cm다. 잎은 2번 작은잎 3장으로 갈라지는 겹잎이다. 작은잎은 도란형 또는 긴 타원형, 보통 손바닥 모양으로 갈라진다. 잎 앞면은 녹색, 흰색의 큰 반점이 보통 있지만 없는 경우도 있다. 꽃은 3~4월에 5~20개가 총상꽃차례에 피며, 푸른색 계열이지만 가끔 흰색도 있고, 길이 2.5~3.0cm다. 포잎은 도란형, 길이 1.0~1.5cm, 끝이 손바닥 모양으로 갈라진다. 가리산, 공작산, 천마산, 월악산, 주흘산 등지에 분포한다.

식별포인트 우리나라 현호색속 식물 가운데 꽃이 가장 크며, 잎 앞면에 보통 커다란 흰색 반점이 있으므로 구분된다.

중부 지방
다년초

장소	날짜
특이사항	

084 | 산괴불주머니 *Corydalis speciosa* Maxim.
양귀비과

전국
이년초

전국의 산과 들 습기가 있는 곳에 흔하게 자라는 두해살이풀이다. 땅 속의 덩이줄기는 없다. 줄기는 곧추서며, 가지가 갈라지며, 높이 30~50cm다. 잎은 어긋나며, 2번 깃꼴로 갈라지는 겹잎이고, 길이 10~15cm다. 잎몸의 마지막 갈래는 가늘고 긴 타원형으로 끝이 뾰족하다. 꽃은 3~6월에 줄기와 가지 끝의 총상꽃차례에 피며, 길이 1.5~2.0cm, 밝고 진한 노란색이다. 꽃차례는 길이 5~25cm다. 포잎은 난상 피침형이며, 갈라지기도 한다. 거(距)는 끝이 조금 구부러진다. 열매는 삭과이며, 선형, 길이 2~3cm다.

식별포인트 꽃이 7~9월에 피는 눈괴불주머니(*C. ochotensis* Turcz.)와는 꽃 피는 시기가 달라서 쉽게 구분된다. 봄에 피는 괴불주머니(*C. pallida* Pers.)는 꽃 색깔이 흰색에 가까운 노란색이므로 다르다.

장소 날짜

특이사항

Corydalis ternata Nakai
양귀비과

들현호색 | 085

제주도를 제외한 전국의 양지바른 들판 또는 논밭의 둑에 자라는 여러해살이풀이다. 덩이줄기는 땅속줄기에 여러 개가 달리고, 모양은 반듯한 구형이 아닌데 일정하지 않다. 줄기는 아래쪽이 굽지 않아서 곧추서며, 자른 면은 오각형이고, 높이 10~30cm다. 줄기 아래쪽에 비늘잎이 없다. 잎은 어긋나며, 작은잎 3장으로 이루어진 겹잎이다. 작은잎은 도란형, 난형, 넓은 타원형이고, 잎 가장자리는 얕게 또는 깊게 갈라져서 변이가 심하다. 꽃은 4~5월에 총상꽃차례로 피며, 붉은 보라색 계통, 길이 1.8~2.0cm다 중부 이남에서 주로 발견되지만, 북부 지방을 거쳐 만주에도 분포한다.

전국
다년초

식별포인트 덩이줄기는 여러 개가 달리며 모양이 일정하지 않으므로 우리나라에 분포하는 현호색속 다른 식물들과 구분된다. 같은 곳에 사는 덩이줄기가 있는 현호색 종류들에 비해 꽃이 조금 늦게 핀다.

장소

날짜

특이사항

086 금낭화

Dicentra spectabilis (L.) Lem.
양귀비과

전국
다년초

제주도를 제외한 전국의 산 속 집터, 절터에 야생상으로 퍼져 있는 여러해살이풀이다. 줄기는 곧추서며, 높이 50~70cm, 가지가 갈라지기도 한다. 잎은 어긋나며, 2~3번 깃꼴로 갈라지는 겹잎이다. 꽃은 5~6월에 옆 또는 아래로 늘어져 활처럼 휜 길이 20~30cm의 총상꽃차례에 밑으로 주렁주렁 달리며, 연한 붉은 색, 심장 모양이다. 꽃잎은 4장, 바깥쪽 2장은 끝이 구부러져 밖으로 젖혀지고, 안쪽 2장은 합쳐져서 돌기처럼 된다. 수술은 6개, 암술은 1개다. 열매는 긴 삭과이며, 긴 타원형이다.

식별포인트 꽃이 아름다워 관상용으로 심어 키우는 식물로서, 오래 전에 도입된 것으로 보인다. 활처럼 휘어진 꽃차례, 심장 모양의 꽃 등의 특징으로 우리나라에서 볼 수 있는 양귀비과의 다른 식물들과 쉽게 구분된다.

장소	날짜
특이사항	

Hylomecon hylomeconoides (Nakai) Y.N. Lee
양귀비과

매미꽃 087

경상남도, 전라남도, 전라북도의 숲 속에 드물게 자라는 한국특산의 여러해살이풀이다. 뿌리줄기는 굵고 짧다. 잎은 뿌리에서 모여나며, 작은잎 3~7장으로 된 깃꼴겹잎이다. 잎을 자르면 빨간 즙이 나온다. 꽃은 5~7월에 뿌리에서 난 꽃줄기 끝에 1~10개씩 산형꽃차례를 이루어 달리며, 노란색, 지름 2~3cm다. 꽃줄기는 높이 30cm쯤이며, 잎이 붙지 않는다. 꽃자루는 길이가 불규칙하다. 꽃받침잎은 2장이며, 넓은 타원형이다. 꽃잎은 보통 4장이며, 둥근 난형이다. 수술은 많다. 열매는 삭과다. '노랑매미꽃'이라고도 한다.

경남 전남 전북
다년초

식별포인트 분포 지역이 넓은 피나물(*H. vernale* Maxim.)에 비해서 잎을 달고 있는 줄기가 없으며, 꽃은 산형꽃차례를 이루어 보다 많이 달리고, 늦게 피므로 구분된다. 또한, 뿌리줄기가 굵고 짧은 점도 피나물과 다르다.

장소

날짜

특이사항

088 피나물

Hylomecon vernale Maxim.
양귀비과

전국
다년초

전라남도 백암산 이북의 숲 속에 자라는 여러해살이풀이다. 줄기는 연약하며, 높이 20~30cm다. 뿌리잎은 잎자루가 긴 깃꼴겹잎이며, 줄기와 길이가 비슷하다. 작은잎은 5~7장이며, 가장자리에 불규칙한 톱니가 있다. 줄기잎은 어긋나며, 잎자루가 짧고, 작은잎 3~5장으로 된 겹잎이다. 꽃은 4~5월에 줄기 끝 부분의 잎겨드랑이에서 1~3개씩 피며, 노란색, 지름 3cm쯤이다. 꽃받침잎은 2장이며, 녹색, 일찍 떨어진다. 꽃잎은 보통 4장이며, 마주난 2장이 조금 더 크고, 윤이 조금 난다. 열매는 삭과이며, 기둥 모양, 길이 3~5cm다. 줄기와 잎을 자르면 노란빛이 도는 붉은 즙이 나온다.

식별포인트 지리산 등지에 자라는 매미꽃(*H. hylomeconoides* (Nakai) Y.N. Lee)에 비해 잎을 단 줄기가 있으며, 하나의 줄기에 달리는 꽃의 숫자가 적고, 더욱 일찍 피므로 구분된다.

장소 날짜

특이사항

Arabis gemmifera (Matsum.) Makino
십자화과

큰산장대 | 089

전국의 높은 산 숲 속 또는 능선에 자라는 여러해살이풀이다. 줄기는 모여나며, 길이 15~30cm, 보통 아래쪽이 누워서 자란다. 뿌리잎은 난형 또는 타원형, 길이 2~3cm, 깃꼴로 갈라지고, 가장자리에 둔한 톱니가 있다. 줄기잎은 어긋나며, 타원형, 잎자루가 매우 짧고, 끝이 뾰족하다. 꽃은 5~6월에 줄기나 가지 끝의 총상꽃차례에 달리며, 흰색, 지름 5~7mm다. 꽃받침잎은 4장, 타원형이다. 꽃잎은 4장이며, 꽃받침잎보다 2배쯤 길다. 열매는 장각이며, 길이 1~2cm다.

식별포인트 줄기는 꽃이 핀 후에 누우며, 땅에 닿은 잎겨드랑이에서 새싹이 돋아나므로 구분된다.

전국
다년초

장소   날짜

특이사항

090 장대나물

Arabis glabra (L.) Bernh.
십자화과

전국
이년초

전국의 산과 들에 흔하게 자라는 두해살이풀이다. 전체에 분처럼 흰색이 돈다. 줄기는 높이 40~60cm, 가지가 갈라지기도 한다. 뿌리잎은 피침형, 길이 5~10cm, 깃꼴로 갈라진다. 줄기잎은 어긋나며, 피침형 또는 긴 타원형, 길이 3~9cm, 밑이 화살 모양이 되어 줄기를 감싼다. 꽃은 4~5월에 줄기 끝의 총상꽃차례에 피며, 누런빛이 도는 흰색이다. 꽃잎은 4장이며, 넓은 선형이다. 수술은 6개 가운데 2개가 길다. 열매는 장각이며, 길이 4~6cm, 줄기와 수평으로 달린다.

식별포인트 털장대(*A. hirsuta* (L.) Scop.)에 비해서 전체에 털이 많지 않은데 특히 위쪽 잎에는 전혀 없으며, 줄기와 잎이 분을 칠한 것 같은 흰빛을 띠므로 구분된다.

장소	날짜
특이사항	

Arabis stelleri DC. var. *japonica* F. Schmidt
십자화과

섬갯장대 | 091

제주도, 울릉도 및 남해안 섬 지방의 바닷가 모래땅과 바위에 자라는 두해살이풀이다. 줄기는 곧추서며, 높이 20~40cm, 가지가 갈라지기도 한다. 뿌리잎은 여러 장이 모여나며, 길이 3~7cm, 폭 0.8~2.5cm, 가장자리에 톱니가 조금 있다. 줄기잎은 긴 타원형 또는 난상 타원형, 길이 2.0~5.5cm, 밑이 줄기를 감싼다. 잎은 윤기가 난다. 꽃은 3~5월에 총상꽃차례로 달리며, 흰색, 지름 1cm쯤이다. 꽃잎은 좁은 도란형, 길이 6~9mm, 끝이 오목하게 들어간다. 꽃받침잎은 길이 7~9mm다. 열매는 장각, 길이 4~6cm, 줄기와 거의 수평으로 달린다.

식별포인트 울릉도 산기슭에 자라는 섬장대(*A. takesimana* Nakai)에 비해서 바닷가에 자라며, 열매는 조금 작고, 잎은 윤기가 더 진하게 나므로 구분된다.

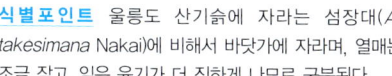

제주도
울릉도
남해안섬
이년초

장소	날짜
특이사항	

092 섬장대

Arabis takesimana Nakai
십자화과

울릉도
이년초

울릉도 바닷가 근처의 산기슭 또는 길가에 자라는 한국특산의 두해살이풀이다. 줄기는 높이 20~50cm, 가지가 갈라지기도 한다. 뿌리잎은 모여나며, 쐐기 모양이다. 줄기잎은 어긋나며, 긴 타원형 또는 피침형, 잎자루가 없고, 밑이 줄기를 감싼다. 잎 가장자리는 밋밋하거나 톱니가 있다. 꽃은 4~5월에 줄기 끝의 총상꽃차례에 여러 개가 달리며, 흰색이다. 꽃받침잎은 길이 6mm쯤이다. 열매는 장각이며, 길이 6~7cm다.

식별포인트 남부 지방의 바닷가에 자라는 섬갯장대(*A. stelleri* DC. var. *japonica* F. Schmidt)에 비해서 바닷가 근처의 산기슭 또는 길가에 자라며, 윤기가 덜 나고, 키가 더 크므로 구분된다.

장소

특이사항

날짜

Brassica campestris L.
십자화과

유채 093

주로 남부 지방에서 재배하는 두해살이풀이다. 줄기는 높이 50~150cm다. 줄기잎은 깃꼴로 갈라지고, 가장자리에 톱니가 있다. 잎자루는 위로 갈수록 짧아진다. 줄기 위쪽의 잎은 밑이 귓불 모양으로 되어 줄기를 감싼다. 잎 앞면은 녹색, 뒷면은 분처럼 흰빛이 돈다. 꽃은 3~5월에 줄기와 가지 끝의 총상꽃차례에 피며, 노란색, 지름 1.0~1.5cm다. 어린 식물을 나물로 먹으며, 씨앗으로 식용기름을 짠다. 남부 지방에서는 가을에 씨앗을 뿌리는 가을 유채를 심고, 서울 등지에서는 봄유채를 심는다. 씨앗으로 기름을 짜기 위해 재배하는 식물이다.

식별포인트 무속(*Raphanus*)에 비해서 잎은 홑잎이며, 꽃은 노란색이므로 구분된다.

전국
이년초

장소	날짜
특이사항	

094 꽃황새냉이

Cardamine amaraeformis Nakai
십자화과

전국
다년초

제주도를 제외한 전국의 높은 산 계곡에 자라는 여러해살이풀이다. 줄기는 곧추서며, 높이 15~50cm. 뿌리잎은 모여나며, 깃꼴로 갈라진다. 줄기잎은 어긋나며, 작은잎 3~7장으로 된 겹잎이다. 작은잎은 피침형, 톱니가 조금 있다. 꽃은 4~6월에 줄기나 가지 끝의 총상꽃차례에 피며, 흰색, 지름 1.5cm쯤이다. 꽃받침잎은 4장, 끝이 둔하다. 꽃잎은 4장, 길이 1cm쯤이다. 수술은 6개 가운데 4개가 큰 4강웅예이며, 암술은 1개다. 열매는 장각이다.

식별포인트 큰황새냉이(*C. scutata* Thunb.)에 비해서 꽃잎의 길이가 2배쯤 길므로 구분된다.

장소		날짜	
특이사항			

Cardamine komarovi Nakai
십자화과

느쟁이냉이 095

전국의 계곡 주변 습지에 자라는 여러해살이풀이다. 줄기는 곧추서며, 높이 30~50cm다. 뿌리잎은 모여나며, 길이 8cm쯤이고, 가을에 새로 나서 겨울을 나는 경우가 많다. 줄기잎은 어긋나며, 길이 2~8cm다. 잎 가장자리에 불규칙한 톱니가 있고, 잎몸이 잎자루 쪽으로 날개처럼 흐른다. 잎과 잎 가장자리 모양은 변이가 심하다. 꽃은 4~6월에 줄기나 가지 끝의 총상꽃차례에 피며, 흰색, 지름 1cm쯤이다. 꽃받침잎과 꽃잎은 각각 4장이다. 열매는 장각이며, 길이 2~3cm다. 어린 순을 나물로 먹기도 하는데, 날로 먹으면 매운 맛이 난다.

식별포인트 우리나라에 분포하는 황새냉이속의 다른 식물들에 비해서 잎은 홑잎이며, 잎자루는 아래쪽이 날개처럼 되므로 구분된다.

전국
다년초

장소		날짜	
특이사항			

미나리냉이

Cardamine leucantha (Tausch) O.E. Schulz
십자화과

전국의 냇가와 계곡에 흔하게 자라는 여러해살이풀이다. 줄기는 곧추서며, 높이 30~70cm, 위쪽에서 가지가 갈라진다. 잎은 어긋나며, 길이 15cm쯤, 작은잎 3~7장으로 이루어진 겹잎이다. 작은잎은 길이 4~8cm, 폭 1~3cm, 가장자리에 불규칙한 톱니가 있다. 꽃은 4~6월에 줄기나 가지 끝의 총상꽃차례에 피며, 흰색, 지름 1cm쯤이다. 꽃받침잎은 타원형, 녹색이다. 꽃잎은 타원형, 길이 8~10mm다. 수술은 6개, 4강웅예다. 암술은 1개다. 열매는 장각이다. 어린 순을 나물로 먹으며, 뿌리줄기는 약재로 쓴다.

식별포인트 우리나라에 분포하는 황새냉이속의 다른 식물들에 비해서 겹잎의 작은잎은 피침형이며, 끝이 뾰족하고, 전체에 연하고 짧은 털이 나므로 구분된다.

장소	날짜
특이사항	

Draba nemorosa L.
십자화과

꽃다지

전국의 저지대 양지바른 곳에 흔하게 자라는 두해살이풀이다. 줄기는 곧추서며, 높이 10~30cm다. 전체에 흰 털과 별 모양 털이 많다. 뿌리잎은 주걱 모양, 길이 2~4cm, 가장자리에 톱니가 있다. 줄기잎은 좁은 난형 또는 긴 타원형, 길이 1~3cm다. 꽃은 3~5월에 줄기 끝의 총상꽃차례에 피며, 노란색이다. 꽃받침잎은 4장, 타원형이다. 꽃잎은 4장, 길이 3mm쯤이다. 암술대는 매우 짧아서 없는 것처럼 보인다. 열매는 타원형 각과다.

전국
이년초

식별포인트 구름꽃다지(*D. daurica* DC.)는 북부 고산에 분포하며, 꽃은 흰색이므로 다르다.

098 물냉이

Rorippa nasturtium-aquaticum (L.) Hayek
십자화과

중부 이남
다년초

유럽 원산으로 중부 지방 이남의 하천에 야생 상태로 퍼진 여러해살이 귀화식물이다. 뿌리줄기는 굵고, 옆으로 뻗는다. 줄기는 높이 30~90cm이며, 마디에서 뿌리가 내린다. 잎은 어긋나며, 깃꼴로 갈라지는 겹잎이고, 짙은 녹색, 길이 2~15cm다. 끝의 작은잎은 난형이며, 다른 것들에 비해 특히 크다. 꽃은 4~5월에 줄기와 가지 끝의 총상꽃차례에 피며, 흰색, 지름 0.5~1.0cm다. 열매는 삭과이며, 길이 2.5cm쯤이다. 유럽에서 '크레송'이라 부르는 채소로서 선교사들이 재배하던 것이 귀화하였다. 향긋하면서도 톡 쏘는 매운 맛이 있고, 비타민 A와 비타민 C가 매우 풍부하다.

식별포인트 우리나라의 속속이풀속 식물들에 비해서 물 속에 살며, 잎은 깃꼴로 완전히 갈라지므로 구분된다.

장소	날짜
특이사항	

Thlaspi arvense L.
십자화과

말냉이 | 099

유라시아 원산으로 전국의 들판, 밭가에 자라는 한해살이 귀화식물이다. 전체에 털이 없다. 줄기는 곧추서며, 높이 20~60cm다. 줄기잎은 어긋나며, 피침형, 길이 3~6cm, 폭 1.0~2.5cm, 가장자리가 톱니 모양이고, 잎자루가 없다. 줄기 위쪽의 잎은 밑이 줄기를 조금 감싼다. 꽃은 4~5월에 줄기 끝의 총상꽃차례에 달리며, 흰색, 지름 0.5~1.0cm다. 꽃자루는 길이 0.5~2.0cm다. 꽃받침은 4장이며, 긴 타원형, 녹색이지만 가장자리가 흰빛이 난다. 꽃잎은 4장이며, 길이 3~5mm다. 수술은 6개이며, 4개가 더욱 길다. 열매는 짧은 각과이며, 둥글고, 길이 1.0~1.5cm, 끝이 움푹 들어간다.

유라시아 일년초

식별포인트 우리나라의 말냉이속 식물로서 유일하다. 다닥냉이(*Lepidium apetalatum* Willd.)에 비해서 열매는 훨씬 크며, 가장자리에 날개가 발달하므로 구분된다.

장소	날짜
특이사항	

고추냉이

Wasabia japonica (Miq.) Matsum.
십자화과

**울릉도
다년초**

울릉도의 계곡 주변에 자라는 여러해살이풀이다. 줄기는 높이 20~40cm다. 땅속줄기는 굵은 기둥 모양이다. 뿌리잎은 길이와 폭이 각각 8~10cm, 가장자리에 톱니가 있다. 줄기잎은 길이 3~4cm다. 꽃은 3~4월에 줄기 끝의 총상꽃차례에 피며, 흰색이다. 꽃받침잎은 타원형, 길이 4mm쯤이다. 꽃잎은 긴 타원형, 길이 6mm쯤이다. 수술은 4강웅예, 암술은 1개다. 열매는 장각, 길이 1.7cm쯤이다. 땅속줄기를 갈아서 매운 맛이 나는 향신료 '와사비'를 만든다. 꽃줄기는 열매가 익을 때쯤 길어져 땅에 닿고, 여기서 새싹이 돋기도 한다. 일본에도 분포한다. 고추냉이속은 세계적으로 일본과 우리나라에 2종이 있다.

식별포인트 우리나라에 분포하는 고추냉이속 식물은 한 종이며, 울릉도에서만 자라고, 잎은 홑잎, 꽃은 흰색이므로 구분된다.

장소	날짜
특이사항	

Corylopsis coreana Uyeki
조록나무과

히어리

경기도 백운산, 전라남도, 전라북도, 경상남도에 드물게 자라는 한국특산의 낙엽 떨기나무다. 줄기는 높이 3~5m다. 잎은 어긋나며, 난상 원형, 길이 5~9cm, 폭 4~8cm, 가장자리에는 물결 모양의 뾰족한 톱니가 있다. 꽃은 3~4월에 잎보다 먼저 피며, 길이 3~4cm의 총상꽃차례에 8~12개씩 달리고, 노란색이다. 꽃받침, 꽃잎, 수술은 각각 5개다. 열매는 삭과이며, 둥글고 털이 많다. '송광납판화'라고도 부른다. 주로 남부 지방에 자라지만 경기도 포천 백운산에도 자란다.

경기 남부 지방 관목

식별포인트 일본 원산인 풍년화(*Hamamelis japonica* Siebold et Zucc.)에 비해서 꽃잎은 5장이며, 도란형이므로 구분된다.

장소   날짜
특이사항

풍년화

Hamamelis japonica Siebold et Zucc.
조록나무과

일본
관목

일본 원산으로 중부 지방 이남에 심어 기르는 낙엽 떨기나무다. 줄기는 높이 2~4m다. 잎은 찌그러진 마름모꼴 타원형 또는 도란형이며, 길이 4~12cm, 폭 3~8cm다. 잎 가장자리는 중앙 이상에 물결 모양 톱니가 있다.

잎자루는 길이 5~12mm다. 꽃은 3~4월에 잎보다 먼저 잎겨드랑이에서 여러 개가 피며, 노란색이다. 꽃받침잎은 4장, 난형, 뒤로 젖혀진다. 꽃잎은 4장, 선형, 길이 1cm쯤이다. 열매는 삭과이며, 겉에 짧은 털이 난다.

식별포인트 지리산 등지에 자라는 한국특산식물 히어리(*Corylopsis coreana* Uyeki)에 비해서 꽃잎이 4장이며, 선형으로 가늘므로 구분된다.

장소   날짜

특이사항

Sedum oryzifolium Makino
돌나물과

땅채송화

경상남도 및 전라북도 이남의 바닷가 바위 위에 자라는 여러해살이풀이다. 다육질의 긴 기는줄기에서 곧추서는 줄기와 실뿌리가 난다. 꽃이 피지 않는 줄기에는 잎이 모여 달리며, 이런 줄기가 무리를 지어 군락을 이룬다. 꽃이 피는 줄기는 높이 10cm쯤이다. 잎은 어긋나며, 넓은 선형, 길이 2~5mm, 자른 면은 반타원형이다. 꽃은 5~6월에 줄기 끝부분에서 갈라진 2~3개의 가지에 안목상 취산꽃차례로 피며, 노란색, 4~6수성이다. 꽃받침잎은 녹색, 다육질이다. 꽃잎은 넓은 피침형, 길이 4~5mm다. 수술은 2줄로 배열되며, 꽃잎과 마주난 것이 조금 길다. 수술대는 연한 노란색, 꽃밥은 노란색이다.

식별포인트 일본 및 울릉도와 사수도 등지에 자라는 사수채송화(*S. japonicum* Siebold ex Miq.)는 줄기가 붉은 갈색이며, 굵고, 꽃은 줄기 끝에 피므로 다르다.

남부 지방
다년초

장소	날짜
특이사항	

돌나물

Sedum sarmentosum Bunge
돌나물과

전국
다년초

전국의 양지바른 바위 겉이나 땅 위에 자라는 여러해살이풀이다. 줄기는 길이 20cm, 밑에서 가지가 갈라지며, 마디에서 수염뿌리가 내린다. 잎은 보통 3장씩 돌려나며, 잎자루가 없다. 잎몸은 긴 타원형 또는 도피침형, 길이 1.5~2.0cm, 폭 0.5cm쯤이다. 꽃은 5~6월에 취산꽃차례로 달리며, 노란색이다. 꽃받침잎은 5장이다. 꽃잎은 5장, 긴 타원형이다. 수술은 10개, 암술은 5개다. 열매는 골돌이며, 비스듬히 벌어진다. 연한 순을 나물로 먹거나 물김치를 담가 먹는다. 화단의 돌담 울타리에 심어 길러도 좋은 원예식물이기도 하다.

식별포인트 잎 가장자리가 밋밋한 우리나라의 돌나물속 식물 가운데, 잎이 3장씩 돌려나므로 쉽게 구분된다.

장소	날짜
특이사항	

Aceriphyllum rossii(Oliv.) Engl.
범의귀과

돌단풍

충청북도 속리산 이북의 계곡 바위 틈에 자라는 여러해살이풀이다. 뿌리줄기는 굵다. 잎은 뿌리에서 모여나며, 5~7갈래로 갈라진 단풍잎 모양이고, 가장자리에 잔 톱니가 있다. 잎자루는 길다. 꽃은 4~5월에 뿌리에서 난 높이 30~50cm의 꽃줄기에 원추형 취산꽃차례로 피며, 연한 붉은 색을 띤 흰색, 지름 1.2~1.5cm다. 꽃받침잎은 5~6장이며, 긴 난형, 흰색, 끝이 뾰족하다. 꽃잎은 5~6장이며, 흰색, 꽃받침잎과 비슷하지만 크기가 작다. 수술은 5~6개이며, 꽃잎보다 짧다. 열매는 삭과이며, 난형이다.

속리산 이북
다년초

식별포인트 뿌리줄기는 굵고, 잎은 단풍잎 모양이므로 우리나라에 분포하는 범의귀과의 다른 식물들과 구분된다.

장소 날짜
특이사항

106 애기괭이눈

Chrysosplenium flagelliferum F. Schmidt
범의귀과

전국
다년초

제주도를 제외한 전국의 깊은 계곡 물가에 자라는 여러해살이풀이다. 잎은 어긋나며, 털이 없고, 길이 1cm쯤이다. 잎몸은 3~7갈래로 갈라진다. 무성지의 끝에서 뿌리가 내려 로제트형 잎이 나는데, 앞면에 짧은 털이 있고, 길이 4cm, 폭 6cm쯤이다. 꽃줄기는 털이 없고, 높이 3~15cm다. 포잎은 난형이며, 톱니가 3~5개 있다. 꽃은 3~4월에 느슨한 취산꽃차례로 달리며, 지름 3~6mm다. 꽃받침잎은 넓은 타원형이며, 수평으로 벌어지고, 녹색이지만 꽃밥이 터질 때 노란색을 조금 띠기도 한다. 수술은 8개, 꽃밥은 노란색이다. 열매는 삭과이며, 수평으로 벌어져서 잔 모양이 된다. 씨는 갈색이다.

식별포인트 꽃이 진 다음 덩굴처럼 뻗어 나간 줄기 끝에서 커다란 로제트형 잎이 생겨 완전히 다른 식물처럼 보이므로 괭이눈속의 다른 식물들과 구분된다. 보통 계곡의 바위에 자라며, 꽃이 일찍 피므로 가지괭이눈(*C. ramosum* Maxim.)과 다르다.

장소	날짜
특이사항	

Chrysosplenium japonicum (Maxim.) Makino
범의귀과

산괭이눈 107

전국의 산 속 또는 산기슭에 자라는 여러해살이풀이다. 무성지는 생기지 않으며, 밑 부분의 잎겨드랑이에서 육아가 생긴다. 잎은 어긋난다. 줄기 아래쪽의 잎은 털이 조금 있으며, 신장형 또는 원형이고, 잎자루 길이가 6cm에 이른다. 꽃줄기는 높이 5~20cm다. 꽃은 4~5월에 6~15개가 빽빽하게 모여 취산꽃차례를 이루어 피며, 지름 3~4mm다. 포잎은 보통 녹색이며, 3~5개의 둥근 톱니가 있고, 털이 거의 없다. 꽃받침잎은 꽃잎처럼 보이며, 수평으로 펼쳐지고, 녹색이지만 꽃밥이 터질 때 아래쪽이 진한 노란색으로 되기도 한다. 수술은 8개이며, 꽃밥은 노란색이다. 열매는 삭과이며, 넓게 벌어져서 잔 모양으로 된다.

식별포인트 무성지가 없고 잔털로 덮인 육아가 생기고, 꽃받침잎이 수평으로 펼쳐지며, 포잎은 녹색이므로 우리나라의 다른 괭이눈속 식물들과 구분된다.

전국
다년초

장소	날짜
특이사항	

108 흰털괭이눈

Chrysosplenium pilosum Maxim. var. *fulvum* (A. Terracc.) H. Hara

범의귀과

전국
다년초

전국의 산 습기가 많은 곳에 자라는 여러해살이풀이다. 천마괭이눈에 비해 꽃줄기, 무성지, 잎에 털이 많다. 잎은 마주난다. 여름철 무성지에 난 잎은 길이 3cm, 폭 2.5cm에 이르고, 난형 또는 넓은 타원형이며, 가장자리에 4~8개의 둥근 톱니가 있다. 꽃은 3~4월에 취산꽃차례로 핀다. 포잎은 녹색이다. 꽃받침잎은 수직으로 선다. 꽃과 열매의 크기는 천마괭이눈의 1.3배로서 전체적으로 크다. 일본에 분포한다.

식별포인트 포잎은 녹색이며, 전체에 털이 많으므로 우리나라에 분포하는 다른 변종인 금괭이눈(*C. pilosum* Maxim. var. *valdepilosum* Ohwi)과 구분된다.

장소

날짜

특이사항

Chrysosplenium pilosum Maxim. var. *valdepilosum* Ohwi
범의귀과

금괭이눈

전국의 산에 자라는 여러해살이풀이다. 꽃줄기의 밑 부분에 달린 잎의 잎겨드랑이에서 무성지가 1~2쌍 발달한다. 무성지는 자줏빛이 돌며, 위로 갈수록 마디가 짧다. 무성지의 잎은 위로 갈수록 크다. 잎 앞면은 흰색 털이 조금 나며, 뒷면은 털이 거의 없다. 잎자루와 무성지에는 긴 털이 있으며, 여름철이 되면 털이 더 많아진다. 꽃줄기는 높이 5~15cm이며, 사줏빛이 돌고, 마주나는 잎이 1~2쌍 달린다. 포잎은 꽃밥이 터질 때 노란색을 띠다가 수정이 끝나면 녹색으로 변한다. 꽃은 4~5월에 취산꽃차례로 피며, 지름 2.0~2.5mm다. 꽃받침잎은 꽃잎처럼 보이며, 꽃밥이 터질 때 수직으로 선다. 수술은 8개, 꽃밥은 노란색이다. 열매는 삭과이며, 2갈래로 깊게 갈라지는데 각각은 뿔 모양이다.

식별포인트 꽃 밑에 있는 포잎은 꽃밥이 터질 시기에 진한 노란색이며, 털이 보다 적으므로 다른 변종인 흰털괭이눈(*C. pilosum* Maxim. var. *fulvum* (A. Terracc.) H. Hara)과 구분된다. 기본종(*C. pilosum* Maxim.)은 한반도에 분포하지 않는다.

장소	날짜
특이사항	

선괭이눈

Chrysosplenium pseudo-fauriei H. Lév.
범의귀과

강원 경기
경북 제주
다년초

강원도, 경기도, 경상북도, 제주도의 높은 산 숲 속에 자라는 여러해살이풀이다. 꽃이 진 후에 무성지가 발달하며, 그 끝에서 뿌리가 내려 로제트형 잎이 나는데, 길이 4~6cm, 폭 3~4cm다. 줄기의 잎은 마주나며, 도란형, 길이 2cm, 폭 1.2cm쯤이다. 꽃줄기는 높이 5~12cm이며, 잎이 2~3쌍 달린다. 꽃은 4~5월에 취산꽃차례로 핀다. 포잎은 꽃밥이 터질 시기에 노란색이지만 수정 후에는 녹색으로 변한다. 꽃받침잎은 꽃잎처럼 보이며, 수직으로 서고, 노란색이다. 수술은 8개, 꽃밥은 노란색이다. 열매는 삭과이며, 2갈래로 깊게 갈라져 뿔 모양이다.

식별포인트 전체에 털이 거의 없으며, 잎은 마주나고, 꽃받침잎은 수직으로 서고 노란색, 열매는 뿔 모양이므로 다른 괭이눈속 식물들과 구분된다. 우리나라의 괭이눈속 식물 가운데 로제트형 잎이 가장 큰 종이다.

장소	날짜
특이사항	

Chrysosplenium ramosum Maxim.
범의귀과

가지괭이눈 | 111

경상북도 이북의 높은 산 숲 속에 자라는 여러해살이풀이다. 잎은 마주 나며, 원형에 가까운 부채꼴이다. 무성지에 난 잎은 길이 0.5~2.2cm, 폭 0.5~2.5cm, 위쪽의 잎 앞면에 짧은 털이 드물게 난다. 꽃줄기는 높이 5~15cm, 위쪽에 긴 털이 있으며, 잎이 1~2쌍 난다. 꽃은 5~6월에 느슨한 취산꽃차례로 달리며, 녹색이고, 지름 3~5mm다. 꽃받침잎은 꽃잎처럼 보이며, 꽃밥이 터질 시기에 수평으로 펼쳐진다. 열매는 삭과이며, 잔 모양이다.

식별포인트 잎은 마주나며, 꽃받침잎은 수평으로 펼쳐지며 녹색이고, 열매는 술잔 모양이므로 다른 괭이눈속 식물들과 구분된다. 우리나라의 괭이눈속 식물 가운데 꽃이 가장 늦게 피는 종이다.

경북 이북
다년초

장소	날짜
특이사항	

112 매화말발도리

Philadelphus schrenkii Rupr.
범의귀과

중부 이남
관목

제주도를 제외한 중부 이남의 산 양지바른 바위 틈에 자라는 한국특산의 낙엽 떨기나무다. 줄기는 높이 1m쯤이다. 오래된 가지는 껍질이 벗겨져 회백색이다. 잎은 마주나며, 긴 타원형 또는 피침형, 길이 4~7cm, 폭 1~3cm, 겹톱니가 있고, 양면에 4~5갈래로 갈라진 별 모양 털이 많다. 잎자루는 길이 3~5mm다. 꽃은 4~5월에 지난해 가지의 잎겨드랑이에 1~2개씩 달리며, 흰색이다. 열매는 삭과, 겉에 별 모양 털이 난다.

식별포인트 꽃은 지난해 가지에 달리며, 잎의 양면에 나타나는 별 모양 털의 수가 비슷하므로 우리나라의 다른 말발도리속 식물들과 구분된다.

장소	날짜
특이사항	

Philadelphus schrenkii Rupr.
범의귀과

고광나무

제주도를 제외한 전국의 산 숲 속에 자라는 낙엽 떨기나무다. 줄기는 높이 2~5m이며, 가지가 갈라진다. 어린 가지에 털이 조금 나며, 오래된 가지는 껍질이 벗겨진다. 잎은 마주나며, 난형 또는 난상 타원형으로 길이 5~10cm, 폭 3~5cm, 양끝이 뾰족하고, 가장자리에 뚜렷하지 않은 톱니가 있다. 잎 뒷면은 잎줄 위에 털이 난다. 꽃은 4~5월에 가지 끝이나 잎겨드랑이에서 나온 총상꽃차례에 6~10개씩 달리며, 흰색, 지름 2.5~4.0cm다. 꽃잎은 4장이며, 둥근 도란형이다. 암술대는 보통 털이 난다. 열매는 삭과이며, 난형이다.

식별포인트 중부 이북에 분포하는 엷은잎고광나무(*P. tenuifolius* Rupr. ex Maxim.)는 암술대에 털이 나지 않으며, 잎이 더 얇고, 어린 가지, 잎자루, 꽃자루에 3갈래로 갈라진 털이 나므로 다르다.

전국 관목

장소

날짜

특이사항

114 까마귀밥여름나무

Ribes fasciculatum Siebold et Zucc. var. *chinense* Maxim.

범의귀과

전국 관목

전국의 산기슭 또는 골짜기에 자라는 낙엽 떨기나무다. 줄기는 가시가 없으며, 가지가 갈라지고, 높이 1.0~1.5m다. 잎은 어긋나며, 넓은 난형, 길이 3~10cm, 폭 3~8cm, 3~5갈래로 갈라지고 가장자리에 둔한 톱니가 있다. 잎 뒷면에 부드러운 흰색 털이 많다. 잎자루는 부드러운 털이 많고, 길이 1.5~3.0cm다. 꽃은 4~5월에 암수딴그루 또는 암수한그루로 피며, 짧은가지 끝에 2~5개씩 달리고, 연한 노란색이다. 열매는 장과이며, 둥글고, 9~10월에 붉게 익는다.

식별포인트 줄기는 가시가 없고, 꽃은 짧은가지에 몇 개가 모여서 피므로 우리나라의 까치밥나무속 식물들과 구분된다.

Ribes maximowiczianum Kom.
범의귀과

명자순

제주도를 제외한 전국의 높은 산 숲 속에 드물게 자라는 낙엽 떨기나무다. 줄기는 높이 1.0~1.5m다. 잎은 어긋나며, 3~5갈래로 갈라진 손바닥 모양, 길이 2~6cm, 폭 2~5cm, 갈래의 끝은 뾰족하다. 잎자루는 길이 5~12mm이며, 샘털이 있다. 잎 앞면은 어두운 녹색, 윤기가 없고, 잔털이 많으며, 뒷면은 연한 녹색, 맥 위에 털이 있거나 없다. 꽃은 4~5월에 암수딴그루로 피며, 가지 끝의 총상꽃차례에 달리고, 노란빛이 도는 녹색이다. 열매는 장과이며, 1~5개씩 달리고, 붉게 익는다.

식별포인트 암수딴그루이며, 잎 앞면은 털이 많고, 잎 갈래의 끝은 비교적 길고 뾰족하므로 우리나라의 까치밥속 식물들과 구분된다.

헐떡이풀

Tiarella polyphylla D. Don
범의귀과

울릉도
다년초

울릉도 성인봉의 습기가 많은 곳에 자라는 여러해살이풀이다. 줄기는 곧추 서며, 샘털이 나고, 높이 10~40cm다. 뿌리잎은 여러 장이며, 심장상 원형, 길이 2~7cm, 폭 2~8cm, 가장자리가 얕게 5갈래로 갈라지고, 잎자루는 길이 3~12cm다. 잎 앞면은 긴 털이 나고, 뒷면은 맥 위에 긴 털과 짧은 털이 섞여 난다. 줄기잎은 2~3장이며, 작다. 꽃은 5~6월에 총상꽃차례로 피며, 밑을 향하고, 흰색이다. 꽃받침은 종형이며, 끝이 5갈래로 갈라진다. 꽃잎은 5장이며, 침형, 꽃받침보다 길고, 서로 모양이 다르다. 수술은 10개이며, 꽃 밖으로 나온다. 열매는 삭과이며, 2개씩 달리는데 1개가 더 길다. 대만, 일본, 중국, 히말라야에 분포한다.

식별포인트 우리나라에는 헐떡이풀속의 이 종만이 분포하며, 울릉도에서만 자라고, 열매는 2개 가운데 하나가 더욱 크므로 구분된다.

장소   날짜

특이사항

Pittosporum tobira (Thunb.) Aiton
돈나무과

돈나무 117

제주도, 남부 지방의 해안, 서해안의 섬에 섬에 자라는 상록 떨기나무다. 줄기는 가지가 많이 갈라지며, 높이 2~3m다. 잎은 가지 끝에 모여 마주나며, 두껍고, 가죽질, 긴 도란형, 길이 4~10cm, 폭 2~4cm, 가장자리가 뒤로 말린다. 꽃은 5~6월에 가지 끝의 취산꽃차례에 달리며, 향기가 나고, 흰색에서 노란색으로 변한다. 꽃받침, 꽃잎, 수술은 각각 5개다. 열매는 삭과이며, 원형 또는 넓은 타원형, 지름 1.0~1.5cm, 익으면 3~4갈래로 터져서 붉은 씨가 나온다.

식별포인트 우리나라에는 돈나무과에 이 종만이 분포하며, 상록수이고, 잎 가장자리가 밋밋하므로 구분된다.

장소   날짜

특이사항

118 풀명자

Chaenomeles japonica (Thunb.) Lindl.
장미과

중국
관목

전국에서 관상용으로 심어 기르는 낙엽 떨기나무다. 줄기는 높이 0.3~1.0m이며, 밑 부분은 누워 자라고, 줄기껍질은 거칠다. 가지에는 가시가 난다. 잎은 어긋나며, 넓은 난형 또는 도란형, 길이 2.5~5.0cm, 폭 1.0~3.5cm, 가장자리에 무딘 톱니가 있다. 잎 양면에 털이 없으며, 뒷면은 색깔이 연하다. 꽃은 4~5월에 지난해 가지에 2~4개씩 모여 피며, 붉은 색, 지름 2.5cm쯤이다. 꽃받침잎은 5장이며, 곧추서고, 가장자리에 털이 난다. 꽃잎은 5장이며, 도란형이다. 수술은 많고, 암술은 3~4개다. 열매는 둥글고, 지름 2~3cm, 녹색이 도는 노란색으로 익는다.

식별포인트 명자나무(*C. speciosa* (Sweet) Nakai)는 키가 2~3m로 크며, 아래쪽 줄기가 눕지 않고, 줄기껍질이 매끈하므로 다르다.

장소	날짜
특이사항	

Cotoneaster wilsonii Nakai
장미과

섬개야광나무

경상북도 울릉도의 바위지대에 드물게 자라는 한국특산의 낙엽 떨기나무다. 줄기는 높이 1.5m쯤이다. 잎은 어긋나며, 난형 또는 타원형, 길이 2~5cm, 가장자리가 밋밋하다. 잎자루는 길이 2.5mm쯤으로 짧고, 털이 있다. 잎 앞면은 녹색이고, 뒷면은 흰색 털이 많으나 없어진다. 꽃은 5~6월에 가지 끝의 산방상 원추꽃차례에 달리며, 흰색이다. 꽃받침통은 작은 포로 둘러싸인다. 꽃잎은 수술보다 길며, 둥글고, 길이 3mm쯤이다. 열매는 난형, 길이 6mm쯤, 8~9월에 검붉게 익는다. 울릉읍 도동의 자생지가 천연기념물로 지정되어 있다.

식별포인트 남한에서 볼 수 있는 유일한 개야광나무속 식물이며, 울릉도에서만 자란다. 북부 지방에 분포하는 개야광나무(*C. integrrima* Medik.)는 잎이 원형 또는 난형이며, 잎자루는 2~4mm로 조금 더 길고, 꽃차례는 아래로 드리우므로 다르다.

울릉도
관목

장소

날짜

특이사항

120 산사나무

Crataegus pinnatifida Bunge
장미과

전국의 저지대 숲 속에 자라는 낙엽 작은키나무다. 줄기는 높이 4~8m이며, 가시가 있고, 줄기껍질은 회색이다. 잎은 어긋나며, 난형 또는 도란형, 길이 6~8cm, 폭 5~6cm, 깃꼴로 갈라진다. 잎 뒷면은 맥을 따라 털이 난다. 잎자루는 길이 2~6cm다. 꽃은 4~5월에 15~20개가 산방꽃차례로 피며, 흰색, 지름 1.0~2.0cm다. 꽃받침은 종 모양이며, 겉에 털이 난다. 열매는 이과이며, 둥글고, 9~10월에 붉게 익고, 흰 반점이 있다.

전국
소교목

식별포인트 북부 지방에 분포하는 아광나무(*C. maximowiczii* C.K. Schneid.)는 잎이 얕게 갈라지며, 뒷면에 잔털이 많으므로 구분된다.

장소

날짜

특이사항

Duchesnea chrysantha (Zoll. et Moritzi) Miq.
장미과

뱀딸기 | 121

전국의 풀밭 또는 숲 가장자리에 흔하게 자라는 여러해살이풀이다. 줄기는 땅 위에 길게 뻗는다. 전체에 긴 털이 많다. 잎은 어긋나며, 작은잎 3장으로 된 겹잎이다. 작은잎은 난상 타원형, 길이 2.0~3.5cm, 폭 1~3cm, 가장자리에 겹톱니가 있다. 꽃은 4~5월에 잎겨드랑이의 긴 꽃자루에 1개씩 피며, 노란색, 지름 1.5~2.0cm다. 부꽃받침잎은 꽃받침잎보다 조금 크다. 꽃잎은 넓은 난형이며, 길이 5~10mm다. 열매는 수과이며, 육질의 붉은 화탁 겉에 흩어져 붙어 있다. 열매덩이는 둥글며, 지름 1cm쯤이고, 먹을 수 있다.

식별포인트 우리나라에는 뱀딸기속에 이 종만이 분포하며, 딸기속(*Fragaria*)에 비해서 꽃은 노란색이고, 부꽃받침잎이 꽃받침잎보다 크므로 구분된다.

전국
다년초

장소

날짜

특이사항

가침박달

Exochorda serratifolia S. Moore
장미과

제주도를 제외한 전국의 산기슭 또는 산 능선에 자라는 낙엽 떨기나무다. 줄기는 높이 2~5m다. 잎은 어긋나며, 타원형, 긴 타원형 또는 도피침형, 길이 5~9cm, 폭 3~5cm, 가장자리 위쪽에 톱니가 있다. 잎자루는 길이 1~2cm다. 꽃은 4~5월에 햇가지 끝의 총상꽃차례에 4~6개씩 달리며, 향기가 있고, 흰색, 지름 3.5~4.0cm다. 꽃의 기관은 5수성이다. 꽃잎은 도란형이며, 끝이 오목하다. 열매는 삭과이며, 난형, 능선이 있다. 석회암 지대에서는 비교적 흔하게 발견되며, 관상가치가 높은 식물이다.

전국
관목

식별포인트 꽃은 크며, 열매는 삭과이고, 씨앗에 날개가 있으므로 조팝나무속(*Spiraea*) 식물들과 구분된다.

Fragaria nipponica Makino
장미과

흰땃딸기

제주도 한라산 고지대에 드물게 자라는 여러해살이풀이다. 전체에 부드러운 솜털이 많다. 기는줄기는 자줏빛이 돌며, 길이 10~30cm다. 뿌리잎은 모여나며, 작은잎 3장으로 이루어진 겹잎이다. 작은잎은 도란형, 길이 2~4cm, 1.5~3.0cm다. 잎 뒷면은 연둣빛이며, 털이 많다. 꽃은 5~7월에 꽃줄기 끝에 1~4개가 달리며, 흰색, 지름 1.5~2.0cm다. 꽃받침잎은 5장, 부꽃받침잎은 5갈래로 갈라진다. 꽃잎은 5장이며, 꽃받침잎보다 조금 길다. 열매는 수과이며, 육질의 붉은 화탁 겉에 붙어 있다. 열매덩이는 지름 1cm쯤이나. 일본에도 자란다.

제주도
다년초

식별포인트 백두산 등 북부 지방에 자라는 변종인 땃딸기(*F. nipponica* Makino var. *yezoensis* (H. Hara) Kitam.)에 비해 전체가 작으며, 줄기잎은 보통 없으므로 구분된다.

장소	날짜
특이사항	

황매화

Kerria japonica (L.) DC.
장미과

중부 이남
관목

중부 지방 이남에서 심어 기르거나 야생 상태로 자라는 낙엽 떨기나무다. 줄기는 높이 1~2m이며, 어린 가지는 녹색이다. 잎은 어긋나며, 난형 또는 긴 난형, 길이 3~5cm, 폭 2.0~2.5cm, 가장자리에  날카로운 톱니가 있다. 꽃은 4~5월에 1개씩 가지 끝에 피며, 노란색, 지름 2.0~3.5cm다. 꽃자루는 길이 0.8~1.2cm다. 꽃잎은 5장이며, 둥근 난형, 길이 1.0~1.5cm다. 수술은 많고, 암술은 5~8개다. 열매는 작은 견과이며, 꽃받침 안에서 가을에 검은 갈색으로 익는다.

식별포인트 황매화속에는 세계적으로 한 종이 있다. 병아리꽃나무속(*Rhodotypos*)에 비해서 잎은 어긋나며, 꽃은 노란색, 5수성이고, 부꽃받침잎이 없으므로 구분된다.

장소   날짜

특이사항

Malus baccata (L.) Borkh.
장미과

야광나무

제주도를 제외한 전국의 산 또는 강가에 자라는 낙엽 작은키나무다. 줄기는 높이 4~10m다. 잎은 어긋나며, 난형 또는 타원형, 길이 3.0~8.0cm, 폭 1.5~3.5cm, 가장자리에 잔 톱니가 있다. 잎자루는 길이 1.5~5.0cm이며, 어릴 때 털이 있지만 없어진다. 꽃은 5~6월에 짧은가지 끝의 산형꽃차례에 달리며, 흰색, 지름 3~4cm다. 꽃자루는 길이 2~5cm다. 꽃받침잎은 피침형이며, 안쪽에 부드러운 털이 있고, 꽃이 진 다음 떨어진다. 열매는 이과이며, 구형, 지름 1~2cm다.

식별포인트 아그배나무(*M. sieboldii* (Regel) Rehder)는 어린 가지의 잎이 3~5갈래로 얕게 갈라지므로 다르다.

전국
소교목

장소	날짜
특이사항	

126 나도국수나무

Neillia uekii Nakai
장미과

중부 이북
관목

강원도, 경기도, 전라남도, 충청도 및 북부 지방의 산기슭에 자라는 낙엽 떨기나무다. 줄기는 곧추서며, 높이 1~2m다. 잎은 어긋나며, 난형, 길이 5~8cm, 폭 2~4cm, 가장자리에 겹톱니가 있다. 잎자루는 길이 0.5~1.5cm다. 꽃은 5~6월에 길이 5~10cm의 총상꽃차례에 10~25개가 달리며, 흰색, 지름 0.5~1.0cm다. 꽃차례에 별 모양 털이 많다. 꽃받침통에 샘털이 난다. 꽃잎은 난형, 꽃받침보다 길다. 열매는 골돌이며, 난형, 꽃받침통이 남아 있고, 2~10개의 씨앗이 들어 있다. 세계적으로 우리나라와 만주에만 자라는 희귀식물이다.

<u>식별포인트</u> 원추꽃차례를 이루어 피는 국수나무속 (*Stephandra*) 식물들에 비해서 총상꽃차례를 이루므로 구분된다.

장소		날짜	
특이사항			

Potentilla fragarioides L. var. *major* Maxim.
장미과

양지꽃 127

전국의 산과 들 양지바른 곳에 흔하게 자라는 여러해살이풀이다. 줄기는 비스듬히 서며, 길이 30~50cm다. 뿌리잎은 여러 장이 사방으로 퍼지며, 깃꼴겹잎이다. 작은잎은 3~13장이며, 아래쪽으로 갈수록 작아진다. 줄기잎은 작은잎 3장으로 이루어진 겹잎이다. 꽃은 4~6월에 줄기 끝의 취산꽃차례에 달리며, 노란색, 지름 1.5~2.0cm다. 꽃잎은 5장이며, 끝이 오목하게 들어가고, 꽃받침잎보다 2배쯤 길다. 열매는 수과이며, 털이 있다.

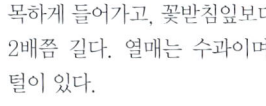

전국
다년초

식별포인트 기는가지가 없고, 뿌리잎의 작은잎은 5~7장으로 난형이며, 꽃잎은 꽃받침잎보다 훨씬 길므로 다른 양지꽃속 식물들과 구분된다. 세잎양지꽃(*P. freyniana* Bornm.)과 비슷하지만 작은잎이 3장이 아니므로 구분된다.

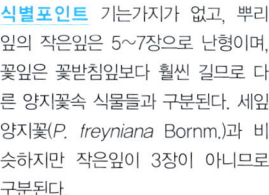

장소	날짜
특이사항	

128 세잎양지꽃

Potentilla freyniana Bornm.
장미과

전국
다년초

전국의 산과 들 양지바른 곳에 자라는 여러해살이풀이다. 줄기는 길이 15~30cm다. 뿌리잎은 모여나며, 작은잎 3장으로 이루어진 겹잎이다. 작은잎은 긴 타원형 또는 도란형, 길이 2~5cm, 폭 1~3cm다. 줄기잎은 작은잎 3장으로 이루어지지만 조금 작다. 꽃은 4~5월에 취산꽃차례로 달리며, 노란색이고 지름 1.0~1.5cm다. 꽃받침잎은 5장, 끝이 날카롭다. 부꽃받침은 선형이다. 꽃잎은 5장이며, 도란상 원형, 끝이 오목하게 들어간다. 열매는 수과다.

식별포인트 작은잎이 3장 이상인 양지꽃(*P. fragarioides* L. var. *major* Maxim.)에 비해서 잎은 항상 작은잎 3장으로 이루어지므로 구분된다.

장소	날짜
특이사항	

Potentilla kleiniana Wight et Arn.
장미과

가락지나물

전국의 저지대 습기 많은 곳에 자라는 여러해살이풀이다. 줄기는 땅 위로 뻗으며, 길이 20~60cm다. 뿌리잎은 모여나며, 작은잎 5장으로 이루어진 겹잎이다. 작은잎은 긴 타원형, 길이 1.5~5.0cm, 폭 0.8~2.0cm다. 꽃은 4~7월에 취산꽃차례로 달리며, 노란색, 지름 8mm쯤이다. 꽃받침잎은 5장이며, 난형 또는 피침형, 끝이 뾰족하다. 부꽃받침잎은 5장이며, 선형, 꽃받침보다 짧다. 꽃잎은 5장이며, 끝이 오목하다. 열매는 수과이며, 겉에 세로로 주름이 지며, 털이 없다.

식별포인트 남한에서 볼 수 있는 양지꽃속 식물 중에서는 유일하게 잎이 작은잎 5장으로 이루어져 손바닥 모양을 이루므로 구분된다. 꽃이 봄과 여름에 걸쳐서 피므로 개화기간이 길다.

전국
다년초

장소	날짜
특이사항	

130 민눈양지꽃

Potentilla yokusaiana Makino
장미과

중부 이남
다년초

전국의 산 숲 속에 자라는 여러해살이풀이다. 줄기는 땅 위를 기며, 길이 10~20cm다. 뿌리잎과 줄기잎은 모두 작은잎 3장으로 이루어진 겹잎이다. 작은잎은 사각상 난형, 길이 1.5~4.0cm, 폭 1.2~3.0cm, 가장자리에 깊고 날카로운 톱니가 있다. 꽃은 5~6월에 취산꽃차례로 달리며, 노란색, 지름 1.5~2.0cm다. 꽃받침잎은 5장이며, 넓은 피침형이다. 부꽃받침잎은 끝이 3갈래로 갈라지기도 한다. 꽃잎은 5장이며, 꽃받침잎보다 1.5배쯤 길고, 끝이 오목하다. 열매는 수과이며, 털이 없다.

식별포인트 세잎양지꽃(*P. freyniana* Bornm.)에 비해서 잎 가장자리는 예리한 톱니가 있으며, 잎의 색깔은 조금 연한 녹색이므로 구분된다.

장소	날짜
특이사항	

Prunus japonica Thunb. var. *nakaii* (H. Lév.) Rehder
장미과

이스라지

전국의 산 숲 속에 자라는 낙엽 떨기나무다. 줄기는 높이 1m쯤이다. 잎은 어긋나며, 난형, 길이 4~8cm, 폭 2.5~4.0cm, 가운데 부분이 가장 넓고, 가장자리에 날카로운 겹톱니가 있다. 잎 앞면은 털이 없고, 뒷면은 맥 위에 잔털이 있다. 잎자루는 길이 3mm쯤이며, 짧은 털이 있다. 꽃은 4~5월에 잎보다 먼저 지난해 가지에 1~5개씩 피며, 연한 분홍색 또는 흰색, 지름 1.3~1.8cm다. 꽃자루는 길이 1~2cm이며, 겉에 연한 털이 난다. 꽃받침잎은 꽃이 진 다음에 뒤로 젖혀진다. 꽃잎은 타원형이다. 암술대에 털이 있다. 열매는 핵과이며, 둥글고, 붉게 익는다.

전국
관목

식별포인트 북부 지방에 분포하는 것으로 알려져 있는 산이스라지(*P. ishidoyana* Nakai)는 꽃자루가 1cm쯤으로 짧으며, 잎자루, 잎 뒷면, 꽃자루에 털이 없으므로 다르다.

장소	날짜
특이사항	

132 개벚지나무

Prunus maackii Rupr.
장미과

강원 이북
교목

강원도 이북의 높은 산 계곡 주변에 자라는 낙엽 큰키나무다. 줄기는 높이 10~20m다. 줄기 껍질은 황갈색이며, 윤이 나고, 얇은 조각으로 벗겨진다. 잎은 어긋나며, 타원형 또는 긴 난형, 길이 6~12cm, 폭 3~6cm다. 잎자루는 길이 1~2cm다. 잎 앞면은 털이 없고, 뒷면은 샘점이 많다. 꽃은 5월에 묵은 가지에서 난 길이 5~10cm의 총상꽃차례에 10~30개가 달리며, 흰색, 지름 1cm쯤이다. 꽃자루는 길이 1.2cm쯤이다. 열매는 핵과이며, 둥글고, 검게 익는다. 계방산, 가리왕산, 설악산, 오대산 등지에 드물게 자란다.

식별포인트 귀룽나무(*P. padus* L.)에 비해서 줄기 껍질은 황갈색으로 윤이 나며, 꽃차례 밑에 보통 잎이 달리지 않고, 총상꽃차례는 보다 짧으므로 구분된다.

장소	날짜
특이사항	

Prunus mandshurica (Maxim.) Koehne
장미과

개살구나무

충청남도 이북의 산기슭에 자라는 낙엽 큰키나무로서 높이 10~15m다. 줄기는 어두운 회색이며, 겉에 코르크층이 발달한다. 잎은 어긋나며, 넓은 타원형 또는 넓은 난형, 길이 4.5~12.5cm, 폭 2.5~6.0cm, 가장자리에 고르지 않은 겹톱니가 있다. 잎 양면에 털이 없다. 꽃은 4월에 잎보다 먼저 1개씩 피며, 연한 붉은 색 또는 분홍색, 지름 2.3~3.0cm다. 꽃자루는 꽃받침통보다 길며, 털이 없다. 꽃받침잎은 타원형이며, 뒤로 젖혀진다. 열매는 핵과이며, 지름 2~3cm, 붉은 색을 띠는 노란색으로 익는다.

식별포인트 매실나무(*P. mume* Siebold et Zucc.)나 살구나무(*P. armeniaca* L.)에 비해서 잎 가장자리는 겹톱니가 있으며, 꽃자루는 길이 5~6mm로서 꽃받침통보다 길고, 줄기 껍질에 코르크층이 발달하므로 구분된다.

충남 이북
교목

장소

날짜

특이사항

산개벚지나무

Prunus maximowiczii Rupr.
장미과

전국
교목

전국의 높은 산에 드물게 자라는 낙엽 큰키나무로서 높이 7~15m다. 잎은 어긋나며, 타원형 또는 도란상 타원형, 길이 5~9cm, 폭 2~5cm, 끝이 꼬리처럼 되고, 가장자리에 거친 겹톱니가 있다. 잎 앞면은 녹색이고, 뒷면은 연한 녹색으로 맥 위에 털이 난다. 잎자루는 길이 0.8~1.5cm이며, 누운 털이 있다. 꽃은 5~6월에 묵은 가지의 잎겨드랑이에서 난 길이 5~7cm의 총상꽃차례에 3~9개씩 달리며, 흰색, 지름 1.5cm쯤이다. 꽃대와 꽃자루에 부드러운 털이 난다. 꽃받침잎은 삼각형이며, 끝이 뾰족하고, 가장자리에 톱니가 있다. 꽃잎은 둥근 모양이며, 끝이 오목하게 되지 않는다. 열매는 핵과이며, 둥글고, 검게 익는다.

식별포인트 귀룽나무 종류들에 비해서는 짧고, 벚나무 종류들에 비해서는 긴 총상꽃차례를 갖는다. 또한, 고산지대에 자라며, 잎 가장자리에 겹톱니가 있고, 각각의 꽃 밑에 달린 포잎은 오래도록 남아있으므로 벚나무속의 다른 식물들과 구분된다.

장소   날짜

특이사항

Prunus mume Siebold et Zucc.
장미과

매실나무

중국 원산으로 전국에서 심어 기르는 낙엽 작은키나무로서 높이 5~10m 다. 잎은 어긋나며, 난형 또는 넓은 난형, 길이 4~9cm, 끝이 뾰족하고, 가장자리에 날카로운 톱니가 있다. 잎 양면에 털이 있다. 꽃은 3~4월에 묵은 가지의 잎겨드랑이에 1~3개씩 달리며, 흰색 또는 연한 붉은 색, 지름 2~3cm, 향기가 있다. 꽃자루는 거의 없다. 꽃잎은 납작하게 벌어진다. 열매는 핵과이며, 타원형, 지름 2~3cm, 겉에 털이 있고, 노란색으로 익는다. 열매 한쪽에는 얕은 홈이 있다. '매화나무'라고도 한다. 열매로 술 또는 장아찌를 담근다.

식별포인트 살구나무(*P. armeniaca* L.)에 비해서 꽃자루는 거의 없으며, 잎의 톱니가 균일하고, 씨가 과육에서 잘 분리되지 않으므로 구분된다.

중국
소교목

장소 날짜

특이사항

귀룽나무

Prunus padus L.
장미과

전국의 산 계곡 주변에 흔하게 자라는 낙엽 큰키나무다. 줄기는 높이 10~20m다. 잎은 어긋나며, 도란형 또는 타원형, 길이 6~12cm, 폭 3~6cm, 가장자리에 날카로운 톱니가 있다. 잎자루는 길이 1~2cm이며, 위쪽에 샘점이 있다. 꽃은 4~6월에 새가지 끝의 총상꽃차례에 모여 달리며, 흰색, 지름 1.0~1.5cm다. 꽃차례는 길이 10~20cm이며, 20~30개의 꽃이 달리고, 아래쪽에는 잎이 달린다. 꽃자루는 길이 1cm쯤이며, 꽃대와 더불어 털이 난다. 열매는 핵과이며, 둥글고, 지름 6~8mm, 검게 익는다. 꽃과 잎의 형태는 변이가 심하다. 관상수로서 가치가 높은 식물이다.

전국
교목

식별포인트 우리나라의 벚나무속 식물 가운데 가장 긴 총상꽃차례를 가지므로 구분된다.

장소	날짜
특이사항	

Prunus pendula Maxim. for. *ascendens* (Makino) Ohwi
장미과

올벚나무 137

제주도와 남부 지방의 숲 속에 자라는 낙엽 큰키나무다. 줄기는 높이 15~20m다. 잎은 어긋나며, 좁은 타원형 또는 좁은 도란형, 길이 3~9cm, 폭 2~5cm, 아래쪽에 꿀샘이 있다. 잎 양면은 털이 없거나 뒷면에만 잔털이 난다. 잎자루는 길이 1.5~2.0cm, 부드러운 잔털이 난다. 꽃은 3~4월에 잎보다 먼저 가지 끝의 산형꽃차례에 2~5개씩 피며, 연한 붉은 색 또는 분홍색이 도는 흰색, 지름 1.5~2.0cm다. 꽃대는 없다. 꽃자루는 길이 1.0~1.5cm, 털이 난다. 꽃받침통은 관 모양, 아래쪽이 볼록하고, 겉에 털이 있다. 암술대에 털이 있다. 열매는 핵과이며, 둥글고, 지름 1cm쯤, 검게 익는다. 일본과 타이완에도 분포한다.

남부 지방
교목

식별포인트 산벚나무(*P. sargentii* Rehder)와 개벚나무(*P. verecunda* (Koidz.) Koehne)에 비해서 꽃은 잎보다 먼저 피며, 잎은 좁은 타원형이므로 구분된다.

장소 　　　　　　　　　　　날짜
특이사항

산벚나무

Prunus sargentii Rehder
장미과

전국교목

전국의 산 숲 속에 자라는 낙엽 큰키나무다. 줄기는 높이 20~30cm이며, 어린 가지는 굵다. 잎은 어긋나며, 타원형 또는 도란상 타원형, 길이 8~15cm, 폭 4~8cm, 끝이 꼬리처럼 뾰족하다. 어린잎은 붉은 갈색이며, 점성이 있다. 잎자루는 길이 1.5~3.0cm이며, 위쪽에 꿀샘이 1쌍 있다. 꽃은 4~5월에 잎과 동시에 피며, 1~3개씩 달리고, 연한 붉은 색, 지름 2.5~4.0cm다. 꽃대 없이 산형꽃차례로 달린다. 꽃자루는 길이 1~2cm다. 암술대와 씨방은 털이 없다. 열매는 핵과이며, 지름 1cm쯤, 검게 익는다.

식별포인트 개벚나무(*P. verecunda* (Koidz.) Koehne)에 비해서 꽃은 꽃대가 없이 피어 산형꽃차례를 이루며, 꽃의 크기가 훨씬 크고 진한 색깔이므로 구분된다.

장소	날짜
특이사항	

Prunus takesimensis Nakai
장미과

섬벚나무

울릉도의 숲 속에 자라는 한국특산의 낙엽 큰키나무다. 줄기는 높이 20~30m이며, 줄기껍질은 회갈색이다. 잎은 어긋나며, 넓은 타원형 또는 난상 타원형, 길이 8~15cm, 폭 4~9cm, 끝이 급하게 뾰족하고, 가장자리에 끝이 뾰족한 톱니가 있다. 잎 뒷면은 회색빛이 도는 녹색이다. 잎자루는 길이 2.5~3.5cm이며, 위쪽에 꿀샘이 있다. 꽃은 4월에 잎과 동시에 피며, 2~5개씩 산형꽃차례로 달리고, 붉은 빛이 도는 흰색, 지름 3~4cm, 향기가 있다. 꽃대는 없다. 꽃자루는 길이 1.5~2.0cm다. 꽃잎은 도란형 또는 넓은 타원형, 끝이 조금 오목하다. 열매는 핵과이며, 검게 익는다.

울릉도
교목

식별포인트 산벚나무(*P. sargentii* Rehder)에 비해서 울릉도 특산식물이며, 어린잎은 붉은 갈색이 아니고, 꽃은 붉은 빛이 약해서 흰색에 가까우므로 구분된다.

장소   날짜

특이사항

왕벚나무

Prunus yedoensis Matsum.
장미과

제주도 숲 속에 매우 드물게 자라는 낙엽 큰키나무다. 줄기는 높이 10~20m다. 잎은 어긋나며, 타원상 난형 또는 도란형, 길이 5~12cm, 폭 3~6cm다. 잎 뒷면은 연한 녹색이며, 맥 위에 털이 있다. 꽃은 4~5월에 잎보다 먼저 짧은가지에서 난 산방꽃차례에 3~6개씩 달리며, 붉은 빛이 도는 흰색, 지름 2~3cm다. 꽃자루는 길이 1.6~1.8cm다. 꽃받침통과 암술대에 털이 있다. 열매는 핵과이며, 둥글고, 6월에 검게 익는다. 한라산과 두륜산의 자생지가 천연기념물로 지정되어 있다. 전국에 심어 키우고 있는데, 대부분 일본 것을 증식한 것이다.

제주도
교목

식별포인트 올벚나무(*P. pendular* Maxim. for. *ascendens* (Makino) Ohwi)에 비해서 잎은 넓은 타원형, 끝이 급하게 뾰족해지고, 가장자리에 날카로운 겹톱니가 있으므로 구분된다.

장소

날짜

특이사항

Rhaphiolepis umbellata (Thunb.) Makino
장미과

다정큼나무

제주도와 남해안 및 서해안 섬의 바닷가 근처 숲에 자라는 상록 떨기나무다. 줄기는 높이 2~4m다. 어린 가지와 꽃차례는 처음에는 갈색 털로 덮이지만 없어진다. 잎은 어긋나지만 가지 끝에 모여난 것처럼 보이며, 난상 타원형 또는 도란형, 길이 4~10cm, 폭 2~4cm, 가장자리에 둔한 톱니가 조금 있거나 없다. 꽃은 4~6월에 가지 끝에서 난 길이 5~15cm의 원추꽃차례에 달리며, 흰색, 지름 2cm쯤이나. 꽃잎은 길이 1.0~1.3cm. 열매는 이과이며, 둥글고, 지름 0.7~1.0cm, 9~10월에 검게 익는다.

식별포인트 일본 원산으로 남부 지방에서 재배하는 홍가시나무(*Photinia grabra* (Thunb.) Maxim.)에 비해서 잎은 상록성이며, 열매는 검게 익고, 꽃받침은 꽃이 진 후에 떨어져서 열매에는 붙어 있지 않으므로 구분된다.

제주도
남해안섬
관목

장소	날짜
특이사항	

142 병아리꽃나무

Rhodotypos scandens (Thunb.) Makino
장미과

충청북도를 제외한 전국의 바닷가 근처 산 또는 섬에 자라는 낙엽 떨기나무다. 줄기는 모여나며, 높이 1.5~2.0m다. 잎은 마주나며, 난형 또는 긴 난형, 길이 5~10cm, 폭 4~7cm, 가장자리에 겹톱니가 있다. 꽃은 5월에 햇가지 끝에 1개씩 달리며, 흰색, 지름 3~5cm다. 꽃받침조각은 4장, 톱니가 있다. 부꽃받침잎은 가늘고 작다. 꽃잎은 4장 또는 드물게 5장이다. 수술은 많다. 열매는 핵과 모양이며, 검게 익고, 윤이 난다. 꽃이 피어나는 모습이 어린 병아리를 닮았다고 하여 우리말 이름이 붙여졌다.

전국
관목

식별포인트 병아리꽃나무속은 중국과 일본에도 자라는 동아시아 특산속으로 한 종이 속을 이룬다. 황매화속(*Kerria*)에 비해서 잎은 마주나며, 꽃은 흰색, 4수성이며, 부꽃받침잎이 있으므로 구분된다.

Rosa multiflora Thunb.
장미과

찔레나무

전국의 산과 들에 흔하게 자라는 낙엽 떨기나무다. 줄기는 가시가 많고, 밑으로 처지며, 높이 2m쯤이다. 잎은 작은잎 5~9장으로 된 깃꼴겹잎이다. 작은잎은 타원형 또는 도란형, 길이 2~4cm, 폭 1~2cm, 가장자리에 잔 톱니가 있다. 턱잎에 빗살처럼 생긴 톱니가 있다. 꽃은 5~6월에 가지 끝의 원추꽃차례에 많이 달리며, 흰색 또는 연한 붉은색, 지름 2cm쯤이다. 열매는 장미과이며, 지름 8mm쯤, 둥글고, 9~10월에 붉게 익는다.

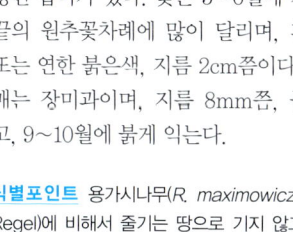

식별포인트 용가시나무(*R. maximowicziana* Regel)에 비해서 줄기는 땅으로 기지 않고 곧추서거나 비스듬히 자라며, 잎 앞면에 털이 있고, 턱잎에 빗살처럼 생긴 톱니가 있으므로 구분된다.

전국
관목

장소	날짜
특이사항	

144 수리딸기

Rubus corchorifolius L. fil.
장미과

경기 이남
관목

경기도 이남의 산기슭 양지바른 곳에 자라는 낙엽 떨기나무다. 줄기는 모여나며, 높이 1.5m쯤이고, 가지에 작은 가시와 부드러운 털이 난다. 잎은 어긋나며, 홑잎이고, 난형 또는 난상 타원형, 길이 4~13cm, 폭 2~7cm, 가장자리에 고르지 않은 잔 톱니가 있다. 꽃은 3~5월에 잎보다 먼저 또는 잎과 동시에 줄기 끝에 1개씩 피며, 밑을 향하고, 흰색, 지름 2.5~3.0cm다. 꽃자루는 길이 0.7~1.2cm, 부드러운 털이 난다. 꽃받침잎은 난형, 바깥쪽과 함께 안쪽에도 털이 난다. 꽃잎은 긴 타원형이며, 꽃받침잎보다 길다. 씨방에 털이 많다. 열매는 취과이며, 둥글고, 붉게 익는다.

식별포인트 우리나라의 산딸기속 식물들에 비해서 꽃은 1개씩 밑을 향해 피며, 줄기는 똑바로 자라고, 잎은 홑잎, 난형, 뒷면에 누운 털이 나므로 구분된다.

장소   날짜
특이사항

Rubus coreanus Miq.
장미과

복분자딸기

중부 지방 이남의 산기슭에 흔하게 자라는 낙엽 떨기나무다. 줄기는 아래로 처지지만 기지는 않으며, 끝이 땅에 닿으면 뿌리가 나고, 높이 1~3m, 가시가 있다. 어린 가지는 흰빛이 난다. 잎은 작은잎 5~7장으로 된 깃꼴겹잎다. 작은잎은 난형 또는 타원형, 길이 3~7cm, 폭 2~4cm, 가장자리에 날카로운 톱니가 있다. 꽃은 5~6월에 가지 끝의 산방꽃차례에 달리며, 연한 분홍색, 지름 0.8~1.0cm다. 꽃잎은 도란형이며, 꽃받침조각보다 짧다. 열매는 작은 핵과가 모인 취과이며, 7~8월에 검게 익고, 맛이 좋다.

식별포인트 제주도와 남해안 섬에 자라는 특산식물인 가시복분자딸기(*R. schizostylus* H. Lév.)는 원줄기가 땅 위를 기며, 열매가 달리는 가지의 작은잎은 길이 1~2cm로 작고, 잎 뒷면에 흰색 잔털이 많으므로 다르다.

중부 이남
관목

장소   날짜
특이사항

146 산딸기나무

Rubus crataegifolius Bunge
장미과

전국
관목

전국의 산과 들에 흔하게 자라는 낙엽 떨기나무다. 줄기는 붉은 갈색이며, 높이 1~2m, 밑을 향한 가시가 있다. 잎은 어긋나며, 홑잎이고, 3~5갈래로 갈라지거나 갈라지지 않는다. 잎몸은 난상 타원형, 길이 4~11cm, 폭 5~7cm, 가장자리에 불규칙한 결각 모양의 톱니가 있다. 잎자루는 가시가 있고, 길이 2~5cm다. 꽃은 5~6월에 가지 끝의 겹산방꽃차례에 달리지만 2~3개씩 모여 달리기도 하며, 흰색, 지름 1.0~1.5cm다. 꽃받침잎은 피침형이고, 꽃잎은 타원형이다. 열매는 핵과가 모인 취과, 7~8월에 붉게 익는다.

식별포인트 울릉도 특산식물인 섬나무딸기(*R. takesimensis* Nakai)에 비해서 전체가 작으며, 줄기와 잎자루 등에 가시가 있으므로 구분된다.

장소	날짜
특이사항	

Rubus hirsutus Thunb.
장미과

장딸기

제주도와 남해안의 숲 속 또는 숲 가장자리에 자라는 낙엽 또는 반상록 떨기나무다. 줄기는 비스듬히 서며, 높이 20~60cm, 잔털이 난다. 잎은 작은잎 3~5장으로 된 깃꼴겹잎이며, 잎자루의 밑 부분에 바늘 모양의 턱잎이 있다. 작은잎은 난상 피침형, 길이 3~6cm, 폭 1.5~3.0cm, 끝이 뾰족하고, 가장자리에 겹톱니가 있다. 잎 양면은 털이 많다. 꽃은 4~6월에 가지 끝에 1~2개씩 달리며, 흰색, 지름 3~4cm다. 꽃자루는 길이 3~4cm이며, 겉에 털이 난다. 꽃받침잎은 산가상 피침형, 꽃잎은 도란상 타원형이다. 열매는 취과, 지름 1.5~2.5cm, 7~8월에 붉게 익는다.

식별포인트 제주도에 분포하는 검은딸기(*R. croceacanthus* H. Lév.)는 줄기에 털이 거의 없으며, 꽃줄기와 잎자루에 샘털이 많이 나고, 잎몸은 피침형으로서 보다 좁으므로 다르다.

남해안
제주도
관목

장소	날짜
특이사항	

148 거제딸기

Rubus tozawai Nakai ex Chung
장미과

남부 지방
관목

거제도, 거문도 등 남부 지방의 바닷가 산기슭에 자라는 낙엽 떨기나무다. 짧은가지에 가시가 드물게 있고, 털은 없다. 잎은 홑잎이며, 난형 또는 둥근 모양, 잎몸은 3갈래로 얕게 갈라지거나 드물게 5갈래로 갈라지고, 가장자리에 겹톱니가 있다. 잎자루는 길며, 잔털이 없다. 꽃은 5월에 잎겨드랑이에서 1개씩 피며, 흰색이다. 꽃받침잎은 5장이며, 꽃잎과 길이가 비슷하거나 조금 길다. 꽃잎은 5장이며, 도란형 또는 넓은 타원형이다. 꽃자루는 길다. 중국에도 분포하는 것으로 알려져 있다.

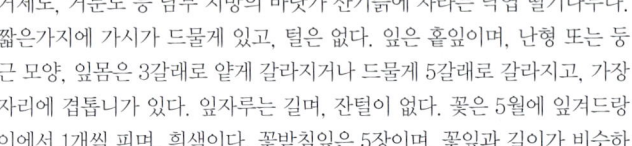

식별포인트 남부 지방에 분포하는 한국특산식물인 맥도딸기(*R. longisepalus* Nakai)는 잎자루에 잔털과 가시가 많으며, 꽃받침잎이 보다 길므로 다르다.

장소   날짜

특이사항

Rubus oldhamii Miq.
장미과

줄딸기 149

전국의 산과 들에 흔하게 자라는 낙엽 덩굴나무다. 줄기는 옆으로 뻗으며, 길이 2~3m, 가시가 있다. 잎은 어긋나며, 작은잎 5~7장으로 된 깃꼴겹잎이다. 끝의 작은잎은 마름모꼴 난형, 길이 2~4cm, 폭 1~3cm, 가장자리에 겹톱니가 있다. 꽃은 5월에 햇가지 끝에 1~2개씩 달리며, 연한 분홍색 또는 드물게 흰색, 지름 2.0~2.5cm다. 꽃자루는 가시가 난다. 꽃잎은 타원형이며, 길이 1cm쯤이다. 열매는 취과이며, 둥글고, 7~8월에 붉게 익는다. 열매를 먹을 수 있다. 줄기가 덩굴지어 자라므로 '덩굴딸기'라고도 부른다.

전국
만경

식별포인트 우리나라의 산딸기속 식물들에 비해서 전국에 흔하게 자라며, 줄기가 옆으로 뻗고, 꽃받침통은 가시처럼 생긴 털이 나므로 구분된다.

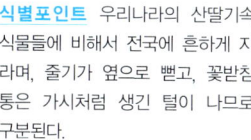

장소

날짜

특이사항

섬나무딸기

Rubus takesimensis Nakai
장미과

울릉도
관목

경상북도 울릉도에 흔하게 자라는 한국특산의 낙엽 떨기나무다. 줄기는 모여나며, 가시와 털이 없고, 높이 3~5m다. 잎은 어긋나며, 3~7갈래로 갈라진 홑잎이고, 길이와 폭이 각각 15cm에 이른다. 잎 가장자리에 겹톱니가 있고, 양면의 맥 위에 털이 난다. 꽃은 4~5월에 산방꽃차례로 달리며, 흰색, 지름 2~3cm다. 꽃받침 안쪽에 부드러운 털이 난다. 꽃잎은 도란형이다. 열매는 취과이며, 6~7월에 붉게 익는다. 산딸기나무가 울릉도의 특별한 환경에 적응하여 진화해 가는 과정에 있는 식물로 생각된다.

<u>식별포인트</u> 산딸기나무(*R. crataegifolius* Bunge)에 비해서 울릉도에서만 자라며, 전체가 크고, 가시가 없으므로 구분된다.

장소	날짜
특이사항	

Sorbus alnifolia (Siebold et Zucc.) K. Koch
장미과

팥배나무 | 151

전국의 숲 속에 흔하게 자라는 낙엽 큰키나무다. 줄기는 높이 10~20m다. 잎은 어긋나며, 홑잎이고, 난형 또는 타원상 난형, 길이 5~12cm, 폭 4~7cm, 가장자리에 불규칙한 톱니가 있다. 잎자루는 길이 1~2cm다. 꽃은 4~6월에 가지 끝의 겹산방꽃차례에 달리며, 흰색이다. 수술은 20개쯤, 암술대는 2개다. 열매는 이과이며, 타원형, 10월에 누런빛이 도는 붉은 색으로 익는다. 꽃은 벌과 나비를, 열매는 새를 불러모으므로 도시의 생태공원에 심으면 좋다.

식별포인트 마가목(*S. commixta* Hedl.)에 비해서 잎은 홑잎이므로 구분된다. 잎은 모양, 크기 등에서 변이가 심하며, 이로써 여러 변종을 나누기도 한다.

전국
교목

장소

날짜

특이사항

산조팝나무

Spriaea blumei G. Don
장미과

제주도를 제외한 전국의 산 바위지대에 자라는 낙엽 떨기나무다. 줄기는 모여나며, 높이 1.0~1.5cm다. 잎은 어긋나며, 난형 또는 둥근 모양, 길이 2.0~3.5cm, 폭 1.5~3.0cm, 위쪽 가장자리가 3~5갈래로 얕게 갈라진다. 잎 앞면은 진한 녹색이고, 뒷면은 연한 녹색이며, 양면에 털이 없다. 꽃은 4~5월에 가지 끝의 산형꽃차례에 15~20개씩 달리며, 흰색, 지름 5~8mm다. 작은꽃자루는 길이 1.0~1.5cm이며, 털이 없다. 수술은 많고, 암술은 5개다. 열매는 골돌이며, 털이 거의 없다.

전국
관목

식별포인트 우리나라의 조팝나무속 식물들에 비해서 잎은 얇은 느낌이 나고 연둣빛이며, 둥근 모양으로 끝이 3~5갈래로 얕게 갈라지고, 갈래의 가장자리는 둥근 톱니 모양이므로 구분된다.

장소

날짜

특이사항

Spiraea cantoniensis Lour.
장미과

공조팝나무

중국 원산으로 전국에서 심어 기르는 낙엽 떨기나무다. 줄기는 높이 1~2m이며, 가지 끝이 아래로 조금 드리운다. 잎은 어긋나며, 피침형 또는 긴 타원형, 길이 2~5cm, 폭 0.6~2.0cm, 가장자리는 중앙 이상에 둔한 톱니가 있다. 잎 양면에 털이 없고, 뒷면은 흰빛이 돈다. 잎자루는 길이 0.2~1.0cm다. 꽃은 4~5월에 가지 끝의 공처럼 생긴 산형 또는 산방꽃차례에 피며, 흰색, 지름 0.7~1.0cm다. 작은꽃자루는 길이 1.0~1.5cm다. 꽃잎은 5장이며, 원형이다. 열매는 골돌이며, 5개, 털이 없다.

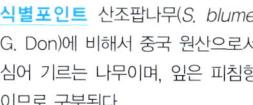

식별포인트 산조팝나무(*S. blumei* G. Don)에 비해서 중국 원산으로서 심어 기르는 나무이며, 잎은 피침형이므로 구분된다.

중국 관목

장소

특이사항

날짜

154 인가목조팝나무

Spiraea chamaedryfolia L.
장미과

경북 이북
관목

경상북도 이북에 드물게 자라는 낙엽 떨기나무다. 줄기는 가지가 많이 갈라지며, 높이 1~2m다. 어린 가지는 뚜렷한 능선이 있다. 잎은 어긋나며, 난형 또는 좁은 난형, 길이 3~6cm, 폭 1.3~3.5cm, 가장자리의 중앙 이상에 겹톱니가 있다. 잎자루는 길이 3~8mm다. 꽃은 5~6월에 새가지 끝의 산방꽃차례에 달리며, 흰색, 지름 1cm쯤이다. 꽃자루는 길이 1.0~1.5cm다. 꽃잎은 5장이며, 원형 또는 넓은 타원형, 길이 2~4mm다. 수술은 20~40개이며, 꽃잎보다 길다. 열매는 골돌이다.

식별포인트 북부 지방에 분포하는 긴잎조팝나무(*S. media* F. Schmidt)에 비해서 잎은 난형에 가까우며, 잎 가장자리는 중앙 이상에 잔 톱니가 아니라 겹톱니가 있고, 잎 끝은 뾰족하므로 구분된다.

Spiraea chinensis Maxim.
장미과

당조팝나무

강원도, 경상북도, 충청북도 및 북부 지방의 숲 속에 자라는 낙엽 떨기나무다. 줄기는 높이 1.5~3.0m다. 어린 가지는 노란빛이 도는 갈색이다. 잎은 어긋나며, 마름모꼴 난형 또는 넓은 난형, 길이 3~5cm, 폭 2~3cm, 가장자리의 중앙 이상에 톱니가 있다. 잎 양면에 주름이 지며, 뒷면에 털이 많다. 꽃은 4~5월에 줄기 끝의 산형꽃차례에 15~25개가 달리며, 흰색, 지름 1cm쯤이다. 꽃잎은 5장이며, 난형이다. 열매는 골돌이며, 겉에 털이 난다. 잎 뒷면에 갈색 털이 많으므로 '털조팝나무'라고도 한다.

중부 이북
관목

식별포인트 우리나라의 조팝나무속 식물들에 비해서 잎은 두껍고, 주름이 많이 지므로 구분된다.

장소	날짜
특이사항	

156 참조팝나무

Spiraea fritschiana C.K. Schneid.
장미과

중부 이북
관목

중부 지방 이북의 산 속 바위지대에 주로 자라는 낙엽 떨기나무다. 줄기는 높이 1~2cm, 연한 갈색 또는 붉은 갈색을 띤다. 잎은 어긋나며, 난형 또는 난상 타원형, 길이 4~8cm, 폭 2.5~5.0cm, 가장자리에 고르지 않은 거친 톱니가 있다. 잎자루는 길이 3~8mm다. 잎 앞면은 녹색이며, 뒷면은 연한 녹색, 양면에 털이 없다. 꽃은 5~6월에 가지 끝의 겹산방꽃차례에 피며, 붉은 빛이 도는 흰색, 지름 5~8mm다. 꽃받침통은 종 모양이며, 안쪽에 털이 있다. 꽃잎은 난형이다. 수술은 많으며, 꽃잎보다 길다. 열매는 골돌이며, 털이 거의 없다.

식별포인트 강원도 이북에 분포하는 덤불조팝나무(*S. miyabei* Koidz.)에 비해서 잎 뒷면과 열매에 털이 없으므로 구분된다.

장소

날짜

특이사항

Spiraea prunifolia Siebold et Zucc. for. *simpliciflora* Nakai
장미과

조팝나무

전국
관목

제주도와 북부 고산지대를 제외한 전국의 양지바른 곳에 흔하게 자라는 낙엽 떨기나무다. 줄기는 모여나며, 높이 1.5~2.0m다. 잎은 어긋나며, 타원형 또는 난형, 길이 2.0~4.5cm, 폭 0.8~2.2cm, 끝이 뾰족하다. 꽃은 4~5월에 줄기의 짧은가지에 4~5개가 산형처럼 달리며, 흰색, 지름 0.8~1.0cm다. 꽃잎은 5장이며, 길이 4~5mm, 수술보다 길다. 수술은 20개, 씨방은 4~5실이다. 열매는 골돌이며, 털이 없다. 꽃이 핀 모습이 튀긴 좁쌀을 붙인 것처럼 보이므로 '조팝나무'라고 부른다.

식별포인트 우리나라의 조팝나무속 식물들에 비해서 꽃은 짧은가지에서 4~5개씩 피므로 구분된다.

장소	날짜
특이사항	

158 갈기조팝나무

Spiraea trichocarpa Nakai
장미과

중부 이북
관목

충청북도와 강원도의 석회암 지대 및 북부 지방에 자라는 낙엽 떨기나무다. 줄기는 모여나며, 활처럼 휘어지고, 높이 1~2m다. 잎은 어긋나며, 타원형, 긴 타원형 또는 도란형, 길이 1.5~3.5cm, 폭 0.8~1.5cm다. 잎 가장자리는 밋밋하지만, 꽃이 피지 않는 가지의 잎은 중앙 이상에 톱니가 있기도 하며, 크기도 더욱 크다. 꽃은 5~7월에 햇가지 끝의 지름 5cm쯤되는 겹산방꽃차례에 달리며, 흰색, 지름 7~9mm다. 작은꽃자루와 꽃받침통에 털이 난다. 꽃받침잎은 삼각형이며, 곧추선다. 꽃잎은 둥글며, 끝이 오목하다. 열매는 골돌이며, 겉에 갈색 털이 많다.

식별포인트 우리나라의 조팝나무속 식물들에 비해서 석회암 지대에 주로 분포하며, 줄기가 활처럼 휘어지고, 잎 가장자리가 밋밋하거나 중앙 이상에만 톱니가 조금 있으므로 구분된다.

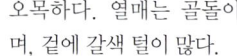

장소	날짜
특이사항	

Stephanandra incisa (Thunb.) Zabel
장미과

국수나무

전국의 숲 속에 흔하게 자라는 낙엽 떨기나무다. 줄기는 높이 1~2m이며, 가지 끝이 옆으로 처진다. 잎은 어긋나며, 삼각상 넓은 난형, 길이 2~5cm, 폭 1.5~2.5cm, 가장자리에 톱니가 있다. 잎자루는 길이 0.3~1.0cm. 꽃은 5~6월에 햇가지 끝의 원추꽃차례에 달리며, 노란빛이 도는 흰색, 지름 4~5mm다. 꽃잎은 5장이다. 수술은 10개, 꽃잎보다 짧다. 열매는 골돌이며, 원형 또는 도란형이다. 줄기의 골속이 국수처럼 생겼다 하여 '국수나무'라고 부른다.

전국 관목

식별포인트 나도국수나무(*Neillia uekii* Nakai)에 비해서 꽃은 원추꽃차례에 피며, 열매에는 보통 1~2개의 씨가 들어 있으므로 구분된다.

장소	날짜
특이사항	

나도양지꽃

Waldsteinia ternata (Stephan) Fritsch
장미과

중부 이북
다년초

강원도, 경기도, 경상북도 및 북부 지방의 높은 산 숲 속에 자라는 여러해살이풀이다. 뿌리줄기는 옆으로 뻗는다. 잎은 2~3장이 모여나며, 3출겹잎이다. 작은잎은 도란형이며, 2~3갈래로 갈라진다. 꽃은 4~5월에 뿌리줄기에서 나온 높이 10~15cm의 꽃줄기에 1~3개씩 피며, 노란색, 지름 1~2cm다. 꽃받침잎은 5장이며, 피침형, 길이 4mm쯤이다. 부꽃받침잎은 5장이다.

꽃잎은 5장이며, 노란색이다. 수술은 많고, 암술대는 5개다. 열매는 수과이며, 타원형, 털이 많다. 만주와 시베리아에도 자라는 북방계 식물이다.

식별포인트 북부 지방에 분포하며, 수술이 5개인 너도양지꽃속(*Sibbaldia*)에 비해서 꽃은 보다 크며, 수술은 많으므로 구분된다.

장소	날짜
특이사항	

Astragalus sinicus L.
콩과

자운영

중국 원산으로 심어 기르던 것이 야생 상태로 퍼져 자라고 있는 두해살이풀이다. 줄기는 높이 10~30cm다. 잎은 어긋나며, 작은잎 7~13장으로 된 깃꼴겹잎이고, 길이 5~15cm다. 작은잎은 도란형 또는 넓은 타원형, 길이 5~15mm, 폭 3~8mm, 끝이 조금 오목하다. 잎 양면에 흰색 털이 있다. 꽃은 4~6월에 잎겨드랑이에서 난 길이 15cm쯤의 꽃줄기 끝에 7~10개가 산형상 총상꽃차례로 달리며, 보라색, 나비 모양, 길이 10~11mm다.

식별포인트 우리나라에서 볼 수 있는 황기속 식물들에 비해서 전체가 작으며, 작은잎은 끝이 오목하고, 꽃은 보라색이므로 구분된다.

중국
이년초

장소	날짜
특이사항	

실거리나무

Caesalpinia decapetala (Roth) Alston var. *japonica* (Siebold et Zucc.) Ohashi

콩과

제주도 및 전라남도 섬의 양지바른 숲 가장자리에 자라는 낙엽 떨기나무다. 전체에 꼬부라진 날카로운 가시가 많이 난다. 줄기는 조금 덩굴지며, 길이 1~2m다. 잎은 어긋나며, 깃꼴잎 6~16장에 각각 작은잎 10~20장이 붙은 2회 깃꼴겹잎이다. 작은잎은 긴 타원형, 길이 1~2cm, 가장자리가 밋밋하다. 꽃은 5~6월에 길이 20~30cm의 총상꽃차례에 달리며, 노란색, 지름 2.5~3.0cm다. 꽃받침은 5갈래로 갈라진다. 꽃잎은 5장이며, 도란형이다. 수술은 10개다. 열매는 협과이며, 납작하고 긴 타원형, 길이 9~10cm다.

전남 제주도 관목

식별포인트 우리나라에 분포하는 실거리나무속 식물은 한 종이며, 제주도와 남부 지방에서만 자라고, 전체에 날카로운 가시가 있으므로 구분된다.

장소	날짜
특이사항	

Caragana sinica (Buc'hoz) Rehder
콩과

골담초

중국 원산으로 중부 이남에서 심어 기르는 낙엽 떨기나무다. 줄기는 가지가 많이 갈라지며, 높이 1~2m다. 잎은 어긋나며, 작은잎 4장으로 된 깃꼴겹잎이다. 작은잎은 도란형, 길이 1.0~3.5cm, 폭 0.5~1.5cm다. 턱잎은 뾰족한 삼각형이며, 길이 6~10mm, 끝이 가시로 된다. 꽃은 5월에 짧은 가지의 잎겨드랑이에서 1~2개씩 피며, 붉은 빛이 도는 노란색, 나비 모양, 길이 2.5~3.0cm다. 꽃자루는 길이 1cm쯤이며, 중앙에 마디가 있다. 꽃받침은 종 모양, 길이 1.0~1.5cm, 끝이 얕게 5갈래로 갈라진다. 열매는 협과이며, 납작하고, 길이 3~4cm다.

중국
관목

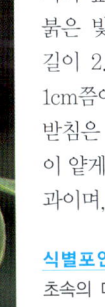

식별포인트 우리나라에서 볼 수 있는 골담초속의 다른 식물들에 비해서 잎은 작은잎 4장으로 이루어지므로 구분된다.

장소	날짜
특이사항	

164 박태기나무

Cercis chinensis Bunge
콩과

중국 원산으로 중부 이남에서 심어 기르는 낙엽 떨기나무다. 줄기는 높이 3~5m다. 잎은 어긋나며, 홑잎이고, 잎자루는 길이 2.5~3.0cm다. 잎몸은 둥글며, 길이와 폭이 각각 5~14cm, 밑이 깊은 심장형이고, 가장자리가 밋밋하다. 꽃은 4~5월에 잎보다 먼저 묵은 가지에 4~10개씩 모여 달리며, 붉은 보라색, 나비 모양, 길이 1~2cm다. 꽃받침은 통 모양이며, 끝이 5갈래로 얕게 갈라진다. 꽃잎은 5장이며, 기판과 익판은 작고, 용골판은 크다. 열매는 협과이며, 납작하고, 길이 5~14cm, 폭 1.5cm쯤이다.

식별포인트 박태기나무속은 우리나라에서 볼 수 있는 콩과 식물 가운데 유일하게 홑잎을 가지며, 봄에 잎보다 먼저 붉은 꽃을 피우므로 구분된다.

중국
관목

장소	날짜
특이사항	

Echinosophora koreensis (Nakai) Nakai
콩과

개느삼

강원도 양구군, 인제군 및 함경남도의 산에 드물게 자라는 한국특산의 낙엽 떨기나무다. 줄기는 곧추 자라며, 위쪽에서 가지를 많이 치고, 높이 1m 쯤이다. 땅속줄기가 매우 발달한다. 잎은 어긋나며, 깃꼴겹잎이다. 작은잎은 13~27장이며, 타원형, 길이 1~2cm, 폭 0.5~1.0cm, 가장자리가 밋밋하다. 꽃은 4~5월에 햇가지 끝의 총상꽃차례에 피며, 노란색, 나비 모양이다. 꽃자루는 길이 2~5mm, 겉에 부드러운 털이 난다. 기판은 뒤로 젖혀진다. 수술은 10개이며, 모두 떨어져 있다. 열매는 협과이며, 길고 둥근 기둥 모양, 마디가 잘록하고, 씨가 2~3개 들어 있다.

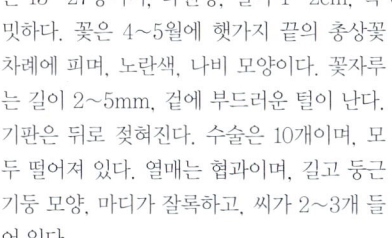

식별포인트 한국특산속인 개느삼속은 개느삼 한 종으로 이루어지며, 분포 지역이 매우 제한되어 있는 떨기나무이고, 꽃은 나비 모양, 노란색이므로 구분된다.

강원도
관목

장소   날짜

특이사항

166 땅비싸리

Indigofera kirilowii Maxim.
콩과

전국
관목

전국의 산기슭과 산 중턱 양지바른 곳에 자라는 낙엽 떨기나무다. 줄기는 모여나며, 풀의 성질을 많이 가졌고, 높이 1m쯤이다. 잎은 어긋나며, 작은잎 7~13장으로 된 깃꼴겹잎이다. 작은잎은 넓은 난형 또는 타원형, 길이 2.5~4.5cm, 폭 1~2cm, 가장자리가 밋밋하다. 꽃은 5~6월에 잎겨드랑이에서 난 길이 10~20cm의 총상꽃차례에 피며, 연한 붉은 색, 나비 모양, 길이 1.0~1.5cm다. 꽃받침은 2갈래로 갈라지며, 가장자리에 털이 난다. 꽃잎 기판은 타원형, 길이 1.2~1.6cm다. 열매는 협과이며, 선형, 길이 3~6cm다.

식별포인트 울릉도와 남부 지방에 자라는 낭아초(*I. pseudotinctoria* Matsum.)는 꽃이 여름에 피며, 꽃은 길이 4~5mm, 열매는 길이 2~3cm로 모두 작고, 꽃받침은 5갈래로 갈라지므로 다르다.

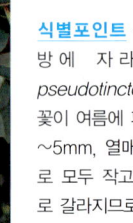

장소 날짜

특이사항

Robinia pseudo-accacia L.
콩과

아까시나무

북미 원산으로 전국에서 심어 기르는 낙엽 큰키나무다. 줄기는 높이 15~20m, 턱잎이 변한 가시가 있다. 잎은 어긋나며, 작은잎 7~19장으로 된 홀수깃꼴겹잎이고, 길이 10~25cm다. 잎자루는 밑 부분이 넓으며, 길이 2~4cm다. 작은잎은 난상 타원형 또는 타원상 피침형, 길이 2.5~5.5cm, 폭 1.0~3.5cm다. 꽃은 5~6월에 잎겨드랑이에서 난 길이 8~20cm의 총상꽃차례에 피며, 흰색, 나비 모양, 향기가 있다. 꽃자루는 5~10mm다. 꽃받침은 넓은 종 모양이며, 길이 7~10mm, 겉에 털이 많다. 꽃잎 기판은 길이 1.4~2.2cm이며, 뒤로 구부러진다. 열매는 협과이며, 납작하고, 길이 5~12cm, 폭 1.5cm쯤, 안에 씨가 3~15개씩 들어 있다.

식별포인트 우리나라에 볼 수 있는 콩과식물들에 비해서 전국의 낮은 산에 흔히 심는 큰키나무이며, 가시가 있고, 꽃에서 향기가 나므로 구분된다.

전국 교목

장소	날짜
특이사항	

168 붉은토끼풀

Trifolium pratense L.
콩과

유럽
다년초

유럽 원산으로 목초로 재배하던 것이 전국에 야생 상태로 퍼진 여러해살이풀이다. 전체에 털이 많다. 줄기는 높이 30~80cm, 가지가 갈라진다. 잎은 어긋나며, 작은잎 3개로 된 겹잎이다. 작은잎은 난형 또는 타원형, 길이 1.5~4.0cm, 폭 0.7~2.5cm, 끝이 오목하고, 가장자리에 잔 톱니가 있다. 잎 앞면은 흔히 흰점이 있고, 양면에 털이 있다. 꽃은 5~8월에 가지 끝의 머리모양꽃차례에 30~70개가 달리며, 연한 붉은 색, 나비 모양, 길이 1.1~1.5cm다. 꽃줄기와 꽃자루는 없으며, 잎겨드랑이에 꽃차례가 바로 붙는다. 열매는 협과이며, 타원형 또는 도란형, 길이 2~4mm, 꽃받침으로 싸여 있다.

식별포인트 토끼풀(*T. repens* L.)과 선토끼풀(*T. hybridum* L.)에 비해서 꽃차례는 줄기 끝이나 위쪽 잎겨드랑이에서 꽃줄기가 없이 바로 달리므로 구분된다.

장소	날짜
특이사항	

Trifolium repens L.
콩과

토끼풀

유럽 원산으로 목초로 도입되었으나 전국에 야생 상태로 퍼져 귀화식물이 된 여러해살이풀이다. 줄기는 길이 30~60cm, 옆으로 기며, 가지가 갈라지고, 마디에서 뿌리가 내린다. 잎은 어긋나며, 작은잎 3장으로 된 겹잎이다. 작은잎은 넓은 난형 또는 난형, 길이 0.8~3.0cm, 폭 0.8~2.0cm, 가장자리에 잔 톱니가 있다. 잎자루는 길이 10cm쯤으로 길다. 꽃은 5~8월에 잎겨드랑이에서 난 길이 20~30cm의 꽃줄기 끝 머리모양꽃차례에 30~80개가 피며, 흰색, 나비 모양, 길이 6~12mm다. 꽃자루는 길이 1cm쯤이다. 열매는 협과이며, 길이 4~5mm, 안에 씨가 3~6개씩 들어 있다.

식별포인트 붉은토끼풀(*T. pratense* L.)에 비해서 꽃은 흰색이며, 꽃차례는 잎겨드랑이에서 난 20~30cm의 꽃줄기 끝에 달리므로 구분된다.

유럽
다년초

장소 날짜

특이사항

170 살갈퀴

Vicia angustifolia L. var. *segetalis* (Thuill.) K. Koch
콩과

전국
일년초

전국의 들판에 자라는 한해 또는 두해살이풀이다. 전체에 털이 없다. 줄기는 가지가 많이 갈라지며, 길이 60~150cm, 아래쪽이 눕는다. 잎은 어긋나며, 작은잎 8~16장으로 이루어진 깃꼴겹잎이고, 끝이 덩굴손으로 된다. 작은잎은 도피침형 또는 넓은 선형, 길이 2~3cm, 폭 4~6mm, 끝이 납작하거나 오목하게 들어간다. 꽃은 3~6월에 잎겨드랑이에서 1~3개씩 피며, 붉은 보라색, 길이 1.2~2.0cm다. 꽃받침은 길이 1cm쯤이며, 끝이 얕게 갈라진다. 화관은 나비 모양이다. 열매는 협과이며, 넓은 선형, 길이 3~5cm, 폭 5~6mm다.

식별포인트 울릉도와 제주도에 자라는 가는살갈퀴(*V. angustifolia* L. var. *minor* (Bertol.) Ohwi)에 비해서 잎은 더욱 크며, 잎 끝은 오목하고, 꽃은 조금 더 크므로 구분된다.

장소   날짜

특이사항

Wisteria floribunda (Will.) DC.
콩과

등

전국에 심어 기르는 낙엽 덩굴나무다. 줄기는 오른쪽으로 감기며, 길이 10m에 이른다. 잎은 어긋나며, 작은잎 11~19장으로 된 홀수깃꼴겹잎이다. 작은잎은 난형 또는 난상 타원형, 길이 3.0~7.0cm, 폭 1.5~2.5cm다. 잎 양면은 털이 많은데, 특히 맥 위에 많다. 꽃은 5월에 곁가지 끝에서 나서 밑으로 드리워지는 길이 20~50cm의 총상꽃차례에 달리며, 보라색, 나비 모양, 길이 1.5~2.0cm, 향기가 있다. 꽃은 여름에 한 번 더 피기도 한다. 꽃자루는 길이 1.5~2.5cm, 부드러운 털이 난다. 꽃받침은 종 모양이며, 길이 5~8mm, 털이 난다. 열매는 협과이며, 길이 13~20cm, 폭 1.5~2.5cm, 겉에 털이 나고, 안에 씨가 3~6개씩 들어 있다.

외래 만경

식별포인트 진도, 거제도 등지에서 드물게 발견되는 애기등(*Millettia japonica* (Siebold et Zucc.) A. Gray)은 전체가 작으며, 꽃차례는 잎겨드랑이에서 나고, 꽃은 노란빛이 도는 흰색이므로 다르다.

장소 날짜
특이사항

172 애기괭이밥

Oxalis acetosella L.
괭이밥과

전국의 고지대 숲 속에 자라는 여러해살이풀이다. 뿌리줄기는 옆으로 뻗는다. 잎은 뿌리에서 3~5장이 나며, 작은잎 3장으로 된 겹잎이다. 작은잎은 잎자루가 없고, 심장형, 길이 4~20mm, 폭 7~30cm다. 꽃은 5~6월에 뿌리에서 난 길이 5~15cm의 꽃줄기 끝에 1개씩 피며, 흰색 또는 드물게 자주색, 지름 1.5~2.5cm다. 꽃받침잎은 5장이며, 좁은 난형이다. 꽃잎은 5장이며, 흰 바탕에 연한 자줏빛이 돈다. 수술은 10개이고, 암술은 1개다. 열매는 삭과이며, 길이 8~10mm다.

전국
다년초

식별포인트 큰괭이밥(*O. obtriangulata* Maxim.)에 비해서 전체가 작으며, 고산지역에서 자라고, 작은잎은 도심장형으로서 끝은 심장 모양이므로 구분된다.

장소

날짜

특이사항

Oxalis corniculata L.
괭이밥과

괭이밥

전국의 밭이나 길가에 자라는 여러해살이풀이다. 줄기는 높이 10~50cm, 가지가 많이 갈라지며, 조금 비스듬히 자란다. 잎은 어긋나며, 작은잎 3장으로 된 겹잎이다. 작은잎은 도심장형, 길이 0.8~1.5cm, 폭 0.7~1.7cm다. 잎 앞면은 털이 거의 없고, 뒷면은 누운 털이 있는데 맥 위에 많다. 잎자루는 길이 1.7~6.0cm, 털이 난다. 턱잎은 잎자루 밑에 붙으며, 타원형 또는 둥근 난형, 길이 2mm, 폭 1mm쯤이다. 꽃은 5~9월에 잎겨드랑이에서 난 산형꽃차례에 1~5개씩 피며, 노란색, 지름 1.0~1.5cm다. 꽃자루는 길이 4~10mm다. 꽃받침잎은 피침형, 겉에 털이 난다. 꽃잎은 도란형이다. 수술은 10개이며, 5개는 짧다. 열매는 삭과이며, 길이 1~2cm다.

전국
다년초

식별포인트 선괭이밥(*O. stricta* L.)은 가지가 거의 갈라지지 않으며, 곧추서고, 턱잎이 없으므로 다르다.

장소   날짜

특이사항

174 큰괭이밥

Oxalis obtriangulata Maxim.
괭이밥과

전국
다년초

전국의 숲 속에 자라는 여러해살이풀이다. 뿌리줄기는 가늘다. 잎은 뿌리에서 나며, 작은잎 3장으로 된 겹잎이다. 작은잎은 삼각형, 길이 2~5cm, 폭 2~6cm, 끝은 가운데가 조금 오목하다. 잎자루는 털이 나며, 길이 8~20cm다. 꽃줄기는 길이 10~20cm이며, 4~5월에 잎이 나기 전에 뿌리에서 나온다. 꽃은 꽃줄기 끝에 1개씩 달리며, 붉은 빛이 도는 흰색, 지름 2.0~3.0cm다. 꽃잎은 5장이며, 자주색 줄이 있다. 수술은 10개, 암술은 1개다. 열매는 삭과이며, 길이 2~3cm다.

식별포인트 애기괭이밥(*O. acetosella* L.)에 비해서 전체가 크며, 작은잎은 넓은 도삼각형으로서 끝 가운데가 조금 들어가고, 칼로 자른 모양이므로 구분된다.

장소		날짜	
특이사항			

Euphorbia ebracteolata Hayata
대극과

민대극 175

강원도 설악산, 전라남도 백암산 등지의 숲 속에 드물게 자라는 여러해살이풀이다. 줄기는 높이 40~50cm다. 뿌리줄기는 굵다. 잎은 어릴 때 붉은 보라색을 띤다. 줄기잎은 어긋나며, 긴 타원형, 길이 9~10cm, 폭 1.5cm쯤이다. 줄기 끝에는 잎이 5장 돌려난다. 꽃은 3~4월에 핀다. 꽃줄기는 줄기 끝에서 4~5개씩 나오며, 그 끝이 다시 2갈래로 갈라져서 배상꽃차례가 2개씩 달린다. 술잔 모양의 포잎 안에 수술 5개와 암술 1개가 있다. 포잎 가장자리는 4갈래로 갈라지고, 갈래 사이에 콩팥 모양 꿀샘덩이가 4개 있다. 씨방은 겉에 털과 사마귀 모양 돌기가 없다. 열매는 삭과이며, 겉에 사마귀 같은 돌기가 없다.

강원 전남
다년초

식별포인트 우리나라의 대극속 식물들에 비해서 이른봄 새순이 돋을 때 전체가 붉은 빛을 띠며, 씨방과 열매는 겉에 사마귀 같은 돌기가 없으므로 구분된다.

장소	날짜
특이사항	

176 흰대극

Euphorbia esula L.
대극과

전국
다년초

전국의 바닷가 모래땅에 자라는 여러해살이풀이다. 뿌리줄기는 똑바로 길게 자란다. 줄기는 모여나며, 높이 20~50cm, 위에서 가지가 갈라진다. 줄기잎은 어긋나며, 피침형, 길이 2~3cm, 폭 0.3~0.7cm, 가장자리가 밋밋하다. 잎자루는 없다. 꽃은 4~5월에 줄기 끝에서 꽃줄기가 5~10개씩 나오고, 다시 2~3번 2갈래로 갈라진 후 그 끝에 배상꽃차례로 피며, 노란색이다. 꽃차례의 포잎은 가장자리가 4갈래로 갈라지고, 갈래 사이에 꿀샘덩이가 4개 있는데 반달 모양이며, 양끝이 조금 길쭉하다. 꽃차례에는 수꽃 여러 개와 암꽃 1개가 있다. 암꽃에는 암술 3개가 있고, 암술대는 끝이 2갈래로 갈라진다.

식별포인트 우리나라의 대극속 식물들에 비해서 주로 바닷가에 분포하며, 꽃이 달리지 않는 줄기 또는 가지에 작은 잎이 빽빽하게 달리므로 구분된다.

장소	날짜
특이사항	

Euphorbia helioscopia L.
대극과

등대풀 177

경기도 이남의 저지대 밭이나 길가에 자라는 한해 또는 두해살이풀이다. 줄기는 곧추서며, 높이 25~35cm, 밑에서 가지가 갈라진다. 줄기를 자르면 흰 유액이 나온다. 잎은 어긋나며, 가지가 갈라지는 줄기 위쪽에서는 5장의 큰 잎이 돌려난다. 잎몸은 도란형 또는 주걱 모양, 가장자리의 중앙 이상에 잔 톱니가 있다. 꽃은 4~5월에 배상꽃차례로 피며, 노란빛이 도는 녹색이다. 암술대는 3개, 끝이 2갈래로 갈라진다. 열매는 삭과이며, 3갈래로 갈라진다.

식별포인트 우리나라의 대극속 식물들에 비해서 들판에 흔하게 자라는 한해 또는 두해살이풀이고, 뿌리는 노끈 모양으로 약하고, 잎 가장자리에 톱니가 있으므로 구분된다.

경기 이남
이년초

장소	날짜
특이사항	

178 암대극

Euphorbia jolkini H. Boissieu
대극과

제주도와 남부 지방의 바닷가 바위지대에 자라는 여러해살이풀이다. 줄기는 곧추서며, 높이 40~80cm, 밑에서 가지가 갈라진다. 잎은 어긋나며, 다닥다닥 붙는다. 잎몸은 끝이 둔하고, 아래쪽이 점차 좁아지며, 길이 4~7cm, 폭 0.8~1.2cm, 가장자리가 밋밋하다. 줄기 위쪽에 돌려난 잎은 다른 잎보다 넓고 짧다. 꽃이 필 때 총포잎이 노란색을 띠고, 열매가 익을 때 잎은 붉게 물든다. 꽃은 4~5월에 배상꽃차례로 피며, 노란빛이 도는 녹색이다. 열매는 삭과이며, 둥글고, 지름 6mm쯤, 겉에 돌기가 많다.

남부 지방
제주도
다년초

식별포인트 우리나라의 대극 속 식물들에 비해서 남부 지방의 바닷가에 드물게 자라며, 전체가 대형이고, 줄기 아래쪽이 목질화되므로 구분된다.

Euphorbia sieboldiana C. Morren et Decne.
대극과

개감수 179

전국의 산 숲 속에 자라는 여러해살이풀이다. 줄기는 곧추서며, 높이 20~40cm다. 잎은 어긋나며, 도피침형 또는 긴 타원형, 길이 3~6cm, 폭 0.7~2.0cm, 가장자리가 밋밋하다. 꽃줄기가 갈라지는 줄기 위쪽에 5장의 잎이 돌려난다. 꽃줄기는 5개쯤이 우산살 모양으로 나온다. 꽃은 4~7월에 배상꽃차례로 피며, 노란색이 도는 녹색이다. 꽃차례에는 수꽃 여러 개와 암꽃 1개가 있다. 꽃차례의 포잎은 끝이 4갈래로 갈라지며, 그 사이에 꿀샘덩이가 4개 있는데 초승달 모양이다. 갈래 사이에는 꿀샘이 있다. 열매는 삭과이며, 3갈래로 갈라진다.

전국
다년초

식별포인트 우리나라의 대극속 식물들에 비해서 꽃차례를 이루는 술잔 모양의 포잎 가장자리에 있는 꿀샘덩이가 초승달 모양이므로 구분된다.

장소	날짜
특이사항	

산쪽풀

Mercurialis leiocarpa Siebold et Zucc.
대극과

남부 지방
제주도
다년초

제주도와 남부 지방의 저지대 숲 속에 자라는 여러해살이풀이다. 뿌리줄기가 옆으로 길게 뻗는다. 줄기는 곧추서며, 높이 30~40cm, 네모가 지고 마디가 있다. 잎은 마주나며, 긴 타원형 또는 긴 난형, 길이 7~12cm, 폭 2~5cm, 가장자리에

톱니가 있다. 잎자루는 1~3cm다. 잎 앞면에 털이 나고, 뒷면은 털이 없다. 꽃은 3~4월에 암수한포기로 피며, 줄기 끝의 잎겨드랑이에서 난 긴 이삭꽃차례에 달린다. 수꽃이삭은 아래쪽에, 암꽃이삭은 위쪽에 달린다. 꽃밥은 둥글다. 열매는 삭과이며, 익으면 2개의 공 모양이 된다.

식별포인트 우리나라에는 산쪽풀속에 한 종이 있으며, 남부 지방에만 자라고, 꽃은 이삭꽃차례에 피므로 구분된다.

장소	날짜
특이사항	

Dictamnus dasycarpus Turcz.
운향과

백선

제주도를 제외한 전국의 산과 들에 자라는 여러해살이풀이다. 줄기는 높이 60~90cm, 밑 부분이 딱딱하다. 잎은 어긋나며, 작은잎 2~4쌍으로 된 깃꼴겹잎이다. 작은잎은 난형 또는 타원형이며, 톱니가 있다. 꽃은 5~6월에 총상꽃차례로 달리며, 연한 붉은 색, 지름 2.5cm쯤이다. 꽃차례와 꽃자루에 기름구멍이 많아 역한 냄새가 난다. 꽃잎은 5장이며, 붉은 보라색 줄이 있다. 수술은 10개이고, 암술은 1개다. 열매는 삭과이며, 5개로 갈라진다.

식별포인트 우리나라의 운향과 식물들 가운데 유일하게 나무가 아닌 풀이므로 구분된다.

전국
다년초

장소

날짜

특이사항

상산

Orixa japonica Thunb.
운향과

경기 섬
남부 지방
관목

경기도 섬 및 남부 지방의 저지대 숲 속에 자라는 낙엽 떨기나무다. 줄기는 높이 2m쯤이다. 잎은 어긋나지만 짧은가지 끝에 모여난 것처럼 보이며, 홑잎이고, 독특한 냄새가 난다. 잎몸은 타원형이며, 길이 5~13cm, 폭 3~7cm다. 잎 앞면은 노란빛이 도는 녹색, 윤기가 난다. 꽃은 4~5월에 암수딴그루로 피며, 지난해 가지의 잎겨드랑이에 달리고, 노란빛이 도는 녹색, 지름 5mm쯤이다. 수꽃은 총상꽃차례에 10여 개가 달리고, 암꽃은 1개씩 달린다. 열매는 삭과이며, 4개로 갈라진다.

식별포인트 우리나라에서 볼 수 있는 운향과 식물들에 비해서 잎은 홑잎이므로 구분된다.

장소	날짜
특이사항	

Poncirus trifolia (L.) Raf.
운향과

탱자나무

중국 원산으로 중부 이남에서 심어 기르는 낙엽 떨기나무다. 줄기는 납작하고 모가 나며, 녹색, 털이 없다. 가시는 줄기에 어긋나며, 길이 1~4cm, 납작하다. 잎은 어긋나며, 두껍고, 가죽질, 작은잎 3장으로 된 겹잎이다. 작은잎은 난형 또는 타원형, 길이 2.0~3.5cm, 폭 1.5~2.0cm, 가장자리는 물결 모양 톱니가 있거나 밋밋하다. 꽃은 3~4월에 잎보다 먼저 묵은 가지의 잎겨드랑이에서 1~2개씩 피며, 흰색, 지름 3~4cm다. 꽃받침잎은 5장이다. 꽃잎은 5장이다. 수술은 8~20개다. 씨방에 털이 난다. 열매는 장과이며, 9~10월에 노랗게 익고, 지름 3~5cm, 향기가 난다.

식별포인트 세계적으로 탱자나무속에 한 종이 있으며, 잎은 작은잎 3장으로 된 겹잎이고, 씨방과 열매에 털이 나므로 구분된다.

중국
관목

장소 날짜

특이사항

멀구슬나무

Melia azedarch L.
멀구슬나무과

제주도와 남부 지방의 저지대에 자라는 낙엽 큰키나무다. 줄기는 높이 10~20m다. 잎은 어긋나며, 2~3번 깃꼴로 갈라지는 겹잎이고, 길이 30~90cm다. 작은 잎은 난형 또는 피침상 난형, 길이 3~7cm, 폭 2~3cm, 가장자리에 물결 모양 톱니가 있다. 꽃은 5월에 잎겨드랑이에서 난 길이 15~20cm의 원추꽃차례에 많이 달리며, 흰빛이 도는 붉은 색이다. 꽃잎은 5장이며, 긴 타원형, 길이 1cm쯤이다. 수술대는 서로 붙어서 통을 이루며, 노란색이다. 열매는 핵과이며, 둥근 타원형, 지름 1.0~1.2cm, 노랗게 익고, 오래 달려 있다.

식별포인트 우리나라에 자라는 멀구슬나무과의 다른 한 속인(참중나무속(*Toona*)은 잎이 한 번만 갈라지는 깃꼴겹잎이며)수술대는 서로 떨어져 있고, 열매는 삭과, 씨에 날개가 있으므로 다르다.

장소   날짜

특이사항

Polygala japonica Houtt.
원지과

애기풀

전국의 산과 들 양지바른 곳에 자라는 여러해살이풀이다. 줄기는 밑에서 모여나며, 곧게 서거나 비스듬히 서고, 높이 10~20cm다. 잎은 어긋나며, 타원형 또는 난형, 길이 1~3cm, 폭 0.2~1.0cm, 가장자리가 밋밋하다. 꽃은 4~5월에 총상꽃차례로 달리며, 자주색이다. 꽃받침잎은 5장, 꽃잎처럼 보이며, 양쪽 2장이 보다 크다. 꽃잎은 3장이며, 밑에서 서로 붙는다. 수술은 8개이고, 암술대는 2갈래로 갈라진다. 열매는 삭과이며, 둥글고 납작하다.

식별포인트 애기풀과 함께 남한에서 볼 수 있는 원지속 식물인 병아리풀(*P. tatarinowii* Regel)은 한해살이풀로서 잎은 둥글고 크며, 꽃은 여름 또는 가을에 피므로 다르다.

전국
다년초

장소

날짜

특이사항

186 개옻나무

Rhus trichocarpa Miq.
옻나무과

전국
소교목

전국의 산 숲 속에 흔하게 자라는 낙엽 떨기나무 또는 작은키나무다. 줄기는 높이 4~10m다. 잎은 어긋나며, 작은잎 13~17장으로 된 홀수깃꼴겹잎이고, 길이 25~45cm다. 작은잎은 타원형, 길이 5~10cm, 폭 3~5cm, 가장자리가 밋밋하다. 꽃은 5~6월에 암수딴그루로 피며, 잎겨드랑이에서 난 길이 15~30cm의 원추꽃차례에 달리고, 노란빛이 도는 녹색이다. 꽃차례에는 털이 많다. 열매는 핵과이며, 둥글고, 지름 5~6mm, 겉에 가시 같은 털이 많다.

식별포인트 우리나라의 옻나무속 식물들에 비해서 전국에 흔하게 자생하며, 작은 가지와 잎줄기는 붉은 갈색을 띠고, 열매는 겉에 가시 같은 털이 많이 나므로 구분된다.

Acer ginnala Maxim.
단풍나무과

신나무

전국의 계곡 주변 또는 산기슭에 자라는 낙엽 떨기나무 또는 작은키나무다. 줄기는 높이 2~10m다. 잎은 마주나며, 홑잎, 둥근 난형, 길이 5~9cm, 폭 3~6cm, 3갈래로 얕게 또는 깊게 갈라진다. 잎 양면에 털이 없다. 잎자루는 길이 3~5cm다. 꽃은 5~6월에 가지 끝의 원추꽃차례에 피며, 양성꽃 또는 잡성꽃이다. 꽃받침잎과 꽃잎은 각각 5장이다. 꽃잎은 노란색을 띤다. 수술은 8개다. 열매는 시과이며, 길이 2cm쯤이고, 거의 평행하거나 합쳐진다.

식별포인트 우리나라의 단풍나무속 식물들에 비해서 잎은 타원형으로서 길쭉하며, 중앙 아래쪽에서 크게 3갈래로 갈라지므로 구분된다.

전국
관목

고로쇠나무

Acer mono Maxim.
단풍나무과

전국
교목

전국의 산 숲 속에 자라는 낙엽 큰키나무다. 줄기는 높이 10~30m다. 잎은 마주나며, 홑잎, 손바닥 모양인데 보통 5갈래로 갈라지고, 길이 5~7cm, 폭 7~10cm, 가장자리가 밋밋하다. 잎 앞면은 진한 녹색으로 매끈하며, 뒷면은 연한 녹색으로 맥의 아래쪽에 털이 난다. 꽃은 5~6월에 새 가지 끝의 산방꽃차례에 피며, 노란빛이 돈다. 꽃받침잎은 5장이다. 꽃잎은 5장이며, 도피침형이다. 열매는 시과이며, 길이 2~3cm, 예각으로 벌어진다.

식별포인트 단풍나무(*A. palmatum* Thunb.)나 당단풍나무(*A. pseudosieboldianum* (Pax) Kom.)에 비해서 잎 가장자리는 톱니가 없이 밋밋하므로 구분된다.

장소   날짜

특이사항

Acer pseudosieboldianum (Pax) Kom.
단풍나무과

당단풍나무

전국의 산 숲 속에 자라는 낙엽 큰키나무다. 줄기는 높이 10~20m다. 잎은 마주나며, 홑잎, 손바닥 모양으로 9~11갈래로 가운데까지 갈라지고, 길이와 폭은 10cm쯤, 밑이 심장 모양이다. 잎 뒷면은 흰색 털이 많다. 꽃은 5~6월에 가지 끝의 산방꽃차례에 10~15개가 달리며, 붉은빛이 돈다. 꽃받침잎은 5장이며, 보라색이다. 꽃잎은 5장이며, 난형이고, 길이가 꽃받침잎의 절반 정도다. 수술대는 보라색, 꽃밥은 노란색이다. 열매는 시과이며, 길이 2~3cm, 직각으로 벌어진다.

식별포인트 남부 지방에 분포하는 단풍나무(*A. palmatum* Thunb.)는 잎은 길이와 폭이 4~6cm로 작으며, 5~7갈래로 갈라지고, 갈래는 중앙 또는 중앙 아래까지 갈라지므로 다르다.

전국
교목

장소	날짜
특이사항	

190 산겨릅나무

Acer tegmentosum Maxim.
단풍나무과

전국
소교목

강원도, 경상북도, 지리산 및 북부 지방의 숲 속에 자라는 낙엽 작은키나무다. 줄기는 높이 5~15m, 녹색이고, 흰색 줄이 있다. 줄기껍질은 질기다. 잎은 마주나며, 넓은 난형, 길이와 폭이 각각 8~15cm, 가장자리가 3~5갈래로 얕게 갈라진다. 잎 양면에 털이 없다. 잎자루는 길이 3~8cm다. 꽃은 4~5월에 가지 끝에서 나서 밑으로 처지는 길이 8cm쯤의 총상꽃차례에 피며, 노란색이다. 열매는 시과이며, 길이 3cm쯤이다. 만주, 우수리 등지에도 분포하는 북방계 식물이다.

식별포인트 우리나라의 단풍나무속 식물들에 비해서 잎은 길이와 폭이 각각 8~15cm로서 넓고 크며, 5각형, 3갈래로 얕게 갈라지고, 어린 가지는 녹색이므로 구분된다.

장소	날짜
특이사항	

Acer tschonoskii Maxim. var. *rubripes* Kom.
단풍나무과

시닥나무

제주도를 제외한 전국의 높은 산 숲 속에 자라는 낙엽 작은키나무다. 줄기는 높이 5~8m, 밑에서 많이 갈라지고, 어린 가지는 붉은 빛을 띤다. 잎은 마주나며, 긴 난형, 3~5갈래로 갈라지고, 길이와 폭이 각각 5~10cm쯤이다. 잎자루는 길이 2~5cm, 붉은빛이 돈다. 꽃은 5~7월에 가지 끝의 길이 6~8cm 총상꽃차례에 5~10개가 달리며, 노란색이다. 꽃받침잎과 꽃잎은 각각 5장이다. 열매는 시과이며, 길이 2~3cm, 직각으로 벌어진다. 만주에도 분포한다.

식별포인트 긴 총상꽃차례를 갖는 부게꽃나무(*A. ukurunduense* Trautv. et C.A. Mey.)에 비해서 총상꽃차례는 길이 6~8cm로서 짧으므로 구분된다.

전국
소교목

장소	날짜
특이사항	

192 부게꽃나무

Acer ukurunduense Trautv. et C.A. Mey.
단풍나무과

전국
소교목

강원도, 경기도, 소백산, 지리산 및 북부 지방의 높은 산 숲 속에 자라는 낙엽 작은키나무다. 줄기는 높이 5~15m, 어린 가지는 노란 색 또는 붉은 색이다. 잎은 마주나며, 손바닥 모양으로 5~7갈래로 갈라지고, 길이와 폭이 각각 6~15cm, 밑이 심장 모양이다. 잎 뒷면은 맥 위에 털이 많다. 잎자루는 길이 3~12cm이며, 붉은빛이 돈다. 꽃은 5~7월에 가지 끝에서 난 길이 10~15cm의 총상꽃차례에 20여 개가 달리며, 노란색이다. 꽃잎은 수술보다 짧다. 열매는 시과이며, 길이 1.5cm쯤이고, 예각으로 벌어진다. 지리산 천왕봉까지 내려와 자라는 북방계 식물이다.

식별포인트 우리나라의 단풍나무속 식물들 가운데 가장 긴 총상꽃차례를 가지고 있으므로 구분된다.

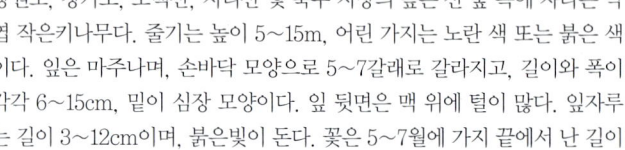

장소	날짜
특이사항	

Aesculus turbinata Blume
칠엽수과

칠엽수

일본 원산으로 중부 이남에서 심어 기르는 낙엽 큰키나무다. 줄기는 높이 30m에 이른다. 잎은 어긋나며, 작은잎 5~7장으로 된 손바닥 모양 겹잎이다. 작은잎은 긴 도란형, 가운데 가장 큰 것은 길이 15~40cm, 폭 4~15cm, 가장자리에 겹톱니가 있다. 잎 뒷면은 붉은 갈색의 부드러운 털이 있다. 꽃은 5~6월에 가지 끝의 원추꽃차례에 달리며, 붉은빛을 띠는 흰색이다. 꽃차례는 길이 15~25cm다. 꽃받침은 불규칙하게 5갈래로 갈라지며, 꽃잎은 4장이다. 수술은 7개나. 열매는 삭과이며, 3개로 갈라진다. 우리나라에서는 '마로니에'라고 잘못 부르고 있다.

식별포인트 우리나라에서 볼 수 있는 칠엽수과의 유일한 종이며, 공원 등에 심어 기르는 큰키나무이고, 잎은 작은잎 5~7장으로 된 손바닥처럼 생긴 겹잎이므로 구분된다.

호랑가시나무

Ilex cornuta Lindl. et Paxton
감탕나무과

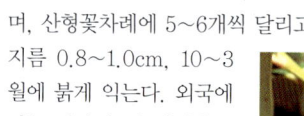

남부 지방
제주도
관목

전라남도, 전라북도, 제주도의 숲 속 양지바른 곳에 자라는 상록 떨기나무다. 줄기는 가지가 많이 갈라지며, 껍질은 회색이 도는 흰색, 높이 2~3m다. 잎은 어긋나며, 타원상 육각형, 길이 4~8cm, 폭 2~3cm, 모서리가 가시로 된다. 잎자루는 길이 5~8mm다. 꽃은 4~5월에 암수딴그루로 피며, 산형꽃차례에 5~6개씩 달리고, 흰색이다. 열매는 핵과이며, 둥글고, 지름 0.8~1.0cm, 10~3월에 붉게 익는다. 외국에서는 성탄절 때 장식용으로 쓴다.

식별포인트 우리나라의 감탕나무속 식물들에 비해서 잎의 모서리에 날카로운 가시가 있으므로 구분된다.

장소	날짜
특이사항	

Euonymus alatus (Thunb.) Siebold
노박덩굴과

화살나무

전국의 산기슭에 자라는 낙엽 떨기나무다. 줄기는 높이 1~3m, 겉에 2~4줄로 코르크질 날개가 난다. 잎은 마주나며, 난형 또는 넓은 피침형, 길이 2~7cm, 폭 1~4cm, 가을에 붉게 물든다. 잎 양면은 털이 없다. 잎자루는 길이 1~3mm다. 꽃은 5~6월에 잎겨드랑이에서 난 길이 2~4cm의 취산꽃차례에 2~5개씩 피며, 연한 녹색, 지름 6~7mm다. 꽃받침은 4갈래로 갈라지고, 갈래는 반달 모양이다. 꽃잎은 4장이다. 수술은 4개, 수술대는 짧다. 열매는 삭과이며, 완전히 익으면 벌어져서 종의(種衣)에 싸인 씨앗이 나온다. '홑잎나무'라고도 부르며, 새순을 나물로 먹는다.

식별포인트 우리나라의 화살나무속 식물들에 비해서 오래된 줄기에 코르크질 날개가 발달하므로 구분된다.

전국
관목

장소	날짜
특이사항	

196 고추나무

Staphylea bumalda (Thunb.) DC.
고추나무과

전국
관목

전국의 산 숲 속에 자라는 낙엽 떨기나무다. 줄기는 높이 3~5m다. 잎은 마주나며, 작은잎 3장으로 된 겹잎이다. 작은잎은 타원형 또는 난상 타원형, 길이 4~8cm, 폭 2~5cm, 가장자리에는 뾰족한 잔 톱니가 있다. 꽃은 5~6월에 길이 5~8cm의 원추꽃차례에 달리며, 흰색이다. 꽃잎은 도란상 긴 타원형이다. 암술은 1개, 암술머리는 끝이 2갈래로 갈라진다. 열매는 삭과이며, 부푼 반원형, 위쪽이 2조각으로 갈라진다. 잎이 고추 잎을 닮아서 우리말 이름이 붙여졌다.

식별포인트 우리나라에 분포하는 고추나무속 식물은 한 종뿐이며, 잎은 작은잎 3장으로 이루어진 겹잎으로서 가지과 고추의 잎을 닮았으므로 구분된다.

장소	날짜
특이사항	

Buxus microphylla Siebold et Zucc. var. *koreana* Nakai ex Rehder
회양목과

회양목

전국의 석회암 지대에 자라는 상록 떨기나무다. 줄기는 높이 1~7m다. 잎은 마주나며, 가죽질, 타원형, 길이 1.5~2.0cm, 폭 0.7~1.0cm, 끝이 오목하다. 잎 가장자리는 밋밋하며, 뒤로 조금 말린다. 잎 양면은 털이 난다. 꽃은 3~4월에 암수한그루로 피며, 가지 끝에 몇 개가 모여 달리는데 가운데에 암꽃이 1개 있고, 둘레에 수꽃이 몇 개 붙는다. 꽃받침조각은 4장, 꽃잎은 없다. 수꽃에는 수술이 1~4개 있다. 열매는 삭과이며, 난형, 길이 1.0cm쯤이다. 정원수로 인기가 높으며, 목재는 도장을 새기는 데 쓴다.

식별포인트 일본 원산으로서 중부 이남에서 심는 기본종인 좀회양목(*B. microphylla* Siebold et Zucc.)은 잎에 털이 없고, 가장자리가 뒤로 말리지 않으므로 다르다.

장소		날짜	
특이사항			

198 당아욱

Malva sylvestris L. var. *mauritiana* Mill.
아욱과

유럽
이년초

유럽, 아시아 원산으로 심어 기르는 한해 또는 두해살이풀이다. 줄기는 곧추서며, 높이 60~100cm, 가지가 갈라진다. 잎은 어긋나며, 둥근 모양, 5갈래로 얕게 갈라진다. 잎자루는 길이 7~10cm다. 꽃은 5~9월에 5~15개씩 잎겨드랑이에 모여 피며, 붉은 보라색, 지름 2~5cm다. 꽃자루는 길이 1~2cm다. 꽃받침은 종 모양, 끝이 5갈래로 갈라지고, 겉에 털이 난다. 꽃잎은 5장이며, 끝이 오목하다. 수술은 서로 붙어 단체웅예를 이룬다. 열매는 삭과다. 울릉도와 남부 지방 바닷가에 야생 상태로 퍼져 있다.

식별포인트 어린순을 국거리로 먹는 아욱 (*M. verticillata* L.)은 꽃이 지름 1~2cm로서 작고, 연한 분홍색이며, 꽃자루가 없거나 매우 짧으므로 다르다.

장소	날짜
특이사항	

Daphne genkwa Siebold et Zucc.
팥꽃나무과

팥꽃나무

서해안과 남부 지방의 바닷가 산기슭에 자라는 낙엽 떨기나무다. 줄기는 높이 0.5~1.0m다. 잎은 마주나지만 어긋나기도 하며, 피침형, 길이 2~6cm, 폭 1~2cm, 가장자리가 밋밋하다. 꽃은 3~5월에 잎보다 먼저 피고, 지난해 가지 끝에 3~7개씩 우산살 모양으로 달리며, 연한 붉은 색이다. 꽃받침은 꽃잎처럼 보이며 통 모양, 길이 0.8~1.0cm, 끝이 4갈래로 갈라진다. 열매는 장과이며, 둥글고, 7월에 반투명한 흰색으로 익는다. 진도, 해남 등지에 드물게 자라며, 꽃이 아름다운 원예자원이다.

서해안 남부 지방 관목

식별포인트 남부 지방에서 볼 수 있는 백서향(*D. kiusiana* Miq.)이나 서향(*D. odora* Thunb.)에 비해서 잎은 상록이 아니므로 구분되며, 고산에 자라는 두메닥나무(*D. koreana* Nakai)는 잎이 난 후에 꽃이 피고, 열매가 붉게 익으므로 다르다.

장소	날짜

특이사항

백서향

Daphne kiusiana Miq.
팥꽃나무과

제주도와 남해안 섬의 산기슭에 드물게 자라는 상록 떨기나무다. 줄기는 높이 1m쯤이다. 잎은 어긋나며, 피침형, 길이 2.5~8.0cm, 폭 1.2~3.5cm, 가장자리가 밋밋하다. 잎자루는 짧다. 꽃은 2~4월에 암수딴그루로 피며, 지난해 가지 끝에 모여 달리고, 흰색, 향기가 있다. 꽃자루에 흰색 잔털이 난다. 꽃받침은 꽃잎처럼 보이며, 통 모양, 길이 7~8mm, 끝이 4갈래로 갈라진다. 열매는 장과이며, 난상 원형, 5~6월에 붉게 익는다. 거제도, 도초도, 제주도, 흑산도 등지에 분포한다.

남해안 섬
제주도
관목

식별포인트 중국 원산으로 남부 지방에서 심어 기르는 서향(*D. odora* Thunb.)은 꽃이 붉은 보라색이며, 꽃받침통은 길이 10mm쯤으로서 보다 크고, 겉에 털이 없으므로 다르다.

장소	날짜
특이사항	

Daphne odora Thunb.
팥꽃나무과

서향 201

중국 원산으로 남부 지방에서 심어 기르는 상록 떨기나무다. 줄기는 높이 1m쯤이다. 잎은 어긋나며, 도피침형, 길이 5~10cm, 폭 1.5~3.5cm, 두껍고, 윤이 난다. 잎자루는 짧다. 꽃은 3~4월에 가지 끝에서 머리모양꽃차례를 이루어 피며, 붉은 보라색, 향기가 있다. 꽃받침은 꽃잎처럼 보이며, 통 모양, 길이 10mm쯤, 끝이 4갈래로 갈라지고, 안쪽은 흰색, 겉은 붉은 보라색이다. 수술은 8개다. 열매는 장과이며, 붉게 익는다.

식별포인트 남부 지방 섬에 분포하는 백서향(*D. kiusiana* Miq.)은 꽃이 흰색이며, 꽃받침통은 길이 7~8mm로서 보다 작으므로 다르다.

중국 관목

장소	날짜
특이사항	

삼지닥나무

Edgeworthia chrysantha Lindl.
팥꽃나무과

중국
관목

중국 원산으로 남부 지방에서 심어 기르는 낙엽 떨기나무다. 줄기는 높이 1~3m, 가지가 갈라진다. 잎은 어긋나며, 피침형, 길이 8~15cm, 폭 2~4cm, 얇다. 잎 양면은 털이 많은데, 뒷면에 더욱 많다. 잎자루는 길이 5~8mm이며, 털이 난다. 꽃은 3~4월에 잎보다 먼저 묵은 가지에서 난 머리모양꽃차례에 피며, 밑을 향하고, 노란색이다. 꽃받침은 끝이 4갈래로 갈라지며, 꽃잎처럼 보이고, 길이 1.2~1.5cm, 안쪽이 연한 노란색, 흰색의 연한 털이 많다. 수술은 8개이며, 그 중 4개가 길다. 열매는 수과이며, 난형이다.

식별포인트 팥꽃나무속(*Daphne*) 식물들에 비해서 암술대는 둥근 기둥 모양이며, 암술머리는 긴 선형으로서 잔돌기가 있으므로 구분된다.

장소 날짜

특이사항

Elaeagnus umbellata Thunb.
보리수나무과

보리수나무

황해도 이남의 산과 들에 자라는 낙엽 떨기나무다. 줄기는 높이 3~5m이며, 가지가 많이 갈라진다. 잎은 도피침형 또는 넓은 도란형, 길이 3~8cm, 폭 1.2~2.5cm다. 잎 앞면은 은빛에서 녹색으로 변하고, 뒷면은 은빛이 나는 흰색이다. 잎자루는 길이 4~10mm다. 꽃은 5월에 암수딴그루로 피며, 잎겨드랑이에서 1~5개씩 달리고, 은빛이 난다. 꽃받침은 끝이 4갈래로 갈라지며, 꽃잎처럼 보이고, 길이 5~7mm, 안쪽은 노란빛에서 갈색으로 변한다. 수술은 4개다. 암술은 1개다. 열매는 장과이며, 둥글거나 타원형이고, 길이 6~8mm, 먹을 수 있다.

황해 이남
관목

식별포인트 우리나라의 보리수나무속 식물들에 비해서 꽃은 가을이 아니라 봄에 피며, 잎은 겨울에 떨어지고, 열매는 길쭉하지 않고 둥근 모양으로서 봄이 아니라 여름 또는 가을에 익으므로 구분된다.

장소	날짜
특이사항	

졸방제비꽃

Viola acuminata Ledeb.
제비꽃과

전국
다년초

전국의 산과 들에 흔하게 자라는 여러해살이풀이다. 줄기는 곧추서며, 여러 대가 밑에서 올라오고, 높이 20~40cm다. 잎은 어긋나며, 심장상 난형 또는 난형, 길이 2.5~5.0cm, 폭 2.0~4.0cm, 가장자리에 뭉툭한 톱니가 있다. 턱잎은 긴 타원형, 깃꼴로 갈라진다. 꽃은 4~6월에 길이 5~10cm의 꽃자루에 달리고, 옅은 자줏빛이 도는 흰색이다. 입술꽃잎은 자주색 줄이 있다. 곁꽃잎은 안쪽에 털이 난다. 거(距)는 둥근 주머니 모양, 길이 3~4mm다. 수술은 5개, 암술은 1개다. 열매는 삭과이며, 세모가 진다.

식별포인트 큰졸방제비꽃(*V. kusanoana* Makino)은 울릉도와 북부 지방에 자라며, 줄기는 밑 부분이 조금 눕고, 잎은 둥근 심장 모양으로서 길이와 폭이 비슷한 길이, 곁꽃잎에 털이 없으므로 다르다.

장소	날짜
특이사항	

Viola albida Palib.
제비꽃과

태백제비꽃

전국의 숲 속에 자라는 여러해살이풀이다. 줄기는 없다. 잎은 뿌리에서 여러 장이 나며, 모양의 변이가 심하다. 잎몸은 긴 심장형 또는 삼각상 난형, 꽃이 핀 다음 더 자라서 길이 4~12cm, 폭 2.5~10.5cm가 된다. 잎자루는 좁은 날개가 있다. 꽃은 4~5월에 피며, 흰색, 큰 편이고, 향기가 있다. 꽃줄기 가운데 부분에 선상의 포 2개가 마주난다. 꽃잎은 5장, 곁꽃잎 안쪽에 털이 있다. 거(距)는 기둥 모양이다. 열매는 삭과다. 만주와 일본에도 분포한다.

식별포인트 흰젖제비꽃(*V. lactiflora* Nakai)에 비해서 잎은 삼각상 난형, 밑은 심장형, 끝은 뾰족하므로 구분되고, 남산제비꽃(*V. dissecta* Ledeb. var. *chaerophylloides* (Regel) Makino)에 비해서는 잎 가장자리가 갈라지지 않으므로 다르다.

전국
다년초

단풍제비꽃

Viola albida Palib. var. *takahashii* (Makino) Nakai
제비꽃과

전국의 산 숲 속에 자라는 여러해살이풀이다. 잎은 뿌리에서 모여나며, 긴 난형, 가장자리가 얕게 또는 깊게 갈라진다. 잎 가장자리가 갈라지는 정도는 변이가 매우 심하다. 잎자루는 길고, 날개가 거의 없다. 꽃은 4~5월에 꽃줄기 끝에서 1개씩 피며, 흰색이다. 꽃잎은 5장이다. 곁꽃잎은 털이 난다. 열매는 삭과다.

전국
다년초

식별포인트 잎은 태백제비꽃(*V. albida* Palib.)과 남산제비꽃(*V. dissecta* Ledeb. var. *chaerophylloides* (Regel) Makino)의 중간 모양이므로 구분된다.

장소	날짜
특이사항	

Viola collina Besser
제비꽃과

둥근털제비꽃

전국의 산 숲 속에 자라는 여러해살이풀이다. 전체에 털이 많다. 뿌리줄기는 굵으며, 옆으로 길게 뻗는다. 기는줄기는 없다. 줄기는 없다. 잎은 뿌리줄기에서 여러 장이 모여나며, 심장형 또는 난상 심장형, 길이 2.0~3.5cm, 폭 2.0~3.0cm, 열매가 익을 때는 더욱 크게 자라고, 가장자리에 작은 톱니가 있다. 잎 양면은 털이 많이 난다. 잎자루는 길이 3~10cm다. 꽃은 3~4월에 길이 4~6cm의 꽃줄기 끝에 피며, 연한 보라색이다. 곁꽃잎에 털이 조금 난다. 열매는 삭과다.

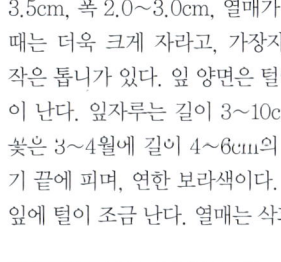

식별포인트 북부 지방에 분포하는 아욱제비꽃(*V. hodonensis* W. Becker et H. Boissieu)에 비해서 뿌리줄기는 길며, 기는줄기는 없으므로 구분된다.

전국
다년초

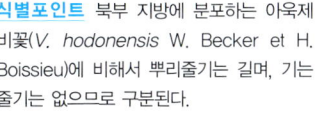

장소	날짜
특이사항	

금강제비꽃

Viola diamantica Nakai
제비꽃과

전국
다년초

제주도를 제외한 전국의 높은 산 숲 속에 자라는 한국특산의 여러해살이풀이다. 뿌리줄기는 옆으로 뻗는다. 줄기는 없다. 잎은 뿌리에서 여러 장이 나며, 둥근 심장형, 길이 7~10cm, 폭 6~11cm다. 잎이 나올 때 양쪽 가장자리가 세로로 말리며, 잎과 자루가 수직을 이루고, 꽃이 진 다음 매우 크게 자란다. 꽃은 4~5월에 피며, 흰색, 큰 편이다. 폐쇄화는 땅 속에 있다. 수술은 5개, 암술은 1개다. 열매는 삭과이며, 겉에 자주색 무늬가 있다.

식별포인트 애기금강제비꽃(*V. yazawana* Makino)에 비해서 잎은 나올 때 고깔 모양이 아니라 양쪽 가장자리가 말리며, 잎자루는 잎몸과 거의 직각을 이루고, 꽃과 잎이 더욱 크므로 구분된다.

장소	날짜
특이사항	

Viola dissecta Ledeb. var. *chaerophylloides* (Regel) Makino
제비꽃과

남산제비꽃

전국의 산과 들 숲 속 또는 숲 가장자리에 흔하게 자라는 여러해살이풀이다. 줄기는 없다. 잎은 뿌리에서 모여난다. 잎몸은 3갈래로 갈라지고, 양쪽 갈래는 다시 2개로 갈라진다. 잎이 갈라지는 정도는 변이가 매우 심하다. 꽃은 4~5월에 잎 사이에서 난 꽃줄기 끝에 1개씩 피며, 흰색, 향기가 난다. 꽃잎은 5장이며, 길이 1.0~1.5cm이다. 곁꽃잎에 털이 난다. 거(距)는 짧은 원통형이며, 길이 4mm쯤이다. 열매는 삭과이며, 세모가 진다.

식별포인트 태백제비꽃(*V. albida* Palib.)과 단풍제비꽃(*V. albida* Palib. var. *takahashii* (Makino) Nakai)에 비해서 잎이 더욱 잘게 갈라지므로 구분된다.

전국
다년초

낚시제비꽃

Viola grypoceras A. Gray
제비꽃과

충남 이남
다년초

충청남도 이남의 양지바른 들판 또는 숲 가장자리에 자라는 여러해살이풀이다. 줄기는 높이 6~20cm, 모여나서 비스듬히 서거나 옆으로 눕는다. 줄기잎은 어긋나며, 심장형, 길이와 폭이 각각 2~3cm, 위로 갈수록 작아진다. 턱잎은 빗살처럼 갈라진다. 꽃은 3~5월에 뿌리줄기 또는 줄기의 잎겨드랑이에서 난 꽃자루에 피며, 자주색이다. 꽃받침잎은 길이 5~7mm다. 열매는 삭과이며, 난형이다. 우리나라의 제비꽃속 식물 가운데 꽃이 아름다운 종으로 손꼽힌다.

식별 포인트 졸방제비꽃(*V. acuminata* Ledeb.)에 비해서 꽃자루는 줄기의 잎겨드랑이뿐만 아니라 뿌리줄기에서 직접 나오기도 하므로 구분된다.

Viola hirtipes S. Moore
제비꽃과

흰털제비꽃

전국의 숲 속에 자라는 여러해살이풀이다. 줄기는 없다. 잎자루와 꽃줄기에 흰색 긴 털이 난다. 잎은 뿌리에서 모여나며, 삼각상 난형, 길이 3~8cm, 폭 2~4cm, 끝은 둔하고 밑은 심장 모양이다. 잎 가장자리에 둔한 물결 모양 톱니가 있다. 잎에는 털이 없지만, 드물게 앞면과 뒷면 맥 위에 털이 나기도 한다. 꽃은 3~5월에 길이 8~12cm의 꽃줄기에 피며, 붉은 자주색이다. 꽃줄기 가운데에 포가 2장 있다. 곁꽃잎 아래쪽에 털이 많다. 열매는 삭과다.

식별포인트 털제비꽃(*V. phalacrocarpa* Maxim.)에 비해서 전체에 짧은 털이 나지 않고, 잎자루와 꽃줄기에만 긴 털이 있으므로 구분된다.

전국
다년초

장소	날짜
특이사항	

왜제비꽃

Viola japonica Langsd.
제비꽃과

중부 이남
다년초

중부 지방 이남의 양지바른 들판에 자라는 여러해살이풀이다. 뿌리줄기는 짧고, 줄기는 없다. 잎은 뿌리줄기에서 여러 장이 모여나며, 난형 또는 넓은 난형, 길이 2~5cm, 폭 1.5~3.5cm, 밑이 심장형이고, 가장자리에 둔한 톱니가 있다. 잎 양면은 털이 있거나 없다. 잎자루는 길이 2~8cm, 털이 없거나 짧은 털이 조금 난다. 꽃은 3~5월에 피며, 연한 붉은색이다. 꽃줄기는 길이 6~12cm다. 곁꽃잎에는 털이 있거나 없다. 열매는 삭과다.

식별포인트 흰털제비꽃(*V. hirtipes* S. Moore)에 비해서 잎자루는 털이 없거나 짧은 털이 조금 난다.

Viola keiskei Miq.
제비꽃과

잔털제비꽃

전국의 숲 속에 자라는 여러해살이풀이다. 뿌리줄기는 굵고, 기는줄기는 없다. 줄기는 없다. 전체에 잔털이 많다. 잎은 뿌리에서 모여나며, 난상 원형, 길이 5~7cm, 폭 1~5cm, 끝은 둥글거나 둔하고, 밑은 깊은 심장 모양이다. 잎자루는 길이 2~8cm다. 꽃은 4~5월에 길이 5~10cm의 꽃줄기에 피며, 흰색이다. 꽃줄기 가운데에 포가 2장 있으며, 털은 나지 않는다. 거(距)는 길이 6~7mm다. 곁꽃잎 아래쪽에 털이 조금 있다. 씨방은 털이 없다. 열매는 삭과다.

전국
다년초

식별포인트 우리나라의 제비꽃속 식물들에 비해서 잎은 난상 원형, 연한 녹색, 질감이 부드러운 느낌이 들므로 구분된다.

큰졸방제비꽃

Viola kusanoana Makino
제비꽃과

울릉도
북부 지방
다년초

울릉도와 북부 지방에 자라는 여러해살이풀이다. 줄기는 밑 부분이 조금 눕고, 높이 10~40cm다. 잎은 어긋나며, 둥근 심장형, 길이와 폭이 각각 5~6cm로 비슷한 길이이고, 가장자리에 톱니가 있다. 턱잎은 가장자리가 깃 모양으로 깊이 갈라진다. 꽃은 4~5월에 줄기잎의 잎겨드랑이에 1개씩 피며, 연한 보라색이다. 꽃잎은 길이 1.5~2.0cm이며, 곁꽃잎에 털이 없다. 거(距)는 둥근 통 모양이며, 길이 6~8mm다. 열매는 삭과다. 일본에도 분포한다.

식별포인트 전국에 흔하게 자라는 졸방제비꽃(*V. acuminata* Ledeb.)은 줄기는 곧추서며, 잎은 심장상 난형 또는 난형으로서 폭보다 길이가 더 길고, 곁꽃잎은 안쪽에 털이 있으므로 다르다.

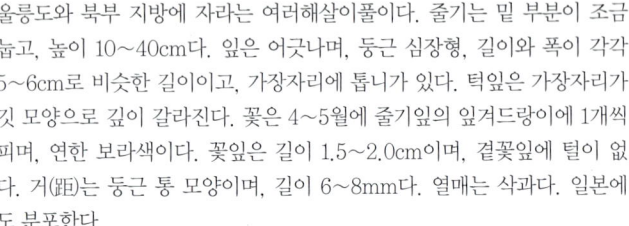

Viola lactiflora Nakai
제비꽃과

흰젖제비꽃

전국의 산과 들에 자라는 여러해살이풀이다. 줄기는 없다. 뿌리는 흰색이다. 잎은 모여나며, 삼각상 긴 타원형, 길이 6~12cm, 폭 2~3cm, 가장자리에 둔한 톱니가 있다. 잎자루는 날개가 없다. 꽃은 4~5월에 잎 사이에서 난 꽃줄기 위에 1개씩 달리고, 흰색이다. 꽃줄기 가운데 또는 조금 아래에 포가 2장 있다. 꽃받침은 5장이며, 끝이 뾰족하다. 꽃잎은 타원형, 곁꽃잎 안쪽에 털이 조금 있다. 거(距)는 길이 3~4mm다. 열매는 삭과이며, 긴 타원형이고, 세모가 진다. 만주에도 자란다.

식별포인트 태백제비꽃(*V. albida* Palib.)에 비해서 잎은 삼각상 긴 타원형, 밑은 둔한 쐐기 모양 또는 칼로 자른 듯하며, 끝은 둔하므로 구분된다.

전국
다년초

제비꽃

Viola mandshurica W. Becker
제비꽃과

전국의 양지바른 풀밭에 흔하게 자라는 여러해살이풀이다. 뿌리는 갈색이다. 줄기는 없다. 잎은 뿌리에서 모여나며, 삼각상 피침형, 길이 3~8cm, 폭 1.0~2.5cm, 가장자리에 톱니가 있다. 잎자루는 길이 3~15cm, 위쪽이 날개처럼 된다. 꽃은 3~5월에 꽃줄기 끝에 1개씩 피며, 짙은 자주색이지만 드물게 흰 바탕에 자주색 줄이 있는 것도 있다. 꽃잎은 5장이며, 곁꽃잎 안쪽에 털이 있다. 거(距)는 둥글고, 길이 5~7mm이다. 열매는 삭과이며, 넓은 타원형이고, 세모가 진다. 도시 잔디밭에서도 흔하게 볼 수 있다. '오랑캐꽃'이라고도 부른다.

전국
다년초

식별포인트 호제비꽃(*V. yedoensis* Makino)에 비해서 잎자루에 날개가 있으며, 곁꽃잎에 털이 있으므로 다르다. 또한, 뿌리는 갈색이다.

Viola orientalis (Maxim.) W. Becker
제비꽃과

노랑제비꽃

전국의 높은 산 숲 속에 자라는 여러해살이풀이다. 줄기는 곧추서며, 높이 10~20cm다. 뿌리잎은 2~3장이며, 심장형, 길이와 폭이 각각 2.5~4.0cm, 가장자리에 톱니가 있다. 잎 뒷면은 갈색을 띠며, 뽀얗게 된다. 줄기잎은 맨 아래 1장을 제외하고는 잎자루가 짧다. 꽃은 4~5월에 잎겨드랑이에 2~3개가 피며, 노란색이다. 꽃잎은 5장이다. 열매는 삭과이며, 난상 타원형이고, 세모가 진다.

식별포인트 설악산 이북에 분포하는 장백제비꽃(*V. biflora* L.)에 비해서 꽃은 초여름이 아니라 봄에 피며, 줄기는 연약하지 않고, 곁꽃잎은 수평으로 벌어지므로 구분된다.

전국
다년초

장소	날짜
특이사항	

218

종지나물

Viola papilionacea Pursh

제비꽃과

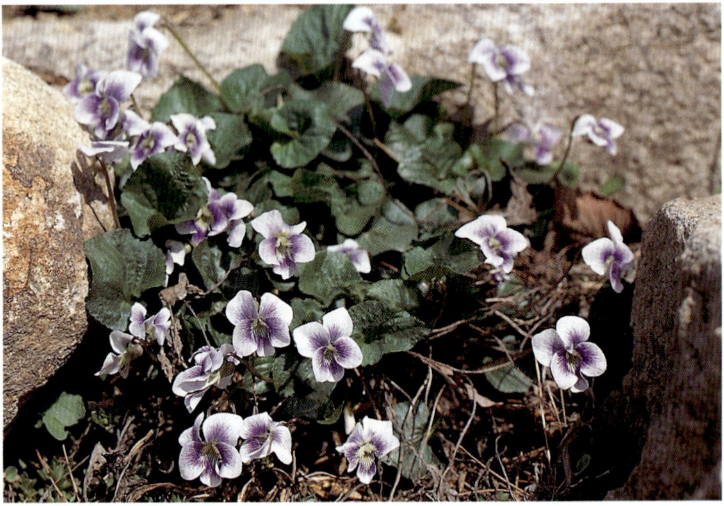

북미 원산으로 전국에 심어 기르는 여러해살이풀이다. 잎은 뿌리줄기에서 모여나며, 심장형, 끝이 조금 뾰족하고, 가장자리에는 톱니가 있다. 꽃은 4~5월에 피며, 가운데 부분은 자주색이 도는 흰색, 지름 3~5cm다. 열매는 삭과이며, 긴 타원형이다. 완전히 펴지기 전에 잎은 말려서 종지 모양이므로 우리말 이름이 붙여졌다. 북미 자생종은 주로 푸른 계열 꽃이지만 드물게 흰꽃 피는 것도 있다. 우리나라에서 볼 수 있는 것은, 북미의 자생종을 개량한 것으로서 원종에 비해서 꽃의 색깔, 크기 등이 다르다.

북미
다년초

식별포인트 우리나라에서 볼 수 있는 제비꽃속 식물 가운데, 삼색제비꽃(*V. tricolor* L.)과 함께 외국에서 들여다 재배하는 원예식물이며, 잎과 꽃이 모두 크므로 구분된다.

장소 날짜

특이사항

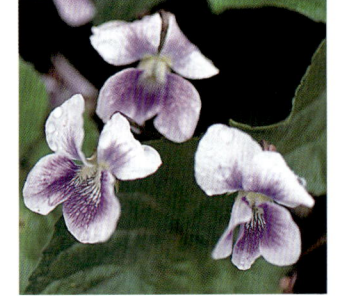

Viola patrini DC.
제비꽃과

흰제비꽃

전국의 높은 산에 자라는 여러해살이풀이다. 줄기는 없다. 잎은 뿌리줄기에서 여러 장이 모여나며, 삼각상 피침형 또는 타원상 피침형, 길이 2.5~7.0cm, 폭 1~2cm, 밑이 쐐기 모양 또는 자른 모양, 가장자리에 뚜렷하지 않은 톱니가 있다. 잎자루는 길이 4~10cm로서 잎몸보다 길며, 좁은 날개가 있다. 꽃은 5~6월에 길이 7~15cm의 가느다란 꽃줄기에 피며, 흰색이다. 꽃받침조각은 피침형, 길이 4~7mm다. 꽃잎은 길이 1.0~1.3cm, 입술꽃잎에 보라색 줄이 있고, 곁꽃잎 뒷면에 털이 조금 난다. 거(距)는 짧고 둔하며, 타원형, 길이 2~3mm다. 열매는 삭과다.

식별포인트 제비꽃(*V. mandshurica* W. Becker) 가운데 흰 꽃이 피는 것과는 다른 종으로서, 제비꽃에 비해서 높은 산 양지바른 곳에 자라며, 꽃은 조금 늦게 피고, 거는 길이 2~3mm, 꽃줄기는 가늘고 길므로 구분된다.

전국
다년초

장소	날짜
특이사항	

고깔제비꽃

Viola rossii Hemsl.
제비꽃과

전국의 산 숲 속에 자라는 여러해살이풀이다. 줄기는 없다. 잎은 2~5장이 모여나며, 심장형, 다 자란 것은 길이와 폭이 각각 4~8cm, 가장자리에 톱니가 있다. 꽃은 4~5월에 잎보다 먼저 또는 동시에 피는데, 길이 10~15cm의 꽃줄기 끝에 1개씩 달리고, 붉은 보라색이다. 꽃잎은 5장이며, 곁 꽃잎 안쪽에 털이 있다. 거(距)는 길이 4~5mm, 끝이 둥글다. 열매는 삭과이며, 타원형이고, 세모가 진다. 잎이 날 때 고깔 모양으로 둥글게 말리는 모습에서 우리말 이름이 붙여졌다.

전국
다년초

식별포인트 우리나라의 제비꽃속 식물들에 비해서 잎이 날 때 고깔 모양으로 말려서 나로 구분된다. 애기금강제비꽃(*V. yazawana* Makino)은 설악산 등 몇 곳에서만 자라며, 꽃은 흰색이므로 다르다.

장소	날짜
특이사항	

Viola selkirkii Pursh ex Goldie
제비꽃과

뫼제비꽃

전국의 높은 산 숲 속에 자라는 여러해살이풀이다. 줄기는 없다. 기는줄기는 가늘고 길다. 잎은 2~3장이 밑에서 모여나며, 넓은 난형, 길이와 폭이 각각 2~3cm이지만 꽃이 핀 후 조금 더 커진다. 잎 양면에 털이 조금 난다. 잎자루는 길이 3~10cm다. 꽃은 4~5월에 길이 5~8cm의 꽃줄기 끝에 1개씩 피며, 연한 자주색 또는 보라색이다. 꽃줄기 위쪽에 포가 2장 있다. 꽃받침조각은 피침형이며, 부속체는 난상 삼각형으로 가장자리에 털이 난다. 꽃잎은 5장이며, 길이 1.5~1.7cm, 입술꽃잎에 자주색 줄이 있고, 곁꽃잎에 털이 없다. 거(距)는 길이 5~7mm다. 열매는 삭과이며, 난형이고, 세모가 진다.

식별포인트 우리나라의 제비꽃속 식물들에 비해서, 보통 높은 산의 숲 속에 자라며, 잎은 꽃이 필 때 작은 편이고, 잎 양면에 털이 드문드문 나므로 구분된다.

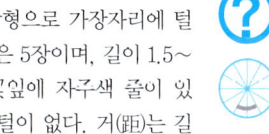

전국
다년초

장소		날짜	
특이사항			

서울제비꽃

Viola seoulensis Nakai
제비꽃과

전국
다년초

제주도를 제외한 전국의 양지바른 들판에 자라는 한국특산의 여러해살이풀이다. 줄기는 없다. 잎은 여러 장이 모여나며, 긴 타원형, 길이 1.3~2.7cm, 폭 0.9~1.3cm, 가장자리에 톱니가 있다. 잎자루는 위쪽에 날개가 조금 발달한다. 꽃은 4~5월에 피며, 붉은 보라색이다. 꽃줄기는 길이 5.5~8.5cm, 겉에 털이 있고, 가운데에 포가 2장 있다. 꽃잎은 난상 타원형이며, 곁꽃잎에는 털이 조금 난다. 열매는 삭과이며, 난상 타원형이고, 세모가 진다.

식별포인트 호제비꽃(*V. yedoensis* Makino)에 비해서 잎은 길이 3cm 이하로서 작지만 길이에 비해 폭은 넓으며, 꽃은 연한 보라색이 아니라 붉은 보라색, 잎자루는 날개가 있으므로 구분된다.

장소	날짜
특이사항	

Viola variegata Fisch. ex Link
제비꽃과

알록제비꽃

전국의 산 숲 속 또는 숲 가장자리에 자라는 여러해살이풀이다. 줄기는 없다. 잎은 여러 장이 모여나며, 넓은 타원형, 길이와 폭이 각각 2.5~5.0cm, 가장자리에 톱니가 있다. 잎 끝은 둔하거나 둥글다. 잎자루는 길이 2~5cm이지만 꽃이 진 후에 15cm 이상 자라기도 한다. 잎 앞면에 얼룩 반점이 있다. 꽃은 4~5월에 피며, 진한 붉은 보라색이다. 꽃받침잎은 난상 피침형, 길이 3~7mm다. 꽃잎은 길이 0.8~1.3cm, 곁꽃잎에 털이 많다. 씨방에 털이 난다. 열매는 삭과이며, 난상 타원형이다. 잎 앞면에 얼룩무늬가 있는 데서 우리말 이름이 붙여졌다.

식별포인트 우리나라의 제비꽃속 식물들에 비해서 잎 앞면에 얼룩무늬가 있고, 뒷면은 붉은 보라색이므로 구분된다.

전국
다년초

장소	날짜
특이사항	

224 콩제비꽃

Viola verecunda A. Gray
제비꽃과

전국의 산과 들 습한 곳에 자라는 여러해살이풀이다. 줄기는 비스듬히 서며, 높이 5~20cm다. 뿌리잎은 신장형, 길이 1.5~2.5cm, 폭 2.0~3.5cm, 가장자리에 둔한 톱니가 있다. 줄기잎은 어긋나며, 넓은 심장형, 길이 0.7~2.0cm다. 꽃은 4~6월에 잎겨드랑이에서 난 꽃자루 끝에 1개씩 피며, 흰색이다. 꽃잎은 길이 0.8~1.0cm, 입술꽃잎에 자주색 줄이 있고, 곁꽃잎에 털이 있다. 거(距)는 길이 2~3mm, 짧고 주머니 모양이다. 열매는 삭과다.

전국
다년초

식 별 포 인 트 졸방제비꽃(*V. acuminata* Ledeb.)에 비해서 전체가 작으며, 턱잎은 가장자리가 갈라지지 않으므로 구분된다.

장소	날짜
특이사항	

Viola websteri Forb. et Hemsl.
제비꽃과

왕제비꽃

강원도, 경기도, 충청북도 및 북부 지방의 숲 속에 드물게 자라는 여러해살이풀이다. 줄기는 곧추서며, 높이 40~60cm, 털이 없다. 잎은 어긋나며, 긴 타원형, 길이 8~12cm, 폭 2~3cm, 가장자리에 톱니가 발달한다. 꽃은 4~5월에 잎겨드랑이 또는 줄기 끝에서 난 꽃자루에 1개씩 달리며, 흰색이다. 꽃받침잎은 5장이며, 길이 5~6mm다. 꽃잎은 길이 12~13mm, 곁꽃잎 안쪽에 털이 없다. 거(距)는 길이 2~4mm다. 열매는 삭과다. 북방계 식물로서 청주 부근까지 내려와 자라며, 자생지가 몇 곳 되지 않는 멸종위기 식물이다.

식별포인트 수원 및 북부 지방에 자라는 선제비꽃(*V. raddeana* Regel)에 비해서 잎은 긴 타원형으로서 가운데가 가장 넓으며, 밑은 심장형 또는 납작하지 않고 쐐기 모양이므로 구분된다.

충북 이북
다년초

장소	날짜
특이사항	

우산제비꽃

Viola woosanensis Y.N. Lee et J.K. Kim
제비꽃과

울릉도
다년초

울릉도의 숲 속에 흔하게 자라는 한국특산의 여러해살이풀이다. 줄기는 없다. 잎은 불규칙하게 갈라지고, 길이 3.3~7.5cm, 폭 2.5~4.5cm, 양면에 털이 있다. 잎이 갈라지는 정도는 변이가 매우 심하다. 턱잎은 끝이 뾰족하고, 길이 1.0~1.3cm다. 꽃은 3~4월에 꽃줄기 끝에 1개씩 피며, 보라색, 길이 2.0~2.2cm다. 꽃줄기는 갈색을 띤 녹색이며, 길이 3.0~7.5cm다. 꽃받침잎은 피침형, 길이 1.4cm, 폭 3.8cm, 아래쪽은 이 모양, 끝이 뾰족하다. 곁꽃잎은 털이 없다. 최근 울릉도 특산식물로 발표되었다.

식별포인트 우리나라의 제비꽃속 식물들에 비해서 울릉도에서만 자라며, 가장자리가 불규칙하게 갈라지는 것이 있으므로 구분된다.

장소	날짜
특이사항	

Viola yedoensis Makino
제비꽃과

호제비꽃

전국의 들 양지바른 곳에 자라는 여러해살이풀이다. 뿌리는 흰색이다. 뿌리줄기는 짧다. 줄기는 없다. 잎은 뿌리줄기에서 모여나며, 삼각상 피침형, 길이 3~6cm, 폭 1~2cm이지만 나중에 더 커지고, 밑이 심장 모양 또는 자른 모양, 가장자리에 둔한 톱니가 있다. 잎 앞면은 털이 조금 난다. 잎자루는 길이 2~5cm, 꽃이 진 후 더 길어지며, 날개가 없다. 꽃은 3~5월에 길이 1~5cm의 꽃줄기에 피며, 연한 보라색이다. 꽃받침잎은 넓은 피침형, 길이 5~7mm, 부속체는 눙글고 끝이 밋밋하다. 꽃잎은 길이 1.0~1.5cm이며, 곁꽃잎에 털이 없다. 열매는 삭과이며, 난상 타원형이다.

식별포인트 제비꽃(*V. mandshurica* W. Becker)에 비해서 잎자루에 날개가 없으며, 전체에 털이 많고, 곁꽃잎에 털이 없으므로 구분된다. 또한, 뿌리가 흰색이므로 다르다.

장소	날짜
특이사항	

228 식나무

Aucuba japonica Thunb.
층층나무과

남부 지방
서해안
울릉도
관목

남부 지방, 대청도 이남 서해안, 울릉도의 숲 속에 자라는 상록 떨기나무다. 줄기는 높이 2~4m다. 잎은 마주나며, 긴 타원형 또는 피침형, 길이 5~20cm, 폭 2~10cm, 가장자리에 톱니가 있다. 잎자루는 길이 2~5cm다. 꽃은 3~4월에 암수딴그루로 피며, 원추꽃차례에 달리고, 검은 보라색, 지름 8mm쯤이다. 수꽃차례는 길이 7~10cm, 암꽃차례는 길이 1~2cm다. 꽃잎은 4장이다. 열매는 핵과이며, 타원형, 10월에 붉게 익어 다음해 봄까지 남아있다. 열매 모양이 작은 대추를 닮아서 울릉도에서는 '멧대추'라고 부른다.

식별포인트 층층나무속(*Cornus*) 식물들에 비해서 꽃은 암수딴그루에 피며, 상록 떨기나무이므로 구분된다.

장소	날짜
특이사항	

Cornus officinalis Siebold et Zucc.
층층나무과

산수유나무

중국 원산으로 중부 이남에서 심어 기르는 작은키나무 또는 떨기나무다. 줄기는 높이 5~12m, 가지가 많이 갈라진다. 줄기가 오래 되면 껍질 조각이 떨어진다. 잎은 마주나며, 난형 또는 긴 난형, 길이 4~10cm, 폭 2~6cm, 끝이 날카롭게 뾰족하고, 가장자리가 밋밋하다. 잎 앞면은 녹색, 털이 난다. 뒷면은 연한 녹색 또는 흰빛이 돌며, 털이 난다. 잎자루는 길이 5~10mm이며, 털이 난다. 꽃은 3~4월에 잎보다 먼저 피며, 20~30개가 산형꽃차례를 이루고, 지름 4~5mm, 노란색이다. 꽃자루는 가늘고, 길이 1cm쯤, 털이 난다. 열매는 핵과이며, 긴 타원형, 길이 1.0~1.5cm, 붉게 익는다.

중국
소교목

식별포인트 산딸나무(*C. kousa* Büerger)에 비해서 꽃은 잎보다 먼저 산형꽃차례를 이루어 피며, 노란색이고, 열매는 타원형이므로 구분된다.

장소	날짜
특이사항	

붉은참반디

Sanicula rubriflora F. Schmidt
산형과

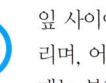

덕유산 이북
다년초

덕유산 이북의 높은 산 숲 속에 자라는 여러해살이풀이다. 줄기는 꽃이 필 때 높이 20~50cm, 꽃이 핀 후에 더욱 높이 자란다. 뿌리잎은 지름 6~20cm, 깊게 3갈래로 갈라지며, 양쪽 갈래는 다시 2갈래로 갈라진다. 줄기잎은 줄기 위쪽에서 1쌍이 마주나며, 잎자루가 없다. 꽃은 4~6월에 줄기잎 사이에서 꽃자루가 1~5개 난 후 각각에 자루가 짧은 꽃이 여러 개 달리며, 어두운 자주색이다. 열매는 분과이며, 1~3개씩 달리고, 겉에 끝이 꼬부라진 가시가 있다.

식별포인트 애기참반디(*S. tuberculata* Maxim.)에 비해서 뿌리잎은 더욱 크며, 열매 위쪽에는 갈고리 모양의 가시가 있으므로 구분된다.

장소	날짜
특이사항	

Sanicula tuberculata Maxim.
산형과

애기참반디 | 231

경기도, 경상남도, 충청북도, 전라남도의 습기 많은 숲 속에 드물게 자라는 여러해살이풀이다. 뿌리줄기는 굵고 짧다. 줄기는 높이 10~20cm다. 뿌리잎은 둥근 신장 모양, 지름 3~7cm, 3갈래로 갈라진 후 양쪽 갈래가 다시 2갈래로 갈라지며, 잎자루는 길이 5~15cm다. 줄기잎은 2장이 마주나며, 잎자루가 없다. 꽃은 5~6월에 줄기 끝의 작은 산형꽃차례 2~3개에 피며, 흰색이다. 꽃자루는 길이 1~3cm다. 총포잎은 선상 피침형이며, 길이 4~10mm다. 열매는 분과이며, 1-4개씩 달린다.

식별포인트 붉은참반디(*Sanicula rubriflora* F. Schmidt)에 비해서 중부 이남에 자라며, 전체가 작고, 열매 위쪽에 곧추서거나 구부러진 가시가 있으므로 구분된다.

경기 경남
충북 전남
다년초

장소	날짜
특이사항	

진달래

Rhododendron mucronulatum Turcz.
진달래과

전국의 산과 들 양지바른 곳에 흔하게 자라는 낙엽 떨기나무다. 줄기는 가지가 많이 갈라지며, 높이 2~3m다. 잎은 어긋나며, 타원형 또는 피침형, 길이 4~7cm, 폭 2~3cm다. 꽃은 3~5월에 잎보다 먼저 피며, 가지 끝에 1~5개씩 달리고, 연한 분홍색, 지름 3~5cm다. 수술은 10개이며, 암술대보다 짧다. 열매는 삭과이며, 타원형이다. '참꽃'이라 부르기도 하며, 꽃을 먹을 수 있다.

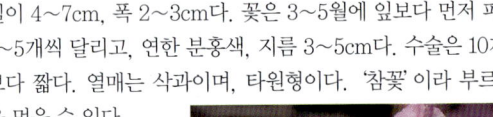
전국
관목

식별포인트 북부 지방에 분포하는 산진달래(*R. dauricum* L.)는 반상록성이며, 잎은 길이 2~4cm로서 작고, 꽃은 지름 2~4cm로서 작으므로 다르다.

장소	날짜
특이사항	

Rhododendron mucronulatum Turcz. var. *albiflorum* Nakai
진달래과

흰진달래

전국의 산과 들 양지바른 곳에 매우 드물게 자라는 낙엽 떨기나무다. 줄기는 가지가 많이 갈라지며, 높이 2~3m다. 잎은 어긋나며, 타원형 또는 피침형, 길이 4~7cm, 폭 2~3cm다. 꽃은 4~5월에 잎보다 먼저 피며, 가지 끝에 1~5개씩 달리고, 흰색, 지름 3~5cm다. 수술은 10개이며, 암술대보다 짧다. 열매는 삭과이며, 타원형이다. 한때 멸종한 것으로 알려지기도 했지만, 최근 몇 곳에서 다시 발견되었다.

식별포인트 기본종인 진달래(*R. mucronulatum* Turcz.)에 비해서 매우 드물게 발견되며, 꽃은 흰색이므로 구분된다.

전국
관목

장소	날짜
특이사항	

털진달래

Rhododendron mucronulatum Turcz. var. *ciliatum* Nakai
진달래과

전국의 높은 산 고지대 능선에 흔하게 자라는 낙엽 떨기나무다. 줄기는 가지가 많이 갈라지며, 높이 0.5~2m다. 어린 가지와 잎에 털이 많이 난다. 꽃은 5~6월에 잎보다 먼저 또는 동시에 피며, 가지 끝에 1~3개씩 달리고, 진한 분홍색, 지름 2~4cm다. 수술은 10개이며, 암술대보다 짧다. 열매는 삭과이며, 타원형이다.

식별포인트 기본종인 진달래(*R. mucronulatum* Turcz.)에 비해서 고산지역에 자라며, 어린 가지, 잎 앞면, 잎 가장자리, 잎자루 등에 털이 늦게까지 남아있고, 꽃은 더욱 늦게 피므로 구분된다.

전국
관목

Rhododendron schlippenbachii Maxim.
진달래과

철쭉나무

제주도를 제외한 전국의 산 능선 또는 숲 속에 자라는 낙엽 떨기나무다. 줄기는 높이 2~5m. 잎은 가지 끝에 4~5장씩 어긋나게 모여나며, 도란형, 길이 5~7cm, 폭 3~5cm, 가장자리가 밋밋하다. 꽃은 4~6월에 잎과 동시에 피며, 가지 끝에 3~7개씩 산형으로 달리고, 연한 분홍색이다. 화관은 깔때기 모양, 위쪽에 붉은 갈색 반점이 있고, 지름 5~6cm다. 수술은 10개이며, 그 중 5개가 길다. 암술은 1개다. 열매는 삭과이며, 난형이다. 꽃잎을 먹을 수 없기 때문에 '개꽃'이라 부르기도 한다. 만주와 우수리에도 분포한다.

식별포인트 진달래(*R. mucronulatum* Turcz.)에 비해서 꽃은 조금 늦게 잎과 동시에 피며, 더욱 크고, 잎은 도란형이므로 구분된다.

236 참꽃나무

Rhododendron weyrichii Maxim.
진달래과

한라산 산록부터 중턱까지의 숲 속에 자라는 낙엽 떨기나무다. 줄기는 높이 3~6m다. 잎은 2~3장씩 모여나며, 넓은 마름모꼴 난형, 길이 3.5~8.0cm, 폭 2.5~6.0cm, 가장자리가 밋밋하다. 잎 양면에 처음에는 갈색 털이 있으나 없어진다. 꽃은 5~6월에 잎과 동시에 피고, 2~5개씩 달리며, 붉은 색, 지름 5~6cm다. 꽃자루, 꽃받침, 씨방에 갈색 털이 많다. 수술은 10개이며, 암술은 1개다. 열매는 삭과다. 일본에도 분포한다.

한라산
관목

식별포인트 철쭉나무(*R. schlippenbachii* Maxim.)에 비해서 한라산에서만 자라며, 꽃은 진한 붉은 색이므로 구분된다.

Rhododendron yedoense Maxim. ex Regel var. *poukhanense* (H. Lév.) Nakai
진달래과

산철쭉

평안북도 이남의 산기슭 물가 또는 고산지대에 자라는 낙엽 떨기나무다. 줄기는 높이 1~2m다. 잎은 어긋나며, 도피침형, 길이 3~8cm, 폭 1~3cm, 가장자리가 밋밋하다. 잎 양면은 갈색 털이 난다. 잎자루는 짧고, 갈색 털이 난다. 꽃은 4~6월에 2~3개가 산형으로 달리며, 짙은 붉은 색 또는 드물게 흰색이다. 화관은 깔때기 모양이며, 위쪽에 짙은 자주색 반점이 있고, 지름 5~6cm다. 열매는 삭과다. 물가에 흔히 자라기 때문에 '물철쭉' 또는 '수달래'라고도 부른다. 한라산, 지리산 등지에서는 고지대에도 분포한다.

평북 이남
관목

식별포인트 진달래(*R. mucronulatum* Turcz.)에 비해서 꽃은 더욱 크며, 잎은 점액 성분이 있어서 만지면 끈적거리고, 잎 양면에 갈색 털이 많으므로 구분된다.

장소	날짜
특이사항	

238 산앵도나무

Vaccinium hirtum Thunb. var. *koreanum* (Nakai) Kitam.
진달래과

전국
관목

제주도를 제외한 전국의 비교적 높은 산에 자라는 한국특산의 낙엽 떨기나무다. 줄기는 높이 0.6~1.5m다. 잎은 어긋나며, 타원형 또는 피침형, 길이 3~6cm, 폭 1.0~2.5cm, 가장자리에 안으로 굽은 잔톱니가 있다. 잎자루는 짧다. 꽃은 5~6월에 지난해 가지 끝의 총상꽃차례에 2~5개씩 달리며, 연한 분홍색 또는 흰색이다. 화관은 종 모양이며, 끝이 5갈래로 얕게 갈라져 뒤로 말리고, 길이 6~8mm다. 수술은 10개이며, 수술대는 중앙 위쪽에 털이 난다. 꽃밥은 2실이며, 뒤쪽 가운데에 2개의 작은 돌기가 나기도 한다. 씨방은 5실이다. 열매는 장과이며, 절구 모양, 8~9월에 붉게 익고, 먹을 수 있다.

식별포인트 한라산, 설악산 및 북부 지방에 자라는 들쭉나무(*V. uliginosum* L.)는 화관은 단지 모양이며, 열매는 검게 익으므로 다르다.

장소		날짜	
특이사항			

Anagallis arvense L.
앵초과

뚜껑별꽃

제주도 일년초

제주도 바닷가 또는 저지대 숲 속에 자라는 한해살이풀이다. 줄기는 옆으로 뻗다가 비스듬히 서며, 높이 10~30cm다. 잎은 마주나며, 난형 또는 좁은 피침형, 길이 1.0~2.5cm, 폭 0.5~1.5cm, 가장자리가 밋밋하다. 잎자루는 없다. 꽃은 3~5월에 잎겨드랑에서 난 길이 2~3cm의 꽃자루에 1개씩 달리며, 푸른빛이 도는 보라색, 지름 1.0~1.5cm다. 수술은 5개이며, 수직으로 선다. 수술대는 털이 많이 난다. 열매는 삭과이며, 둥글고, 지름 4mm쯤이다. 전 세계 난대 지방에 널리 분포하는 남방계 식물이다.

식별포인트 뚜껑별꽃속에는 우리나라에 한 종이 있으며, 제주도에만 분포하고, 열매는 가로로 뚜껑이 열리듯이 벌어지므로 구분된다.

장소	날짜
특이사항	

봄맞이

Androsace umbellata (Lour.) Merr.
앵초과

전국
이년초

전국의 들 또는 밭 가장자리에 흔하게 자라는 두해살이풀이다. 줄기는 높이 10~15cm다. 전체에 퍼진 털이 있다. 잎은 뿌리에서 10~30장이 나와 지면으로 퍼지고, 심장형 또는 둥근 난형, 길이와 폭이 각각 4~15mm, 가장자리에 톱니가 있다. 잎자루는 길이 1~2cm다. 꽃은 4~5월에 잎 사이에서 난 꽃줄기 끝에 4~10개씩 산형꽃차례로 달리며, 흰색, 지름 4~5mm다. 꽃받침과 화관은 5갈래로 깊게 갈라진다. 열매는 삭과이며, 둥글납작하고, 지름 4~5mm다.

식별포인트 설악산과 금강산에 분포하는 금강봄맞이(*A. cortusaefolia* Nakai)에 비해서 전체에 털이 많고, 두해살이풀이며, 잎은 가장자리가 갈라지지 않으므로 구분된다.

장소	날짜
특이사항	

Lysimachia japonica Thunb.
앵초과

좀가지풀 | 241

제주도와 남부 지방의 산과 들 양지바른 곳에 자라는 여러해살이풀이다. 줄기는 누워 자라며, 길이 7~20cm, 가지가 갈라진다. 잎은 마주나며, 난형 또는 둥근 난형, 길이 1.0~2.5cm, 폭 0.7~2.0cm, 가장자리는 밋밋하다. 잎자루는 길이 5~10mm다. 꽃은 4~6월에 잎겨드랑이에서 난 길이 3~8mm의 꽃자루에 1개씩 피며, 노란색, 지름 0.5~1.0cm다. 꽃자루는 꽃이 진 다음에 아래를 향해 구부러진다. 화관은 5갈래로 깊게 갈라지며, 갈래는 난형이다. 수술은 5개이고, 암술은 1개나. 열매는 삭과이며, 둥글고, 익으면 세로 5갈래로 터진다.

식별포인트 좁쌀풀(*L. vulgaris* L. var. *davurica* (Ledeb.) R. Knuth), 참좁쌀풀(*L. coreana* Nakai) 등과 함께 노란 꽃이 피는 까치수영속 식물이지만 줄기는 누워 자라고, 꽃은 잎겨드랑이에서 1개씩 피므로 구분된다.

남부 지방
다년초

장소		날짜	
특이사항			

242 물까치수영

Lysimachia leucantha Miq.
앵초과

남부 지방
제주도
다년초

제주도와 남부 지방의 물가에 드물게 자라는 여러해살이풀이다. 전체에 털이 없다. 줄기는 곧추서며, 높이 20~40cm, 가지는 거의 갈라지지 않는다. 잎은 어긋나며, 도피침형 또는 넓은 선형, 길이 2.0~4.5cm, 폭 0.3~0.6cm, 가장자리가 밋밋하다. 잎자루는 없거나 매우 짧다. 꽃은 5~6월에 줄기 끝의 총상꽃차례에 달리며, 흰색, 지름 5mm쯤이다. 꽃받침은 녹색이며, 5갈래로 깊게 갈라진다. 화관은 5갈래로 깊게 갈라진다. 수술은 5개이고, 암술은 1개다. 열매는 삭과이며, 암술대가 남아있다.

식별포인트 우리나라의 까치수영속 식물들에 비해서 잎은 도피침형 또는 넓은 선형으로 그 폭이 1cm 이하로서 좁으므로 구분된다.

장소	날짜
특이사항	

Lysimachia mauritiana Lam.
앵초과

갯까치수영

충청남도, 경상남도, 경상북도 울릉도, 전라남·북도, 제주도의 바닷가에 자라는 두해살이풀이다. 전체에 털이 없다. 줄기는 곧추서며, 높이 10~40cm, 붉은빛을 띠고, 아래쪽에서 가지가 갈라진다. 잎은 어긋나며, 다육질, 주걱 모양의 피침형, 길이 2~5cm, 폭 1~2cm, 가장자리가 밋밋하다. 잎자루는 없다. 꽃은 5~6월에 가지 끝의 총상꽃차례에 달리며, 흰색, 지름 10~12mm다. 꽃자루는 길이 1~2cm다. 꽃받침은 종 모양이며, 녹색, 5갈래로 갈라진다. 화관은 5갈래로 깊게 갈라진다. 수술은 5개이고, 암술은 1개다. 열매는 삭과이며, 둥글고, 지름 4~6mm, 익으면 속대기에 작은 구멍이 뚫려 씨가 나온다.

남부 지방
이년초

식별포인트 우리나라의 까치수영속 식물들에 비해서 바닷가에 분포하며, 두해살이풀이고, 잎은 두꺼우므로 구분된다.

장소	날짜
특이사항	

244 큰앵초

Primula jesoana Miq.
앵초과

전국
다년초

전국의 높은 산 습기 많은 숲 속에 자라는 여러해살이풀이다. 줄기는 없다. 잎은 손바닥 모양의 둥근 신장형, 길이 4~8cm, 폭 6~12cm다. 잎 가장자리는 7~9갈래로 얕게 갈라진다. 잎 앞면은 털이 나고, 뒷면은 털이 거의 없다. 잎자루는 길이 15~30cm다. 꽃은 5~6월에 20~40cm의 꽃줄기 위쪽에 1~4층으로 층을 이루어 달리는데 각 층에 5~6개씩 붙으며, 붉은 보라색, 지름 1.5~2.5cm다. 꽃자루는 길이 1~4cm다. 화관통은 길이 1.2~1.4cm다. 수술은 5개다. 열매는 삭과다.

식별포인트 우리나라의 앵초속 식물들에 비해서 잎은 둥근 모양이며, 지름 10cm에 이를 정도로 크므로 구분된다.

Primula modesta Bisset et S. Moore var. *fauriei* (Franch.) Takeda
앵초과

설앵초 245

경남 제주
북부 지방
다년초

경상남도, 제주도 및 북부 지방의 높은 산 풀밭 또는 바위지대에 자라는 여러해살이풀이다. 줄기는 없으며, 꽃줄기는 높이 15cm쯤이다. 잎은 뿌리에서 모여나며, 주걱 모양, 길이 3~6cm, 폭 1~2cm, 밑이 좁아져서 날개 모양으로 되고, 가장자리에 톱니가 있다. 잎 뒷면은 흰 연두색 가루를 덮어쓴 것 같다. 꽃은 4~6월에 길이 5~15cm의 산형꽃차례에 피며, 연한 자주색 또는 드물게 흰색, 지름 1.0~1.4cm다. 총포잎은 비늘 모양, 밑부분은 굵지 않다. 화관은 위쪽이 5갈래로 갈라지며, 갈래의 끝은 가운데가 오목하게 들어간다. 수술은 5개, 암술은 1개다. 열매는 삭과다.

식별포인트 북부 지방의 고산에 자라는 좀설앵초(*P. sachalinensis* Nakai)는 더욱 작으며, 잎은 밑이 서서히 길게 좁아져서 잎자루가 없는 것처럼 보이고, 총포잎은 아래쪽이 주머니 모양으로 굵어지므로 다르다.

장소	날짜
특이사항	

246 앵초

Primula sieboldii E. Morren
앵초과

전국
다년초

제주도를 제외한 전국의 냇가 부근 습지에 자라는 여러해살이풀이다. 줄기는 없으며, 꽃줄기는 높이 15~40cm다. 뿌리줄기는 옆으로 비스듬히 서며, 잔뿌리가 내린다. 잎은 뿌리에서 모여나며, 난상 타원형, 길이 4~10cm, 폭 3~6cm다. 잎 가장자리는 얕게 갈라지고, 톱니가 있다. 꽃은 4~5월에 7~20개가 산형꽃차례를 이루며, 붉은 보라색 또는 드물게 흰색이다. 화관은 지름 2~3cm이며, 5갈래로 갈라진다. 열매는 삭과다.

식별포인트 북부 지방에 분포하는 돌앵초(*P. saxatilis* Kom.)는 고산지대의 바위 곁에 자라며, 잎이 난형이고, 길이 3~5cm로서 작으므로 다르다.

장소	날짜
특이사항	

Styrax japonicus Siebold et Zucc.
때죽나무과

때죽나무

강원도 이남의 숲 속에 자라는 낙엽 작은키나무다. 줄기는 높이 5~15m이며, 흑갈색이 난다. 잎은 어긋나며, 난형 또는 긴 타원형, 길이 2~8cm, 폭 2~4cm다. 잎자루는 길이 5~10mm다. 꽃은 5~6월에 잎겨드랑이에서 난 총상꽃차례에 2~5개씩 달리며, 흰색, 지름 1.5~3.5cm, 향기가 좋다. 꽃자루는 길이 1~3cm이며, 가늘다. 수술은 10개이며, 길이 1.0~1.5cm, 아래쪽에 흰털이 있다. 열매는 핵과이며, 둥글고, 완전히 익으면 껍질이 벗겨지고 씨가 나온다.

식별포인트 쪽동백(*S. obassia* Siebold et Zucc.)에 비해서 중부 이남에만 분포하며, 잎겨드랑이에서 난 꽃차례가 매우 짧아서 꽃차례를 이루지 않은 것처럼 보이므로 구분된다.

강원 이남
소교목

장소

날짜

특이사항

쪽동백

Styrax obassia Siebold et Zucc.
때죽나무과

전국의 숲 속에 자라는 낙엽 작은키나무다. 줄기는 높이 5~15m, 검은 빛이 난다. 잎은 어긋나며, 난상 원형, 길이 7~20cm, 폭 8~20cm, 가장자리에 잔 톱니가 있다. 잎자루는 길이 1~2cm다. 꽃은 5~6월에 햇가지에서 난 길이 10~20cm의 총상꽃차례에 20여 개가 밑을 향해 달리며, 흰색, 향기가 좋다. 꽃자루는 길이 1cm쯤이다. 꽃받침은 5~9갈래로 갈라진다. 화관은 지름 2cm쯤이며, 끝이 5갈래로 갈라진다. 열매는 핵과이며, 타원형, 길이 2cm쯤, 9~10월에 익는다. 꽃은 동백나무 꽃처럼 통째로 떨어진다.

전국
소교목

식별포인트 때죽나무(*S. japonicus* Siebold et Zucc.)에 비해서 꽃차례의 길이는 10~20cm로서 길고, 20여 개의 꽃이 달리므로 구분된다.

Symplocos sawafutagi Nagam.
노린재나무과

노린재나무

전국의 산 숲 속에 자라는 낙엽 떨기나무다. 줄기는 가지가 많이 갈라지며, 높이 3~6m다. 잎은 어긋나며, 도란형 또는 긴 난형, 길이 5~9cm, 폭 3~5cm, 가장자리에 안쪽으로 구부러진 가는 톱니가 있다. 꽃은 5~6월에 길이 4~7cm의 원추꽃차례에 달리며, 흰색, 지름 6~8mm다. 꽃받침과 화관은 5갈래로 갈라진다. 수술은 많고, 화관보다 길다. 열매는 핵과이며, 타원형, 9~10월에 남색으로 익는다. 줄기를 태우면 노란 재가 남는 데서 우리말 이름이 붙여졌다.

식별포인트 남부 지방과 일본에 분포하는 검노린재나무(*S. tanakana* Nakai)는 꽃차례가 더욱 크게 발달하며, 잎은 아래쪽이 쐐기 모양 또는 길게 뾰족하고, 열매가 검게 익으므로 다르다.

전국
관목

장소	날짜
특이사항	

미선나무

Abeliophyllum distichum Nakai
물푸레나무과

중부 지방
관목

경기도 북한산, 전라북도 변산반도, 충청북도 괴산, 영동, 진천, 황해도의 저지대 숲 속에 드물게 자라는 한국특산의 떨기나무다. 줄기는 가지 끝이 처지며, 높이 1~2m다. 잎은 마주나며, 난형, 길이 3~8cm, 폭 1~3cm, 끝이 뾰족하다. 꽃은 3~4월에 잎보다 먼저 피며, 가지 끝에 총상꽃차례로 달리고, 흰색 또는 연한 분홍색이다. 꽃받침은 종 모양, 끝이 4갈래로 갈라지는데 갈래는 타원형으로 끝이 둥글다. 꽃잎은 긴 종 모양 또는 깔때기 모양이며, 4갈래로 갈라진다. 수술은 2개이고, 암술은 1개다. 열매는 시과이며, 둥근 부채 모양이고, 익어도 저절로 터지지 않는다. 열매 모양이 미선(부채)을 닮아서 우리말 이름이 붙여졌다.

식별포인트 한국특산속인 미선나무속에는 미선나무 한 종이 포함된다. 개나리속(*Forsythia*)에 비해서 꽃은 흰색이며, 열매는 날개가 달린 시과이므로 구분된다.

장소	날짜
특이사항	

Chionanthus retusus Lindl. et Paxton
물푸레나무과

이팝나무

중부 지방 이남의 바닷가 숲 속에 주로 자라는 낙엽 큰키나무다. 줄기는 높이 20~30m, 어린 가지는 황갈색으로 껍질이 벗겨진다. 잎은 마주나며, 타원형, 길이 3~15cm, 폭 2~6cm, 감나무 잎을 닮았다. 꽃은 5~6월에 햇가지 끝의 원추꽃차례에 피며, 흰색, 향기가 난다. 꽃받침과 꽃잎은 깊게 4갈래로 갈라진다. 수술은 2개, 화관통에 붙어 있고, 수꽃에는 암술이 없다. 열매는 핵과이며, 타원형, 길이 1.0~1.5cm다. 꽃이 피면 나무 전체가 눈이 내린 것처럼 하얗게 된다.

중부 이남
교목

식별포인트 우리나라에 분포하는 이팝나무속 식물은 한 종이다. 우리나라의 물푸레나무과 식물들에 비해서 화관의 갈래는 선형으로서 통부보다 훨씬 길므로 구분된다.

장소	날짜
특이사항	

개나리

Forsythia koreana (Rehder) Nakai
물푸레나무과

전국
관목

산기슭에 자라는 한국특산의 낙엽 떨기나무다. 줄기는 높이 2~5m, 가지가 늘어진다. 줄기의 속은 흰색, 군데군데 비었거나 계단을 이룬다. 잎은 마주나며, 홑잎, 피침형 또는 난상 피침형, 길이 4~8cm, 폭 2~5cm, 끝이 길게 뾰족하고, 밑이 쐐기 모양이다. 잎 가장자리는 중앙 이상에 톱니가 있다. 잎자루는 길이 1~2cm, 처음에 털이 조금 난다. 꽃은 2~4월에 잎보다 먼저 암수딴그루에 피며, 잎겨드랑이에 1~3개씩 달리고, 노란색이다. 화관은 긴 종 모양 또는 깔때기 모양, 길이 1.7~2.5cm, 끝이 4갈래로 깊게 갈라진다. 갈래는 수평으로 벌어진다. 열매는 삭과이며, 잘 열리지 않는다. 한국특산식물이지만 현재는 자생지가 발견되지 않고 있다.

식별포인트 우리나라의 개나리속 식물들에 비해서 줄기는 가지가 밑으로 늘어지므로 구분된다.

장소	날짜
특이사항	

Forsythia ovata Nakai
물푸레나무과

만리화

강원도, 경상북도, 황해도의 고지대 숲 속에 자라는 한국특산의 낙엽 떨기나무다. 줄기는 가지가 갈라져 옆으로 퍼지기는 하지만 아래로 늘어지지는 않고, 높이 1~2m다. 잎은 마주나며, 넓은 난형, 길이 5~7cm, 폭 4~6cm, 끝이 뾰족하고, 가장자리에 톱니가 있다. 꽃은 4~5월에 잎보다 먼저 피며, 잎겨드랑이에 1개씩 달리고, 밝은 노란색이다. 화관은 4갈래로 깊게 갈라진다. 수술은 2개, 화관통에 붙고 암술보다 짧다. 열매는 삭과이며, 난형, 길이 1cm쯤이다.

식별포인트 산개나리(*F. saxatilis* Nakai)에 비해서 잎은 넓은 난형 또는 둥근 난형으로서 길이가 폭보다 조금 큰 정도이므로 구분된다.

강원 경북 황해 관목

산개나리

Forsythia saxatilis Nakai
물푸레나무과

경기 경북
전북
관목

경기도, 경상북도, 전라북도의 저지대 숲 가장자리 또는 숲 속에 자라는 한국특산의 낙엽 떨기나무다. 줄기는 높이 1~2m, 회갈색이다. 잎은 마주나며, 타원형 또는 넓은 피침형, 길이 2~6cm, 폭 1~3cm다. 잎 앞면은 녹색으로 털이 없고, 뒷면은 연한 녹색으로 맥 위에 잔털이 있다. 꽃은 3~4월에 잎겨드랑이에서 1개씩 달리며, 연한 노란색이다. 꽃잎은 길이 1.2~1.5cm, 4갈래로 갈라진다. 열매는 삭과다. 관악산, 북한산, 안동 등지에 분포하며, 전라북도 임실군 관촌면 군락은 천연기념물로 지정되어 있다.

식별포인트 만리화(*F. ovata* Nakai)에 비해서 잎은 타원형 또는 넓은 피침형으로서 길이가 폭보다 훨씬 길므로 구분된다.

장소	날짜
특이사항	

Fraxinus sieboldiana Blume
물푸레나무과

쇠물푸레

강원도 이남의 숲 속에 자라는 낙엽 작은키나무다. 줄기는 높이 5~10m, 어린 가지는 회갈색이다. 잎은 마주나며, 작은잎 5~9장으로 된 깃꼴겹잎이다. 작은잎은 난형, 길이 5~10cm, 폭 2~4cm, 가장자리에 톱니가 있다. 꽃은 5~6월에 암수딴그루로 피며, 햇가지 끝에서 난 길이 10cm쯤의 원추꽃차례에 달리고, 흰색이다. 꽃잎은 4장이며, 선형, 수술과 길이가 같다. 수술은 2개다. 암꽃에 퇴화된 작은 수술이 있다. 열매는 시과이며, 피침형, 날개가 있다. 물푸레나무에 비해 전체가 작은 데서 우리말 이름이 붙여졌다.

식별포인트 물푸레나무(*F. rhynchophylla* Hance)에 비해서 전체가 작으며, 꽃잎이 있으므로 구분된다.

강원 이남
소교목

장소	날짜
특이사항	

영춘화

Jasminum nudiflorum Lindl.
물푸레나무과

중국
관목

중국 원산으로 중부 지방 이남에서 심어 기르는 낙엽 떨기나무다. 줄기는 높이 2~3m다. 어린 가지는 녹색이며, 각이 진다. 잎은 마주나며, 작은잎 3장으로 된 겹잎이다. 작은잎은 둥근 난형 또는 타원형, 길이 1~3cm, 폭 0.9~1.2cm, 가장자리가 밋밋하다. 잎자루는 길이 5~10mm다. 꽃은 2~4월에 잎보다 먼저 잎겨드랑이에서 나온 가지에 1개씩 마주 피며, 노란색, 지름 2.0~2.5cm다. 화관은 긴 통 모양이며, 끝이 보통 6갈래로 갈라진다. 열매는 장과이며, 9~10월에 검게 익는다. 영춘화(迎春花)는 '봄맞이꽃'이라는 뜻으로 그만큼 꽃이 일찍 핀다.

식별포인트 우리나라의 물푸레나무과 식물들에 비해서 중국 원산으로 심어 기르는 떨기나무이며, 꽃은 일찍 피고, 어린 가지는 녹색이므로 구분된다.

장소	날짜
특이사항	

Syringa vulgaris L.
물푸레나무과

라일락

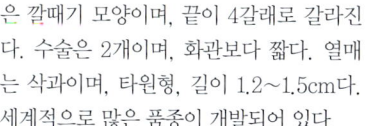

유럽 원산으로 전국에서 심어 기르는 낙엽 작은키나무다. 줄기는 높이 3~7m, 가지가 갈라진다. 잎은 마주나며, 난형 또는 타원상 난형, 길이 6~12cm, 폭 5~8cm, 가장자리가 밋밋하다. 잎 밑은 보통 둥글지만 드물게 넓은 쐐기 모양 또는 얕은 심장 모양이다. 잎자루는 길이 1.5~3.0cm, 털이 없다. 꽃은 4~5월에 묵은 가지에서 난 길이 15~20cm의 원추꽃차례에 피며, 보라색 또는 연한 보라색, 지름 8~12mm, 향기가 진하다. 화관은 깔때기 모양이며, 끝이 4갈래로 갈라진다. 수술은 2개이며, 화관보다 짧다. 열매는 삭과이며, 타원형, 길이 1.2~1.5cm다. 세계적으로 많은 품종이 개발되어 있다.

식별포인트 북부 지방과 만주에 분포하며, 중부 이남에서 심어 기르는 수수꽃다리(*S. dilatata* Nakai)에 비해서 잎, 꽃차례, 꽃이 모두 크므로 구분된다.

유럽
소교목

장소	날짜
특이사항	

258 흰그늘용담

Gentiana pseudo-aquatica Kusn.
용담과

제주도 이년초

제주도 한라산 고지대와 북부 지방의 높은 산 풀밭에 자라는 두해살이풀이다. 뿌리는 곧고 깊이 들어간다. 줄기는 밑에서 가지가 갈라져 모여난 것처럼 보이며, 높이 3~7cm다. 뿌리잎은 모여나며, 난형, 길이 15~20mm, 폭 6~10mm다. 줄기잎은 마주나며, 작고, 끝이 까락처럼 뾰족하다. 잎 가장자리와 뒷면 맥 위에 불규칙한 돌기가 있다. 꽃은 5~6월에 가지 끝에서 1개씩 위를 향해 달리며, 흰색이다. 꽃자루는 짧다. 꽃받침은 가운데 부분까지 5갈래로 갈라진다. 화관은 깔때기 모양이며, 길이 1.2~1.5cm, 꽃받침보다 2배쯤 길다. 열매는 삭과다. 만주, 몽고, 티베트, 시베리아에도 분포한다.

<u>식별포인트</u> 큰구슬붕이(*G. zollingeri* Fawc.)에 비해서 가지가 많이 갈라지며, 뿌리잎은 줄기잎보다 크고, 꽃은 흰색이므로 구분된다.

장소		날짜	
특이사항			

Gentiana zollingeri Fawc.
용담과

큰구슬붕이

전국의 산 숲 속에 자라는 두해살이풀이다. 줄기는 높이 5~10cm다. 뿌리 잎은 줄기잎보다 작고, 꽃이 필 때 마른다. 줄기잎은 마주나며, 난형, 길이 5~12mm, 폭 3~10mm, 가장자리가 두껍고 흰색이다. 잎 뒷면은 붉은색이 돈다. 꽃은 3~6월에 몇 개씩 줄기 끝에 모여 달리며, 자줏빛이 돈다. 화관은 길이 2.0~2.5cm이며, 꽃받침보다 2~2.5배 길고, 갈래 사이에 작은 갈래가 있다. 열매는 삭과다. 구슬붕이에 비하여 꽃이 큰 데서 우리말 이름이 붙여졌다.

식별포인트 우리나라 용담속의 한해 또는 두해살이풀 가운데 유일하게 줄기잎이 뿌리잎보다 크므로 구분된다.

전국 이년초

260 민백미꽃

Cynanchum ascyrifolium (Franch. et Sav.) Matsum.
박주가리과

전국
다년초

전국의 산 숲 속에 자라는 여러해살이풀이다. 줄기는 곧추서며, 높이 30~60cm, 가지가 갈라지지 않는다. 전체에 가는 털이 난다. 잎은 마주나며, 타원형 또는 난형, 길이 8~15cm, 폭 4~8cm, 가장자리가 밋밋하다. 잎 앞면은 녹색이고, 뒷면은 연한 녹색이다. 잎자루는 길이 1~2cm다. 꽃은 5~6월에 줄기 끝과 위쪽 잎겨드랑이에 우산살 모양으로 달려 전체적으로 취산꽃차례를 이루며, 흰색, 지름 1.5~1.8cm쯤이다. 꽃자루는 길이 1~3cm다. 꽃받침은 5갈래로 갈라지며, 잔털이 난다. 화관은 5갈래로 갈라지며, 털이 없다. 열매는 골돌이며, 뿔 모양, 털이 없다.

식별포인트 백미꽃(*C. atratum* Bunge)에 비해서 꽃은 흰색이며, 꽃자루는 길이 1~3cm로 길고, 화관은 털이 전혀 없으므로 구분된다.

장소	날짜
특이사항	

Cynanchum atratum Bunge
박주가리과

백미꽃

전국의 산과 들에 자라는 여러해살이풀이다. 줄기는 곧추서며, 높이 40~80cm, 가지가 거의 갈라지지 않는다. 전체에 부드러운 잔털이 많다. 상처를 내면 우윳빛 즙액이 나온다. 잎은 마주나며, 두껍고, 타원형 또는 둥근 난형, 길이 6~15cm, 폭 3~10cm, 가장자리가 밋밋하거나 물결 모양이다. 잎 양면에 흰색 털이 많다. 잎자루는 길이 0.8~1.2cm다. 꽃은 5~6월에 위쪽 잎겨드랑이에서 여러 개가 우산살 모양으로 모여 달리며, 진한 보라색, 지름 1.4~1.8cm다. 꽃자루는 길이 0.8~1.0cm다. 꽃받침은 5갈래로 갈라지며, 털이 난다. 화관은 5갈래로 갈라지며, 겉에 털이 난다. 열매는 골돌이며, 길이 7~10cm, 지름 1.5~2.0cm다.

식별포인트 민백미꽃(*C. ascyrifolium* (Franch. et Sav.) Matsum.)에 비해서 잎은 양면에 털이 많으며, 꽃은 진한 보라색이고, 화관은 겉에 털이 있으므로 구분된다.

전국
다년초

선갈퀴

Asperula odorata L.
꼭두서니과

강원
울릉도
북부 지방
다년초

강원도, 울릉도, 북부 지방의 높은 산 숲 속에 자라는 여러해살이풀이다. 줄기는 곧추서며, 네모가 지고, 높이 25~40cm다. 잎은 6~10장이 돌려나며, 길이 2.5~4.0cm, 폭 0.5~1.0cm, 중륵과 가장자리에 위를 향한 털이 난다. 세로로 난 1개의 잎맥이 뚜렷하다. 잎자루는 없다. 꽃은 4~6월에 줄기 끝의 취산꽃차례에 달리며, 흰색, 지름 4~5mm다. 화관은 깔때기 모양이며, 4갈래로 갈라진다. 열매는 분과이며, 둥근 모양, 갈고리 같은 털이 많다. 강원도에서는 고산지대에 자라지만, 울릉도에는 섬 전체에 흔하게 분포한다.

식별포인트 꼭두서니속(*Rubia*), 갈퀴덩굴속(*Galium*) 식물들에 비해서 꽃은 깔때기 모양으로서 화관의 통부가 뚜렷하므로 구분된다. 개갈퀴(*A. maximowiczii* Kom.)는 잎이 4~8장씩 돌려나며, 잎몸에 세로로 난 3개의 맥이 뚜렷하므로 다르다.

장소	날짜
특이사항	

Damnacanthus indicus C.F. Gaertn.
꼭두서니과

호자나무

제주도와 전라남도 홍도의 숲 속에 자라는 상록 떨기나무다. 줄기는 가지가 많이 갈라지며, 높이 0.2~1.0m다. 가시는 길이 0.7~2.0cm로 잎과 비슷하거나 조금 길다. 잎은 마주나며, 넓은 난형, 길이 0.7~2.0cm, 폭 0.6~1.2cm, 윤기가 있고, 가장자리가 밋밋하다. 잎 뒷면은 맥 위에 짧은 털이 난다. 꽃은 4~6월에 잎겨드랑이에서 1~3개씩 피며, 흰색, 길이 1.5cm쯤이다. 화관은 끝이 4갈래로 갈라지며, 안쪽에 털이 많다. 수술은 4개다. 암술은 1개이며, 암술머리는 끝이 2갈래로 갈라진다. 열매는 핵과이며, 가을에 붉게 익어 이듬해 봄까지 달려 있다.

식별포인트 제주도에 분포하는 수정목(*D. major* Siebold et Zucc.)은 가시가 길이 1cm쯤으로 잎보다 짧으며, 잎 뒷면에는 어릴 때만 털이 나므로 다르다.

전남
관목

장소	날짜
특이사항	

264 모래지치

Argusia sibirica (L.) Dandy
지치과

전국
다년초

전국의 바닷가 모래땅에 자라는 여러해살이풀이다. 전체에 회색 털이 많다. 땅속줄기는 옆으로 길게 뻗는다. 줄기는 가지가 많이 갈라지고, 높이 25~40cm다. 잎은 어긋나며, 두껍고, 주걱 모양, 길이 4~10cm, 폭 1~3cm, 가장자리가 밋밋하다. 잎 양면에 털이 많이 난다. 잎자루는 없다. 꽃은 5~6월에 가지 끝과 위쪽 잎겨드랑이의 취산꽃차례에 달리며, 흰색, 지름 8~10mm, 향기가 있다. 꽃받침은 5갈래로 깊게 갈라진다. 화관은 5갈래로 갈라지며, 통부는 길이 6~7mm이고, 통부 입구가 노란색을 띤다. 수술은 5개이며, 화관 밖으로 나오지 않는다. 씨방은 4실, 암술대는 씨방 위에 붙으며 짧고 굵다. 열매는 핵과이며, 둥근 타원형, 조금 다육질이고, 둔한 홈이 4개 있다.

식별포인트 우리나라의 지치과 식물들에 비해서 바닷가 모래땅에 자라며, 암술대는 씨방 위에 붙으므로 구분된다.

장소	날짜
특이사항	

Brachybotrys paridiformis Maxim.
지치과

당개지치

전라북도 장안산 및 적상산 이북의 비교적 높은 산 숲 속에 자라는 여러해살이풀이다. 줄기는 곧추서며, 높이 40cm쯤이다. 잎은 어긋나며, 줄기 위쪽에서는 촘촘하게 달려 5~6장이 돌려난 것처럼 보인다. 잎몸은 긴 타원형, 길이 10~15cm, 폭 5~8cm, 가장자리가 밋밋하다. 꽃은 4~5월에 총상꽃차례로 몇 개가 달리며, 자주색 또는 보라색, 지름 1cm쯤이다. 화관은 5갈래로 갈라지며, 갈래는 타원형이다. 수술은 5개이며, 짧다. 암술은 1개이고, 암술대는 실다. 열매는 소견과다.

전북 이북
다년초

식별포인트 우리나라의 지치과 식물들에 비해서 잎은 줄기 끝에 모여나서 돌려난 것처럼 보이며, 꽃은 진한 보라색이고, 화관의 통부는 짧아서 뚜렷하지 않으므로 구분된다.

장소	날짜
특이사항	

컴프리

Symphytum officinale L.
지치과

유럽
다년초

유럽 원산으로 전국에서 심어 기르는 여러해살이풀이다. 전체에 흰색 거친 털이 많다. 줄기는 곧추서며, 가지가 갈라지고, 높이 40~90cm다. 잎은 어긋나지만 줄기 위쪽에서는 마주나기도 하며, 타원상 피침형 또는 난형, 길이 7~15cm이지만 30cm에 이르고, 가장자리가 밋밋하다. 꽃은 5~8월에 줄기 끝의 권산꽃차례에 피며, 연한 보라색, 길이 1.0~1.5cm다. 꽃차례 위쪽부터 피기 시작한다. 꽃받침은 5갈래로 갈라지며, 갈래는 크기가 다르다. 화관은 종 모양, 얕게 5갈래로 갈라진다. 수술은 5개다. 암술대는 화관 밖으로 길게 나온다. 열매는 소견과이며, 4개로 갈라지고, 잘 여물지 않는다.

식별포인트 우리나라의 지치과 식물들에 비해서 외국에서 들여다 심고 있는 풀이며, 전체가 대형이므로 구분된다.

장소	날짜
특이사항	

Trigonotis icumae (Maxim.) Makino
지치과

덩굴꽃마리

전국의 산 숲 속에 자라는 여러해살이풀이다. 전체에 누운 털이 있다. 줄기는 처음에는 곧추 자라지만, 줄기 위쪽 잎겨드랑이에서 기는줄기가 나오고 마디에서 뿌리가 내린다. 잎은 어긋나며, 난형 또는 넓은 난형, 길이 3~5cm, 폭 1.5~2.5cm, 가장자리가 밋밋하다. 꽃은 4~5월에 줄기 끝의 총상꽃차례에 3~10개가 달리며, 연한 하늘색, 지름 1.0~1.2cm다. 꽃차례는 땅 위에 눕는다. 꽃자루는 길이 1.0~1.5cm다. 꽃받침은 5갈래로 갈라지며, 꽃이 진 후에 더 커진다. 화관은 통부가 짧고, 위쪽이 5갈래로 갈라진다. 열매는 소견과다. 일본에도 분포한다.

식별포인트 참꽃마리(*T. radicans* (Turcz.) Steven var. *sericea* (Maxim.) H. Hara)에 비해서 꽃차례에 잎이 달리지 않거나 밑쪽에만 조금 달리며, 위쪽 잎겨드랑이에서 기는줄기가 나오므로 구분된다.

전국
다년초

장소	날짜
특이사항	

꽃마리

Trigonotis peduncularis (Trevis.) Benth. ex Baker et S. Moore
지치과

전국
이년초

전국의 저지대에 흔하게 자라는 두해살이풀이다. 전체에 눌린 털이 난다. 줄기는 밑 부분에서 가지가 많이 갈라지며, 곧추 또는 비스듬히 자라고, 높이 10~30cm다. 잎은 어긋나며, 긴 타원형 또는 난형, 길이 1~3cm, 폭 0.6~2.0cm, 밑이 둥글고, 가장자리가 밋밋하다. 잎자루와 잎 가장자리에 털이 난다. 꽃은 3~5월에 가지 끝의 총상꽃차례에 피며, 연한 하늘색, 지름 2~3mm다. 꽃차례는 둥글게 말렸다가 펴지면서 길이 5~20cm가 된다. 꽃받침이 5갈래로 갈라진다. 화관은 통부가 짧고, 끝이 5갈래로 갈라진다. 열매는 소견과이며, 4갈래로 갈라진다.

식별포인트 우리나라의 꽃마리속 식물들에 비해서 두해살이풀이며, 꽃은 지름 2~3mm로 작으므로 구분된다.

장소	날짜
특이사항	

Trigonotis radicans (Turcz.) Steven var. *sericea* (Maxim.) H. Hara
지치과

참꽃마리

전국의 산 숲 속에 자라는 여러해살이풀이다. 전체에 눌린 털이 난다. 줄기는 여러 대가 모여나며, 비스듬히 서고, 높이 10~15cm로 자란 후 땅 위를 기며 더 자란다. 잎은 어긋나며, 난형, 길이 2~5cm, 폭 1.5~3.0cm, 가장자리가 밋밋하다. 잎자루는 뿌리잎에서는 길고, 줄기잎에서는 짧다.

전국
다년초

꽃은 4~5월에 줄기 위쪽의 잎겨드랑이 조금 위에 피는데 5~15개가 총상꽃차례를 이루며, 하늘색 또는 연한 보라색, 지름 7~10mm다. 꽃자루는 길이 1~2cm다. 화관은 통 모양이며, 5갈래로 갈라진다. 열매는 소견과이며, 4개로 갈라진다. 일본과 만주에도 분포한다.

식별포인트 덩굴꽃마리(*T. icumae* (Maxim.) Makino)에 비해서 꽃차례에 잎이 달리며, 전체에 눌린 털이 나므로 구분된다.

장소		날짜	
특이사항			

금창초

Ajuga decumbens Thunb.
꿀풀과

남부 지방
다년초

경상남도, 울릉도, 전라남도, 전라북도, 제주도의 마을 근처 또는 들판에 자라는 여러해살이풀이다. 줄기는 옆으로 뻗고, 높이 5~15cm다. 뿌리잎은 여러 장이 모여나며, 길이 4~6cm, 폭 1~2cm, 가장자리에 톱니가 있다. 줄기잎은 마주나며, 길이 1.5~3.0cm다. 꽃은 4~6월에 잎겨드랑이에서 여러 개가 돌려나며, 분홍색 또는 자주색이다. 꽃받침은 5갈래, 털이 난다. 화관은 길이 1.0~1.3cm, 윗입술은 2갈래, 아랫입술은 3갈래로 갈라진다. 수술은 4개다. 열매는 소견과다. '금란초'라고도 부른다

식별포인트 조개나물(*A. multiflora* Bunge)에 비해서 주로 남부 지방에 분포하며, 줄기는 옆으로 눕고, 전체에 곱슬곱슬한 털이 많으므로 구분된다.

장소	날짜
특이사항	

Ajuga multiflora Bunge
꿀풀과

조개나물

전국의 저지대 양지바른 곳에 자라는 여러해살이풀이다. 전체에 길고 흰 털이 많다. 줄기는 곧추서며, 높이 10~30cm다. 잎은 마주난다. 뿌리잎은 피침형, 길이 17cm쯤이다. 줄기잎은 잎자루가 없고, 난형 또는 긴 타원형, 길이 1.5~4.0cm, 폭 0.7~2.0cm다. 꽃은 4~5월에 5~10개씩 잎겨드랑이에 층층이 돌려 달리며, 자주색이다. 꽃자루는 없다. 꽃받침은 위쪽이 5갈래로 갈라진다. 화관은 긴 통 모양이며, 길이 1.4~2.2cm다. 윗입술은 짧고, 아랫입술은 3갈래로 갈라진다. 수술은 4개이며, 2개가 길다. 열매는 소견과다.

식별포인트 금창초(*A. decumbens* Thunb.)에 비해서 전국에서 볼 수 있으며, 줄기는 똑바로 서고, 전체에 하얀 솜털이 많으므로 구분된다.

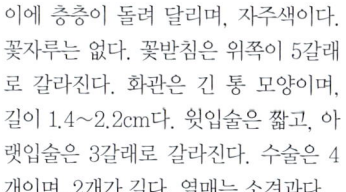

전국
다년초

장소	날짜
특이사항	

긴병꽃풀

Glechoma longituba (Nakai) Kuprian.
꿀풀과

전국
다년초

제주도를 제외한 전국의 숲 가장자리에 드물게 자라는 여러해살이풀이다. 줄기는 높이 10~20cm, 꽃이 진 다음 50cm 이상으로 길게 자라 뻗는다. 잎은 마주나며, 신장상 심장형, 길이 1.5~2.5cm, 폭 2~3cm, 가장자리에 둥근 톱니가 있다. 잎자루는 길이 2~6cm다. 꽃은 4~5월에 잎겨드랑이에서 1~3개씩 달리며, 연한 자주색이다. 꽃받침은 화관 길이의 절반 이하이며, 갈래는 난상 삼각형으로 끝이 뾰족하다. 화관은 입술 모양이며, 길이 1.5~2.5cm, 안쪽에 짙은 자주색 반점이 있다. 윗입술은 끝이 오목하게 들어간다. 아랫입술은 3갈래이며, 윗입술보다 두 배쯤 길고, 가운데 갈래가 가장 큰데 안쪽에 흰색 긴 털이 난다. 열매는 분과이며, 타원형이다.

식별포인트 우리나라의 꿀풀과 식물들에 비해서 잎은 신장상 심장형이며, 꽃은 잎자루가 있는 잎겨드랑이에서 3~5개씩 층을 이루어 피고, 화관의 윗입술은 투구 모양이 아니므로 구분된다.

장소	날짜
특이사항	

Lamium album L. var. *barbatum* (Siebold et Zucc.) Franch. et Sav.
꿀풀과

광대수염

전국의 습기 많은 물가 또는 숲 속에 자라는 여러해살이풀이다. 줄기는 네모가 지고, 높이 30~60cm, 털이 조금 있다. 잎은 마주나며, 난형 또는 타원형, 길이 5~10cm, 폭 3~8cm, 끝이 뾰족하고, 가장자리에 톱니가 있다. 잎 양면은 맥 위에 털이 드문드문 난다. 꽃은 4~6월에 잎겨드랑이에서 5~6개씩 층층이 달리며, 흰색 또는 연한 노란색이다. 꽃이 달리는 잎에도 잎자루가 있다. 화관의 아랫입술은 넓게 퍼지며, 옆에 부속체가 있다. 수술은 2강웅예이며, 암술은 1개다. 열매는 소견과다.

전국
다년초

식별포인트 북부 지방에 분포하는 호광대수염(*L. cuspidatum* Nakai)은 잎이 긴 타원형 또는 난상 피침형으로서 길쭉하며, 꽃은 연한 보라색이므로 다르다. 내몽고 등 더욱 북쪽에 자라며, 꽃이 달리는 곳의 잎에 잎자루가 없는 왜광대수염(*L. album* L.)은 남한에 분포하지 않는다.

장소	날짜
특이사항	

광대나물

Lamium amplexicaule L.
꿀풀과

전국
이년초

전국의 양지바른 밭이나 길가에 자라는 두해살이풀이다. 줄기는 밑에서 많이 갈라지며, 높이 10~30cm, 자줏빛이 돈다. 잎은 마주나며, 아래쪽의 것은 원형으로 지름 1~2cm, 잎자루가 길다. 위쪽 잎은 잎자루가 없고, 반원형, 양쪽에서 줄기를 완전히 둘러싼다. 꽃은 3~5월에 잎겨드랑이에서 여러 개가 피며, 붉은 보라색이다. 보통 이른봄에 꽃이 피지만 남부 지방에서는 겨울철인 11~2월에도 꽃을 볼 수 있다. 화관은 길이 1.5~2.0cm이며, 통이 길고, 위쪽에서 갈라지며, 아랫입술은 3갈래로 갈라진다. 열매는 소견과이며, 난형이다.

식별포인트 우리나라의 광대나물속 식물들에 비해서 한해 또는 두해살이풀이며, 꽃은 길이 2cm 이하로서 작으므로 구분된다.

장소	날짜
특이사항	

Meehania urticifolia (Miq.) Makino
꿀풀과

벌깨덩굴

전국의 산 숲 속에 자라는 여러해살이풀이다. 줄기는 사각형이며, 꽃이 진 후에 옆으로 길게 뻗는다. 꽃줄기는 높이 15~30cm, 잎이 5쌍쯤 마주난다. 잎몸은 심장형, 길이 2~5cm, 폭 2.0~3.5cm, 가장자리에 톱니가 있다. 꽃은 4~6월에 꽃줄기 위쪽 잎겨드랑이에서 한 쪽을 향해 피며, 보라색이다. 꽃받침은 끝이 5갈래로 갈라진다. 화관의 윗입술은 2갈래로 깊게 갈라지며, 아랫입술은 3갈래로 갈라진다. 수술은 4개이며, 뒤에 있는 2개가 길다. 열매는 소견과다. 러시아, 일본, 중국에도 분포한다.

식별포인트 우리나라의 벌깨덩굴속은 한 종으로 이루어진다. 배초향속(*Agastache*)에 비해서 수술은 화관 밖으로 나오지 않고, 서로 다른 줄에 2개씩 난 수술은 서로 교차하지 않으므로 구분된다.

전국
다년초

배암차즈기

Salvia plebeia R. Br.
꿀풀과

전국
이년초

전국의 저지대 습한 곳에 자라는 두해살이풀이다. 줄기는 네모지고, 밑을 향한 잔털이 있으며, 높이 30~70cm다. 뿌리잎은 꽃이 필 때 마른다. 줄기잎은 마주나며 긴 타원형 또는 넓은 피침형, 길이 3~6cm, 폭 1~2cm, 가장자리에 둔한 톱니가 있다. 꽃은 5~7월에 줄기 끝과 위쪽 잎겨드랑이에서 난 길이 8cm쯤의 총상꽃차례에 달리며, 연한 보라색이다. 화관은 길이 4~5mm, 작은 입술 모양이다. 수술은 4개지만, 2개만 완전하다. 암술은 1개이며, 끝이 2갈래로 갈라지고, 화관 밖으로 나온다. 열매는 소견과이며, 넓은 타원형이다.

식별포인트 우리나라의 배암차즈기속 식물들에 비해서 두해살이풀이며, 잎은 홑잎으로서 긴 타원형 또는 넓은 피침형이고, 꽃은 봄에 피므로 구분된다.

장소	날짜
특이사항	

Scopolia lutescens Y.N. Lee
가지과

노랑미치광이풀

강원도의 산 숲 속에 매우 드물게 자라는 한국특산의 여러해살이풀이다. 줄기는 높이 50cm쯤, 위쪽에서 가지를 치기도 한다. 잎은 어긋나며, 난형, 길이 14cm, 폭 6cm쯤이다. 꽃은 4~5월에 잎겨드랑이에서 난 꽃자루에 1개씩 달리며, 노란색이다. 화관은 종 모양이며, 길이 1.5~2.0cm, 지름 1.0cm쯤이다. 꽃받침은 5갈래로 갈라지는데 갈래는 크기가 다르며, 연한 녹색이다. 수술은 5개이며, 수술대 밑쪽에 털이 나고, 꽃밥은 노란색이다. 꽃 색깔에 있어서 미치광이풀과 노랑미치광이풀의 중간형도 나타나므로 종으로서의 타당성을 검토할 필요가 있다.

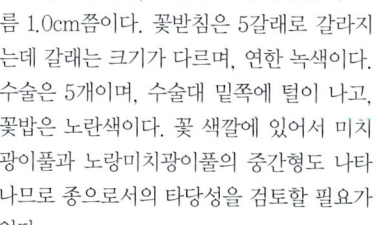

식별포인트 미치광이풀(*S. parviflora* (Dunn) Nakai)에 비해서 꽃은 노란색이며, 잎은 녹색이지만 색깔이 더욱 연하므로 구분된다.

강원도
다년초

장소	날짜
특이사항	

미치광이풀

Scopolia parviflora (Dunn) Nakai
가지과

전국
다년초

제주도를 제외한 전국의 산 숲 속에 자라는 한국특산의 여러해살이풀이다. 뿌리줄기는 퉁퉁하며, 마디가 많고, 여러 개의 줄기가 나온다. 줄기는 곧추서며, 가지가 조금 갈라지고, 높이 30~60cm다. 잎은 어긋나며, 난형, 길이 10~20cm,, 폭 3~7cm, 가장자리가 밋밋하다. 꽃은 4~5월에 잎겨드랑이에서 난 꽃자루에 1개씩 달리며, 검은빛이 도는 보라색, 길이 1.2~2.0cm. 꽃받침은 5갈래로 갈라지는데 갈래는 크기가 다르며, 녹색이다. 화관은 종 모양이며, 가장자리가 5갈래로 얕게 갈라진다. 열매는 삭과이며, 둥글다. 일본산(*S. japonica* Maxim.)과 같은 것으로 보거나 일본산의 변종으로 보는 견해도 있다.

식별포인트 우리나라의 가지과 식물들에 비해서 열매는 가시가 없는 삭과이며, 꽃은 잎겨드랑이에서 1개씩 피므로 구분된다.

장소	날짜
특이사항	

Mazus pumilus (Burm. fil.) van Steenis
현삼과

주름잎 279

전국의 습기 있는 밭둑과 논둑에 자라는 한해살이풀이다. 줄기는 곧추서거나 조금 옆으로 누워 자라며, 높이 5~20cm다. 잎은 마주나지만 위쪽에서는 어긋나며, 도란형 또는 쐐기 모양, 길이 2~6cm, 폭 0.8~1.5cm, 가장자리에 톱니가 있고, 주름이 진다. 꽃은 4~10월에 줄기 끝의 총상꽃차례에 3~20개씩 피며, 보라색, 길이 1.0~1.2cm다. 꽃자루는 길이 0.5~1.5cm다. 꽃받침은 종 모양, 중간까지 5갈래로 갈라진다. 화관은 입술 모양이며, 아랫입술은 3갈래로 갈라지고 겉에 빈점이 있는 노란색 줄이 2개 있다. 수술은 4개다. 열매는 삭과이며, 둥글다.

식별포인트 누운주름잎(*M. miquelii* Makino)에 비해서 여러해살이풀이 아니며, 줄기 아래쪽에서 기는줄기가 나오지 않고, 꽃은 작으므로 구분된다.

전국
일년초

장소

날짜

특이사항

280 참오동나무

Paulownia tomentosa (Thunb.) Steud.
현삼과

중국
교목

중국 원산으로 전국에서 심어 기르는 낙엽 큰키나무다. 줄기는 높이 15~20m다. 잎은 마주나며, 넓은 난형 또는 넓은 심장형, 길이 15~30cm, 폭 10~25cm, 끝이 뾰족하다. 잎 뒷면은 연한 흰색 털이 많은데 특히 맥 위에 많다. 잎자루는 길이 6~20cm로 길고, 끈적거리는 샘털이 난다. 꽃은 5~6월에 가지 끝의 원추꽃차례에 피며, 연한 보라색, 향기가 난다. 꽃받침은 얕은 종 모양이며, 갈색 털이 많다. 화관은 종 모양이며, 끝이 5갈래로 갈라지는데 갈래는 입술 모양이다. 아랫입술의 안쪽에 보라색 점선이 있다. 열매는 삭과이며, 난형, 길이 3~4cm, 익으면 2조각으로 갈라진다.

식별포인트 한국특산식물로서 중부 이남에 분포하는 오동나무(*P. coreana* Uyeki)는 잎이 난형이며, 잎 뒷면에 갈색 털이 드문드문 나고, 화관 안쪽에 보라색 점선이 없으므로 다르다.

장소	날짜
특이사항	

Veronica arvensis L.
현삼과

선개불알풀

유럽 원산으로 중부 지방 이남의 저지대에 자라는 한해 또는 두해살이 귀화식물이다. 전체에 연하고 긴 털이 난다. 줄기는 곧추서며, 밑에서 가지가 갈라지고, 높이 10~30cm다. 잎은 아래쪽에서는 마주나며, 난상 원형, 길이 1~2cm, 폭 0.7~1.5cm다. 줄기 위쪽의 잎은 어긋나며, 넓은 선형, 작다. 잎 양면은 잔털이 난다. 꽃은 4~6월에 줄기 위쪽의 잎겨드랑이에서 피며, 보라색, 지름 3~5mm다. 꽃자루는 길이 2mm쯤으로 짧다. 꽃받침은 길이 4~6mm, 4갈래로 갈라진다. 화관은 4갈래로 갈라진다. 수술은 2개다. 열매는 삭과이며, 끝이 깊게 파진다.

식별포인트 큰개불알풀(*V. persica* Poir.)에 비해서 줄기는 보통 곧추서며, 꽃은 훨씬 작고, 꽃자루는 없는 것처럼 보일 정도로 짧으므로 구분된다.

중부 이남
일년초

장소	날짜
특이사항	

282 큰개불알풀

Veronica persica Poir.
현삼과

유럽
이년초

유럽 원산으로 남부 지방에 들어와 자라는 두해살이 귀화식물이다. 전체에 부드러운 털이 난다. 줄기는 가지가 갈라져서 아래쪽이 비스듬히 자라며, 높이 10~40cm다. 잎은 아래쪽에서는 마주나지만 위쪽에서는 어긋나며, 난상 원형, 길이 7~18mm, 폭 6~15mm, 가장자리에 끝이 둔한 톱니가 3~5개씩 있다. 잎 양면은 털이 드문드문 난다. 꽃은 3~5월에 잎겨드랑이에서 1개씩 달리며, 하늘색, 지름 7~10mm다. 꽃자루는 길이 1~4cm다. 꽃받침은 4갈래로 갈라진다. 화관은 4갈래로 갈라지는데, 아래쪽의 것이 조금 작다. 열매는 삭과다.

식별포인트 개불알풀(*V. didyma* Ten. var. *lilacina* (H. Hara) T. Yamaz.)은 잎의 길이와 폭이 각각 4~11mm로서 작으며, 꽃은 보통 연한 붉은 빛이 나는 흰색, 지름 3~4mm로서 작고, 꽃자루는 길이 3~7mm로서 짧으므로 다르다.

장소	날짜
특이사항	

Veronica anagallis-aquatica L.
현삼과

큰물칭개나물

전국의 습지 또는 개울에 자라는 두해살이풀이다. 전체에 털이 거의 없다. 뿌리줄기는 옆으로 뻗는다. 줄기는 아래쪽이 비스듬히 누우며, 높이 30~60cm다. 잎은 마주나며, 피침형 또는 긴 타원상 피침형, 길이 4~7cm, 폭 0.8~1.5cm, 끝이 뾰족하고, 밑이 줄기를 반쯤 감싼다. 잎자루는 없다. 꽃은 4~6월에 줄기 위쪽의 잎겨드랑이에서 나온 꽃대 끝에 총상꽃차례로 피며, 연한 보라색 또는 흰색, 지름 4~5mm다. 꽃차례는 길이 5~12cm, 폭은 1cm쯤이고, 보통 털이 나지 않는다. 꽃자루는 꽃차례 중심축에 예각으로 붙고, 열매가 달릴 때 길이 4~10mm이며 끝이 굽어서 열매가 똑바로 선다. 꽃받침은 4갈래로 갈라진다. 열매는 삭과다.

전국 이년초

식별포인트 물칭개나물(*V. undulata* Wall. ex Jack)은 꽃자루가 꽃차례 중심축에 직각으로 붙고, 끝이 구부러지지 않으며, 꽃은 더욱 작고 보통 색깔이 연하므로 다르다.

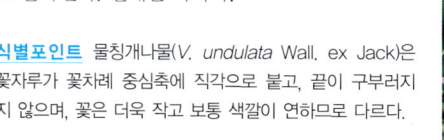

장소	날짜
특이사항	

개종용

Lathraea japonica Miq.
열당과

울릉도의 숲 속에 자라는 여러해살이 기생식물이다. 엽록소가 없으므로 전체가 흰색을 띤다. 줄기는 곧추서며, 비늘조각이 드문드문 달리고, 높이 10~30cm다. 꽃은 4~5월에 줄기 끝에서 난 길이 5~13cm의 총상꽃차례에 여러 개가 달리며, 분홍빛이 도는 흰색이다. 화관은 긴 통 모양이며, 길이 1.2~1.5cm, 끝 부분은 입술 모양이다. 수술은 4개다. 열매는 삭과다. 일본에도 분포한다. 울릉도에서는 너도밤나무에 기생한다. 씨방의 특징이 며느리밥풀속(*Melampyrum*)과 비슷하므로 현삼과에 넣기도 한다.

울릉도
다년초

식별포인트 우리나라의 열당과 식물들에 비해서 울릉도에만 자라며, 꽃은 봄에 가장 일찍 피고, 꽃받침은 종 모양으로서 끝이 4갈래, 꽃자루는 짧기는 하지만 있으므로 구분된다.

Abelia biflora Turcz.
인동과

털댕강나무

충청북도, 경기도, 강원도, 북부 지방의 저지대 석회암 지역 또는 높은 산 바위지대에 자라는 낙엽 떨기나무다. 줄기는 곧추서며, 높이 1~3m, 겉에 6개의 골이 있고, 거친 털이 난다. 잎은 마주나며, 난형 또는 타원형, 길이 1.5~7.0cm, 폭 0.5~3.0cm, 가장자리에 불규칙한 톱니가 있다. 잎자루는 길이 0.5~1.0cm다. 꽃은 4~5월에 보통 가지 끝에 2개씩 달리며, 연한 노란빛이 도는 흰색이다. 꽃자루는 길이 0.5~1.0cm다. 꽃받침은 4갈래로 갈라지며, 꽃 핀 후에 더 자란다. 화관은 깔때기 모양, 길이 1.0~1.5cm다. 수술은 4개이며, 2개가 길다. 열매는 수과이며, 길이 0.5~1.5cm, 심하게 휜다. 중국 황하 이북에서 만주, 우수리 지역까지 널리 분포한다.

식별포인트 줄댕강나무(*A. tyaihyoni* Chung ex Nakai)에 비해서 잎 가장자리는 불규칙한 톱니가 있으며, 꽃은 조금 일찍 2개씩 피고, 붉은 빛이 없어서 화려하지 않으므로 구분된다.

중부 이북 관목

장소	날짜
특이사항	

286 섬댕강나무

Abelia insularis Nakai
인동과

울릉도
관목

경상북도 울릉도의 바위지대에 드물게 자라는 한국특산의 낙엽 떨기나무다. 줄기는 높이 0.8~1.0m이며, 겉에 6개의 골이 있고, 털이 거의 없다. 잎은 마주나며, 난형 또는 타원형, 길이 3~5cm, 폭 1~2cm, 위쪽에 톱니가 몇 개 있다. 잎 양면은 털이 없다. 꽃은 4~5월에 가지 끝에서 2개씩 피며, 노란빛이 도는 흰색이다. 꽃자루는 털이 없다. 꽃받침은 4~5갈래로 갈라진다. 화관은 깔때기 모양이며, 길이 0.8~1.2cm다. 열매는 삭과다.

식별포인트 털댕강나무(*A. biflora* Turcz.)와 비슷하며, 같은 것으로 보기도 하지만, 대양 섬이라는 특수 환경에서 적응하고 있는 식물임을 감안한 분류학적 연구가 필요하다. 털댕강나무에 비해서 작고, 전체에 털이 거의 없으므로 구분된다.

장소	날짜
특이사항	

Abelia tyaihyoni Chung ex Nakai
인동과

줄댕강나무

충청북도 단양, 음성, 제천, 강원도 영월의 석회암 지대, 평안남도 맹산의 산기슭에 드물게 자라는 한국특산의 낙엽 떨기나무다. 줄기는 겉에 6개의 골이 있으며, 마디가 굵고, 높이 1~3m다. 잎은 마주나며, 난형 또는 타원형, 길이 4~6cm, 폭 2~3cm다. 잎 가장자리는 보통 밋밋하지만, 어린 가지에서는 크게 갈라지기도 한다. 잎자루는 길이 1cm 이하다. 꽃은 5~6월에 햇가지 위쪽의 잎겨드랑이에 취산꽃차례로 달리며, 바깥쪽은 연한 붉은 색이고 안쪽은 흰색이다. 꽃받침은 5갈래로 갈라지며, 갈래는 타원형이다. 화관은 깔때기 모양이며, 길이 1.5cm쯤이다. 열매는 수과이며, 길이 1cm쯤이다.

충북 강원
관목

식별포인트 맹산에 분포하며 전체가 큰 것을 댕강나무(*A. mosanensis* Chung ex Nakai)로 나누기도 하지만 이 종과 같은 것이다. 서식 환경이 나쁘면 줄기가 땅 위를 기고 꽃이 작지만, 환경이 좋으면 키가 3m까지 자라며 땅 위를 기지도 않는다.

장소	날짜
특이사항	

댕댕이나무

Lonicera caerulea L. var. *edulis* Turcz. ex Herder

인동과

전국
관목

제주도 한라산, 강원도 계방산, 설악산, 점봉산 및 북부 지방의 높은 산에 자라는 낙엽 떨기나무다. 줄기는 가지가 많이 갈라지며, 높이 1.0~1.5m다. 줄기의 속은 흰색이며, 꽉 찬다. 잎은 마주나며, 긴 타원형 또는 난상 타원형, 길이 1~4cm, 폭 1cm쯤, 가장자리가 밋밋하고 털이 난다. 잎자루는 길이 1~6mm다. 꽃은 5~6월에 잎겨드랑이에서 난 길이 0.2~1.0cm의 꽃자루 끝에 2개씩 달리며, 노란빛이 도는 흰색이다. 화관은 긴 종 모양, 길이 1.2~1.5cm, 끝이 같은 크기로 5갈래로 갈라진다. 열매는 장과이며, 2개가 완전히 합쳐지고, 타원형, 길이 0.8~1.2cm, 7~9월에 검게 익는다.

식별포인트 우리나라의 인동덩굴속 식물들에 비해서 높은 산 능선의 바위지대에서 드물게 볼 수 있고, 열매는 길쭉하며 검게 익으므로 구분된다.

장소	날짜
특이사항	

Lonicera harai Makino
인동과

길마가지나무

전국
관목

전국의 산기슭 숲 가장자리에 자라는 낙엽 떨기나무다. 줄기는 가지가 많이 갈라지고, 높이 1~3m, 속은 흰색으로 꽉 찬다. 잎은 마주나며, 타원형 또는 난상 타원형, 길이 2.5~7.0cm, 폭 2.0~4.5cm, 가장자리에 거친 털이 난다. 잎 앞면은 거친 털이 많고, 뒷면은 털이 조금 난다. 잎자루는 짧고, 거친 털이 난다. 꽃은 3~4월에 잎보다 먼저 어린 가지의 아래쪽 잎겨드랑이에서 2개씩 피며, 노란빛이 도는 흰색이다. 꽃자루는 길이 0.5~1.0cm, 긴 털이 난다. 포잎은 피침형, 털이 난다. 화관은 입술 모양, 길이 1.0~1.2cm다. 화관 통부의 아래쪽은 불룩하다. 수술은 5개, 꽃밥은 노란색이다. 열매는 장과이며, 절반 이상까지 합쳐지고, 5~7월에 붉게 익는다.

식별포인트 올괴불나무(*L. praeflorens* Batalin)와 함께 꽃이 잎보다 먼저 피는 식물이다. 올괴불나무에 비해서 잎은 양면에 거친 털이 나며, 꽃은 노란빛이 도는 흰색으로 향기가 강하고, 화관은 입술 모양, 열매는 절반 이상이 합쳐지므로 구분된다.

장소	날짜
특이사항	

인동덩굴

Lonicera japonica Thunb. ex Murray
인동과

전국
관목

북부 지방을 제외한 전국의 산과 들에 흔하게 자라는 낙엽 덩굴나무다. 줄기는 오른쪽으로 감겨 올라가며, 속이 비고, 길이 5m쯤이다. 잎은 마주나며, 넓은 피침형 또는 난상 타원형, 길이 3~8cm, 폭 1~3cm, 가장자리가 밋밋하다. 잎자루는 털이 난다. 꽃은 5~8월에 잎겨드랑이에서 1~2개씩 달리며, 처음은 흰색이지만 나중에 노란색으로 변한다. 화관은 입술 모양이며, 길이 3~4cm다. 수술은 5개이고, 암술은 1개다. 열매는 장과이며, 둥글고, 지름 7~8mm, 9~10월에 검게 익는다. 줄기는 망태기 등을 만드는 데 쓰고, 잎과 꽃을 한약재로 쓴다.

식별포인트 우리나라의 인동덩굴속 식물들에 비해서 줄기는 덩굴지며, 열매는 둥글고 검게 익으므로 구분된다.

장소	날짜
특이사항	

Lonicera maackii (Rupr.) Maxim.
인동과

괴불나무

전국의 산기슭과 골짜기에 자라는 낙엽 떨기나무다. 줄기는 속이 갈색이지만 반쯤 비며, 높이 2~5m다. 잎은 마주나며, 난상 타원형 또는 긴 도란형, 길이 5~10cm, 폭 2.5~3.5cm, 가장자리가 밋밋하다. 잎 양면은 털이 난다. 잎자루는 길이 0.3~1.0cm다. 꽃은 5~6월에 잎겨드랑이에서 난 길이 2~4mm의 꽃자루 끝에 2개씩 달리며, 흰색에서 노란색으로 변한다. 꽃받침은 5갈래로 갈라진다. 화관은 입술 모양, 갈래는 길이 1.3cm, 통부는 길이 3mm쯤이다. 열매는 장과이며, 2개가 서로 떨어져 있고, 지름 7~8mm, 둥글다. 9~10월에 붉게 익는다.

전국
관목

식별포인트 우리나라의 인동덩굴속 식물들에 비해서 줄기의 속이 갈색으로 반쯤 비며, 꽃자루는 길이 2~4mm로 매우 짧으므로 구분된다.

장소	날짜
특이사항	

섬괴불나무

Lonicera insularis Nakai
인동과

울릉도
관목

경상북도 울릉도와 독도에 흔하게 자라는 한국특산의 낙엽 떨기나무다. 전체에 털이 많다. 줄기는 곧추서며, 가지가 많이 갈라지고, 높이 2~4m, 골속은 갈색이다. 잎은 마주나며, 넓은 타원형 또는 난형, 길이 4~8cm, 폭 2~4cm, 가장자리에 털이 난다. 꽃은 5~6월에 잎겨드랑이에서 난 꽃자루 끝에 2개씩 피며, 처음에는 흰색이지만 나중에 노란빛을 띤다. 꽃자루는 길이 1cm쯤이다. 꽃받침은 5갈래로 갈라지며, 갈래는 난형 또는 타원형이다. 화관은 입술 모양이며, 길이 1.5~2.0cm, 윗입술은 4갈래로 갈라진다. 수술은 5(6)개다. 열매는 장과이며, 2개로 완전히 분리되고, 6~7월에 붉게 익는다.

식별포인트 일본 홋카이도와 혼슈의 동해 쪽에 분포하는 *L. morrowii* A. Gray와 같은 것으로 보기도 하지만, 높이, 잎, 꽃, 열매 등이 모두 크므로 구분된다.

장소	날짜
특이사항	

Lonicera praeflorens Batalin
인동과

올괴불나무

전국의 산 숲 속에 자라는 낙엽 떨기나무다. 줄기는 가지가 많이 갈라지며, 높이 1~3m, 속이 흰색으로 꽉 찬다. 잎은 마주나며, 넓은 난형 또는 타원형, 길이 3~6cm, 폭 1.5~3.0cm, 가장자리에 부드러운 털이 난다. 어린잎은 양면에 흰색 털이 많다. 잎자루는 길이 2~4mm다. 꽃은 3~4월에 잎보다 먼저 묵은 가지의 잎겨드랑이에서 난 3~8mm의 꽃자루 위에 2개씩 피며, 붉은 빛이 도는 흰색, 향기가 없다. 화관은 길이 1.0~1.5cm이며, 끝이 5갈래로 고르게 갈라지고, 갈래는 통부와 길이가 비슷하다. 수술은 5개이며, 화관 밖으로 나오고, 꽃밥은 붉은 보라색이다. 열매는 장과이며, 2개가 밑 부분이 합쳐지고, 5~6월에 붉게 익는다.

식별포인트 길마가지나무(*L. harai* Makino)와 함께 잎보다 꽃이 먼저 핀다. 길마가지나무에 비해서 꽃은 붉은 빛을 띠고, 화관 갈래의 모양과 크기가 비슷하며, 열매는 밑 부분만이 합쳐지므로 구분된다.

전국
관목

장소	날짜
특이사항	

294 왕괴불나무

Lonicera vidalii Franch. et Sav.
인동과

중부 이남
관목

중부 지방 이남의 산 숲 속에 자라는 낙엽 떨기나무다. 줄기는 속이 흰색으로 꽉 차며, 어린 가지에 샘털이 있으나 없어지고, 높이 2~5m다. 잎은 마주나며, 타원형 또는 긴 타원형, 길이 3~10cm, 폭 2~5cm, 끝이 길게 뾰족하고, 가장자리가 밋밋하다. 잎 양면은 털이 나는데 특히 뒷면 맥 위에 많다. 잎자루는 길이 0.5~2.0cm이며, 털이 난다. 꽃은 5~6월에 잎겨드랑이에서 난 길이 1.0~2.5cm의 꽃자루 끝에 2개씩 달리며, 노란빛이 도는 흰색이다. 포는 2장이며, 선형, 길이 2~3mm, 작은포는 난형이다. 화관은 입술 모양이며, 길이 1cm쯤이다. 열매는 장과이며, 2개가 가운데까지 합쳐지고, 7~8월에 붉게 익는다. 일본에도 분포한다.

식별포인트 우리나라의 인동덩굴속 식물들에 비해서 덕유산, 지리산 등 남부 지방의 높은 산에 자라며, 열매는 2개가 중앙까지 합쳐지고, 지름 1.5cm쯤으로 크므로 구분된다.

장소	날짜
특이사항	

Sambucus sieboldiana (Miq.) Blume var. *miquelii* (Nakai) H. Hara
인동과

딱총나무

제주도를 제외한 전국의 산 숲 속에 자라는 낙엽 떨기나무다. 줄기는 높이 4~6m다. 새 가지는 녹색, 오래된 줄기에는 코르크가 발달한다. 잎은 마주나며, 작은잎 5~9장으로 된 깃꼴겹잎이다. 작은잎은 피침형, 길이 4~8cm, 폭 2~3cm, 가장자리에 안쪽으로 굽은 톱니가 있다. 잎 앞면은 맥 위에 털이 나고, 뒷면은 전체에 털이 있다. 꽃은 4~5월에 가지 끝의 원추꽃차례에 피며, 노란빛이 도는 녹색이다. 열매는 핵과이며, 7~8월에 붉게 익는다.

식별포인트 제주도에 자라는 기본종인 덧나무(*S. sieboldiana* (Miq.) Blume)는 잎에 털이 없으며, 꽃차례에는 혹 모양의 털이 없으므로 다르다.

전국
관목

장소	날짜
특이사항	

말오줌나무

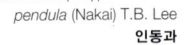

Sambucus sieboldiana (Miq.) Blume var. *pendula* (Nakai) T.B. Lee

인동과

경상북도 울릉도의 숲 가장자리 또는 숲 속에 자라는 한국특산의 낙엽 떨기나무다. 줄기는 코르크가 발달하며, 높이 5~6m다. 잎은 마주나며, 작은잎 5~7장으로 된 깃꼴겹잎이다. 작은잎은 피침형, 길이 10~15cm, 폭 5~6cm, 안으로 굽은 톱니가 있다. 꽃은 3~5월에 가지 끝의 산방상 원추꽃차례에 달리며, 노란빛이 도는 녹색이다. 꽃받침 갈래는 삼각형이며, 뒤로 젖혀진다. 열매는 핵과이며, 7~8월에 붉게 익는다. 울릉도에 분포하므로 '울릉말오줌대'라고 부르기도 한다.

울릉도 관목

식별포인트 딱총나무(*S. sieboldiana* (Miq.) Blume var. *miquelii* (Nakai) H. Hara)에 비해서 꽃차례는 더욱 크고 밑을 향해 조금 드리워지는데, 열매가 익을 때는 완전히 밑을 향하므로 구분된다.

장소	날짜
특이사항	

Viburnum carlesii Hemsl.
인동과

분꽃나무

제주도를 제외한 전국의 산기슭 양지바른 곳에 자라는 낙엽 떨기나무다. 줄기는 높이 1~2m다. 어린 가지에 별 모양 털이 많다. 잎은 마주나며, 넓은 난형 또는 원형, 길이 3~8cm, 폭 2.5~7.0cm, 밑이 둥글거나 얕은 심장 모양이고, 가장자리에 톱니가 있다. 잎 양면은 별 모양 털이 난다. 꽃은 4~5월에 지난해 가지 끝에서 난 지름 3~5cm의 취산꽃차례에 달리며, 연한 분홍색, 향기가 강하다. 화관은 끝이 5갈래로 갈라진다. 수술은 5개이며, 화관 속에 들어 있다. 열매는 핵과이며, 처음에는 붉은 색이지만 완전히 익으면 검은 색이다. 서해안 지대에 특히 많다. 일본 쓰시마 섬에 분포힌다. 혼슈, 시코쿠, 큐슈에는 변종인 섬분꽃나무(*V. carlesii* Hemsl. var. *bitchiuense* (Makino) Nakai)가 분포한다.

식별포인트 우리나라의 가막살나무속 식물들에 비해 화관이 통 모양이고, 화관의 통부가 화관 갈래보다 길므로 구분된다.

전국 관목

장소	날짜
특이사항	

298 분단나무

Viburnum furcatum Blume
인동과

제주도
울릉도
관목

제주도와 울릉도의 숲 속에 자라는 낙엽 떨기나무다. 줄기는 높이 5~6m다. 잎은 마주나며, 넓은 난형, 길이 7~15cm, 폭 5~10cm, 밑이 심장 모양이고, 가장자리에 둔한 톱니가 있다. 꽃은 4~5월에 햇가지 끝에 꽃대가 없는 취산꽃차례로 달리며, 흰색이다. 꽃차례 가장자리에는 지름 2~3cm의 무성꽃이 달리며, 잎 1쌍이 꽃차례를 받친다. 열매는 핵과이며, 처음에는 붉지만 완전히 익으면 검은색이다. 일본과 대만에도 분포한다.

<u>식별포인트</u> 백당나무(*V. opulus* L. var. *calvescens* (Rehder) H. Hara)와 함께 꽃차례의 가장자리에 무성화가 달린다. 백당나무는 잎몸이 3갈래로 갈라지고, 무성화의 화관 갈래는 보다 얕게 갈라지므로 다르다.

장소	날짜
특이사항	

Viburnum koreanum Nakai
인동과

배암나무

경상남도 지리산, 전라북도 덕유산, 강원도 이북의 높은 산에 자라는 낙엽 떨기나무다. 줄기는 높이 1~2m이며, 골속은 희다. 잎은 마주나며, 둥근 모양, 길이 3~7cm, 폭 2~8cm, 끝이 보통 3갈래로 얕게 갈라지고, 가장자리에 톱니가 있다. 잎 뒷면은 연한 녹색이며, 전체에 샘털이 나고, 맥 위에 별 모양 털이 난다. 잎자루는 길이 0.2~2.0cm다. 꽃은 5~6월에 햇가지 끝에 3~10개가 산형꽃차례로 달리며, 모두 양성꽃이고, 흰색, 지름 6~7mm다. 열매는 핵과이며, 9~10월에 붉게 익는다. 일본 홋카이도, 만주에도 분포한다.

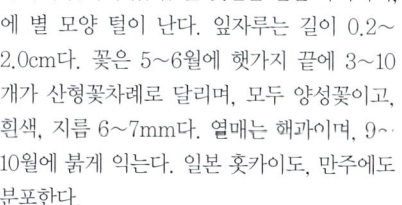

강원 이북
관목

식별포인트 백당나무(*V. opulus* L. var. *calvescens* (Rehder) H. Hara)와 함께 잎 위쪽이 3갈래로 갈라진다. 백당나무에 비해서 높은 산에 드물게 분포하며, 꽃차례의 가장자리에 무성화가 달리지 않으므로 구분된다.

붉은병꽃나무

Weigela florida (Bunge) A. DC.
인동과

전국
관목

전국의 산 숲 속에 자라는 낙엽 떨기나무다. 줄기는 높이 1.5~2.0m, 어린 가지에는 모서리처럼 된 줄이 있다. 잎은 마주나며, 타원형 또는 난형, 길이 4~10cm, 폭 2~4cm, 가장자리에 톱니가 있다. 잎 뒷면은 가운데 맥 위에 구부러진 흰털이 많다. 잎자루는 길이 3~5mm로서 뚜렷하다. 꽃은 4~6월에 잎겨드랑이에서 1개씩 달려 전체가 취산꽃차례를 이루며, 보통 붉은 색이다. 꽃받침은 중앙까지 5갈래로 갈라진다. 화관은 길이 2~4cm, 끝이 5갈래로 갈라진다. 열매는 삭과이며, 길이 2~4cm, 털이 없다. 세계적으로 일본, 중국에도 자란다.

<u>식별포인트</u> 병꽃나무(*W. subsessilis* (Nakai) L.H. Bailey)에 비해서 꽃받침은 가운데까지만 갈라지므로 구분된다.

장소	날짜
특이사항	

Weigela subsessilis (Nakai) L.H. Bailey
인동과

병꽃나무

제주도와 남부 지방을 제외한 평안남도 이남의 숲 속에 자라는 한국특산의 낙엽 떨기나무다. 줄기는 높이 1.5~2.0m다. 어린 가지는 전체에 털이 있다. 잎은 마주나며, 도란형 또는 타원형, 길이 3~10cm, 폭 1.5~5.0cm, 가장자리에 잔 톱니가 있다. 잎자루는 매우 짧다. 꽃은 4~5월에 잎겨드랑이에서 2~4개씩 달리며, 노란빛이 도는 녹색에서 붉게 변한다. 꽃받침은 끝까지 완전히 5갈래로 갈라지며, 갈래의 겉에 털이 많다. 화관은 길이 2.5~4.5cm다. 암술대는 화관 밖으로 조금 나온다. 열매는 삭과이며, 길이 1.5~2.0cm, 털이 많다.

중부 지방
관목

식별포인트 우리나라의 병꽃나무속 식물들에 비해서 꽃받침은 끝까지 5갈래로 갈라지므로 구분된다.

장소	날짜
특이사항	

연복초

Adoxa moschatellina (Tourn.) L.
연복초과

전국
다년초

전국의 산 습기가 있는 곳에 자라는 여러해살이풀이다. 기는줄기가 옆으로 뻗는다. 줄기는 높이 8~17cm다. 뿌리잎은 잎자루가 길고, 1~3회 갈라지며, 줄기와 높이가 비슷하다. 줄기잎은 1쌍이며, 3갈래로 갈라진다. 꽃은 4~5월에 5개쯤이 꽃자루 없이 모여서 머리모양꽃차례처럼 되며, 노란빛이 조금 도는 녹색이다. 꽃차례의 맨 끝에 위를 향해 달리는 꽃은 화관이 4갈래로 갈라지고, 수술이 8개다. 꽃차례의 옆에 달린 꽃들은 화관이 5갈래로 갈라지며, 수술이 10개다. 열매는 핵과이며, 단단하고, 3~5개가 모여 달린다.

식별포인트 북반구에 자라는 단지 몇몇 종만으로 이루어진 연복초속 한 속이 연복초과를 이룬다. 연복초는 우리나라에 분포하는 유일한 종이며, 꽃차례는 특이한 모양이고, 수술의 수가 화관 갈래 숫자의 2배로서 꽃에 따라 다르므로 구분된다.

장소	날짜
특이사항	

Valeriana fauriei Briq.
마타리과

쥐오줌풀

전국의 산 숲 속에 자라는 여러해살이풀이다. 뿌리에서 독특한 냄새가 난다. 줄기는 곧추서며, 높이 40~80cm다. 뿌리잎은 꽃이 필 때 시든다. 줄기잎은 마주나며, 아래쪽 것은 잎자루가 긴 깃꼴겹잎으로 갈래는 난형 또는 선상 피침형, 가장자리에 둔한 톱니가 드문드문 있다. 꽃은 4~7월에 줄기 끝의 산방상 원추꽃차례에 많이 달리며, 연한 분홍색 또는 흰색, 지름 3~4mm다. 꽃차례는 지름 5~7cm다. 화관은 통 모양, 길이 4~5mm, 5갈래로 갈라진다. 열매는 수과다. 새순을 나물로 먹는다.

식별포인트 북부 지방에 분포하는 설령쥐오줌풀(*V. amurensis* P.A. Smirn. ex Kom.)에 비해서 전체에 털이 적게 나며, 꽃차례에는 샘털이 없으므로 구분된다.

전국
다년초

장소	날짜
특이사항	

304 홍노도라지

Peracarpa carnosa (Wall.) Hook. fil. et Thomson var. *circaeoides* (F. Schmidt ex Miq.) Makino
초롱꽃과

제주도 다년초

제주도의 숲 속에 드물게 자라는 여러해살이풀이다. 줄기는 옆으로 뻗는 흰색 땅속줄기 끝에서 나오며, 연약하고, 높이 5~15cm다. 잎은 줄기 위쪽에 몇 장이 어긋나게 달리며, 난상 원형 또는 넓은 난형, 길이 8~25mm, 폭 6~20mm, 가장자리에 둔한 톱니가 있다. 잎 앞면은 털이 난다. 잎자루는 길이 5~15mm다. 꽃은 5~6월에 줄기 끝 또는 위쪽 잎겨드랑이에서 난 가늘고 긴 꽃자루에 1개씩 달리며, 위를 향하고, 흰색이다. 화관은 길이 4~8mm이며, 5갈래로 깊게 갈라진다. 열매는 삭과이며, 아래쪽으로 달린다. 제주도 홍노리에서 처음 발견되어 우리말 이름이 붙여졌다.

식별포인트 히말라야와 동아시아에 분포하는 한 종이 홍노도라지속을 이룬다. 기본종(*P. carnosa* (Wall.) Hook. fil. et Thomson)은 히말라야에 자라며, 잎은 난형으로서 끝이 뾰족하고, 화관은 보다 작으므로 다르다.

장소	날짜
특이사항	

Breea segeta (Bunge) Kitam.
국화과

조뱅이

전국의 밭이나 길가에 자라는 여러해살이풀이다. 줄기는 곧추서며, 가지가 거의 갈라지지 않고, 높이 20~50cm다. 잎은 어긋나며, 긴 타원상 피침형, 길이 7~10cm, 폭 2~3cm, 가장자리에 굳은 가시털이 있다. 꽃은 5~8월에 암수딴포기로 피며, 줄기 끝의 머리모양꽃차례에 달리고, 자주색이다. 꽃차례는 지름 3cm쯤이다. 모인꽃싸개잎은 단지 모양 또는 통 모양이다. 꽃은 모두 관모양꽃이다. 화관은 좁은 부분과 넓은 부분이 뚜렷하게 구분되며, 좁은 부분이 3~4배 길다. 암꽃은 길이 2cm, 수꽃은 길이 2.5cm쯤이다. 열매는 수과이며, 우산털이 있는데 화관보다 짧다.

식별포인트 북부 지방에 자라는 큰조뱅이(*B. setosa* (M. Bieb.) Kitam.)는 줄기가 더 크고, 가지가 많이 갈라지며, 잎은 가장자리가 갈라지므로 다르다.

전국
다년초

장소		날짜	
특이사항			

지느러미엉겅퀴

Carduus crispus L.
국화과

전국
이년초

전국의 들판에 자라는 두해살이풀이다. 줄기는 곧추서며, 속이 비었고, 높이 70~120cm다. 줄기 겉에 세로로 난 능선은 날개처럼 되며, 단단한 가시가 있다. 뿌리잎은 꽃이 피기 전에 마른다. 줄기잎은 어긋나며, 잎자루가 없고, 넓은 피침형 또는 긴 타원형, 길이 15~20cm, 폭 10~15cm다. 잎 가장자리는 고르지 않게 갈라지며, 굳은 가시가 있다. 꽃은 5~8월에 가지 끝의 머리모양꽃차례에 피며, 진한 보라색이다. 머리모양꽃은 관모양꽃으로만 이루어지며, 지름 1.5~3.0cm다. 모인꽃싸개잎은 종 모양, 7~8줄로 배열되고, 끝에 가시가 있다. 수술은 5개, 암술은 1개다. 열매는 수과이며, 우산털은 거친 털 모양이다. 귀화식물로 보기도 한다.

식별포인트 엉겅퀴속(*Cirsium*)속 식물들에 비해서 줄기 겉에 지느러미처럼 생긴 능선이 있고, 우산털은 깃털 모양이 아니므로 구분된다.

장소	날짜
특이사항	

Hemistepta lyrata Bunge
국화과

지칫개

중부 이남
이년초

중부 지방 이남의 밭이나 들에 흔하게 자라는 두해살이풀이다. 줄기는 곧추서며, 높이 60~90cm, 가지가 갈라지고, 거미줄 같은 흰털이 있다. 뿌리잎은 일찍 마른다. 줄기잎은 어긋나며, 도피침형 또는 타원형, 길이 5~6cm, 폭 1~3cm, 4~8쌍의 갈래가 있는 깃꼴로 깊게 갈라진다. 잎 뒷면은 흰 솜털이 빽빽하게 난다. 꽃은 5~9월에 줄기나 가지 끝의 머리모양꽃차례에 피며, 붉은 보라색 또는 분홍색이다. 꽃차례는 지름 2~3cm이며, 관모양꽃만 있다. 모인꽃싸개잎은 단지 모양이며, 길이 1.2~1.5cm, 폭 0.6~1.0cm, 8줄로 배열하고, 바깥 조각 겉에 부속체가 있다. 화관은 5갈래로 갈라지며, 길이 1.5cm쯤이다. 수술은 5개이고, 암술은 1개다. 열매는 수과이며, 우산털이 있다.

식별포인트 우리나라에는 지칫개속에 한 종이 있다. 조뱅이속(*Breea*)이나 엉겅퀴속(*Cirsium*) 식물들에 비해서 바깥쪽부터 중앙까지 붙은 모인꽃싸개잎 조각에는 닭의 벗처럼 생긴 부속체가 있으므로 구분된다.

장소	날짜
특이사항	

308 선씀바귀 *Ixeris chinensis* (Thunb.) Kitag. var. *strigosa* (H. Lév. et Vaniot) Ohwi
국화과

전국
다년초

전국의 양지바른 곳에 자라는 여러해살이풀이다. 줄기는 높이 20~40cm다. 뿌리잎은 도피침형 또는 피침상 긴 타원형, 길이 8~24cm, 폭 0.5~1.5cm, 가장자리가 깃꼴로 갈라진다. 줄기잎은 1~2장이며, 길이 1~4cm, 밑이 줄기를 조금 감싸지만 귓불 모양은 아니다. 꽃은 4~5월에 줄기 끝에서 머리모양꽃이 모여서 산방꽃차례처럼 달리며, 흰색 또는 연한 자주색이다. 머리모양꽃은 지름 2.0~2.5cm, 20~30개의 꽃이 달린다. 모인꽃싸개잎은 길이 9~11mm, 폭 3~5mm, 조각은 2줄로 배열된다. 열매는 수과이며, 길이 5~7mm, 능선이 10개 있고, 흰색 우산털이 있다.

식별포인트 우리나라의 씀바귀속 식물들에 비해서 꽃은 흰색 또는 보라색이 도는 흰색이어서 구분된다. 씀바귀(*I. dentata* (Thunb.) Nakai)에 비해서 뿌리잎은 잎자루가 불분명하며, 수과는 길이 6mm쯤으로서 길므로 구분된다.

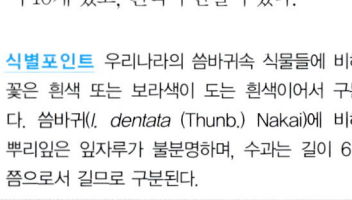

장소	날짜
특이사항	

Ixeris debilis (Thunb.) A. Gray
국화과

벋음씀바귀

전국의 저지대 양지바른 곳에 흔하게 자라는 여러해살이풀이다. 기는줄기가 발달하여 사방으로 퍼지며, 마디에서 뿌리가 내린다. 뿌리잎은 도피침형 또는 주걱상 타원형, 길이 10~20cm, 폭 1.5~3.0cm, 가장자리가 밋밋하거나 중앙 이하에 톱니가 있다. 꽃은 4~7월에 꽃줄기 끝에 머리모양꽃이 1~6개 달리며, 노란색이다. 꽃줄기는 높이 10~30cm, 잎이 없거나 1장이 달린다. 머리모양꽃은 지름 2.5~3.0cm다. 모인꽃싸개잎은 통 모양이며, 길이 1.2cm쯤이다. 안쪽 조각은 9~10개, 바깥 조각의 3배쯤 길다. 열매는 수과이며, 길이 7~8mm, 깊은 홈이 있고, 흰색 우산털이 있다.

식별포인트 좀씀바귀(*I. stolonifera* A. Gray)에 비해서 전체가 크며, 잎은 도피침형으로서 길고, 모인꽃싸개잎과 수과는 더욱 길므로 구분된다.

전국
다년초

장소	날짜
특이사항	

씀바귀

Ixeris dentata (Thunb.) Nakai
국화과

전국
다년초

전국의 산과 들에 자라는 여러해살이풀이다. 줄기는 곧추서며, 위쪽에서 가지가 갈라지며, 높이 20~50cm다. 뿌리잎은 도피침상 긴 타원형, 끝이 뾰족하고, 밑이 좁아져서 잎자루로 조금 흐르지만 잎자루는 길어서 뚜렷하다. 줄기잎은 2~3장이며, 피침형, 길이 3~10cm, 폭 1~3cm, 밑이 귓불처럼 되어 줄기를 감싼다. 꽃은 5~7월에 머리모양꽃차례 몇 개가 모여서 피며, 노란색이다. 머리모양꽃은 지름 1.5~2.0cm이며, 꽃이 8~11개 붙어 있다. 모인꽃싸개잎은 길이 1cm쯤이다. 열매는 수과이며, 길이 3~5mm다.

식별포인트 선씀바귀(*I. chinensis* (Thunb.) Kitag. var. *strigosa* (H. Lév. et Vaniot) Ohwi)에 비해서 줄기에 난 잎은 밑이 귓불 모양으로 되어 줄기를 감싸며, 머리모양꽃에 붙는 꽃은 8~11개로서 적으므로 구분된다.

장소	날짜
특이사항	

Ixeris ploycephala Cass.
국화과

벌씀바귀

전국의 논둑이나 밭둑에 자라는 두해살이풀이다. 전체에 털이 없다. 줄기는 곧추서며, 높이 10~40cm다. 뿌리잎은 선상 피침형이며, 길이 10~20cm, 폭 3~8cm, 가장자리가 밋밋하거나 톱니가 조금 있다. 줄기잎은 어긋나며, 피침형, 길이 6~17cm, 폭 1~2cm, 밑이 화살촉 모양으로 되어 길어진다. 꽃은 4~6월에 줄기 끝에서 머리모양꽃차례가 모여서 산방꽃차례처럼 달리며, 노란색이다. 머리모양꽃은 지름 8mm쯤이며, 20~25개가 달린다. 모인꽃싸개잎은 통 모양이며, 길이 7~8mm다. 바깥 조각은 난형이고, 안쪽 소각은 8개다. 열매는 수과이며, 방추형, 깊은 홈과 날카로운 날개가 있고, 흰색 우산털이 있다.

식별포인트 우리나라의 씀바귀속 식물들에 비해서 한해 또는 두해살이풀이며, 줄기에 난 잎은 밑이 화살촉 모양으로 길어져서 줄기를 감싸므로 구분된다.

전국
이년초

장소　　　　　　　　　　　날짜

특이사항

갯씀바귀

Ixeris repens (L.) A. Gray
국화과

전국
다년초

전국의 바닷가 모래땅에 자라는 여러해살이풀이다. 줄기는 땅 속에서 옆으로 길게 뻗으며, 잎만 나와 있다. 잎은 어긋나며, 두껍고, 손바닥 모양, 길이와 폭이 각각 3~5cm, 가장자리가 3~5갈래로 깊게 갈라진다. 꽃은 4월부터 피기 시작하여 늦게는 10월까지 핀다. 꽃줄기는 잎겨드랑이에서 나며, 길이 3~15cm, 가지가 갈라져 머리모양꽃이 2~5개 달린다. 머리모양꽃은 노란색, 지름 3cm쯤이다. 모인꽃싸개잎은 통 모양, 길이 10~11mm, 지름 4~7mm다. 안쪽 조각은 6~8장이며, 바깥쪽 조각보다 2배쯤 길다. 열매는 수과이며, 길쭉한 모양, 길이 6~7mm, 밝은 갈색, 흰색 우산털이 있다.

식별포인트 우리나라의 씀바귀속 식물들에 비해서 바닷가 모래땅에 자라며, 잎은 손바닥 모양으로 갈라지므로 구분된다.

장소		날짜	
특이사항			

Ixeris stolonifera A. Gray
국화과

좀씀바귀

전국의 산과 들 양지바른 곳에 자라는 여러해살이풀이다. 줄기는 연약하며, 가지가 갈라지면서 땅 위를 기고, 마디에서 수염뿌리가 내린다. 잎은 뿌리에서 모여나거나 줄기에 어긋나며, 난형 또는 타원형, 길이 7~20mm, 폭 5~15mm, 보통 갈라지지 않고, 가장자리에 톱니가 거의 없다. 잎자루는 길다. 꽃은 5~6월에 뿌리에서 난 길이 8~15cm의 꽃줄기에 머리모양꽃이 1~3개씩 달리며, 노란색이다. 머리모양꽃은 지름 2.0~2.5cm다. 꽃줄기에는 보통 잎이 없으며, 끝에서 가지가 조금 갈라진다. 모인꽃싸개잎은 길이 8~10mm이며, 안쪽 조각은 9~10개다. 열매는 수과이며, 좁은 방추형, 길이 3mm쯤, 긴 부리 모양의 돌기가 있다. 우산털은 길이 5mm쯤이며, 흰색이다.

식별포인트 벋음씀바귀(*I. debilis* (Thunb.) A. Gray)에 비해서 잎은 작고, 둥근 모양 또는 삽처럼 생겼으므로 구분된다.

전국
다년초

장소		날짜	
특이사항			

314 솜나물

Leibnitzia anandria (L.) Turcz.
국화과

전국
다년초

전국의 산과 들 양지바른 곳에 자라는 여러해살이풀이다. 꽃줄기는 곧추 서며, 높이 10~20cm, 털로 덮인다. 잎은 뿌리에서 나며, 넓은 피침형, 길이 5~15cm, 폭 1.5~4.5cm, 거미줄 같은 털로 덮인다. 꽃은 3~5월, 9~10월에 머리모양꽃 1개가 달리며, 흰색이다. 머리모양꽃은 지름 1.5~2.0cm다. 모인꽃싸개잎은 통 모양, 조각은 넓은 선형, 3줄로 배열한다. 혀모양꽃은 가장자리에 1줄로 배열하며, 화관의 끝이 2갈래로 갈라진다. 열매는 수과이며, 방추형이다. 가을에 꽃이 피는 개체는 잎이 더욱 크고, 높이가 60cm에 이른다.

식별포인트 우리나라에 분포하는 솜나물속 식물은 한 종이다. 단풍취속(*Ainsliaea*)에 비해서 머리모양꽃에는 관모양꽃뿐만 아니라 혀모양꽃도 있으며, 관모양꽃은 끝이 5갈래로 갈라지지 않고 입술 모양으로 갈라지므로 구분된다.

장소	날짜
특이사항	

Petasites japonicus (Siebold et Zucc.) Maxim.
국화과

머위

전국의 민가 근처 습기가 많은 곳에 자라는 여러해살이풀이다. 꽃줄기는 곧추서며, 높이 5~50cm, 잎 모양의 포가 어긋나게 달리는데 길이 7~8cm, 폭 1~2cm다. 잎은 땅속줄기에서 몇 장이 나며, 신장상 원형, 길이 4~12cm, 폭 9~21cm, 가장자리에 불규칙한 톱니가 있다. 잎자루는 길이 15~20cm다. 꽃은 3~4월에 암수딴포기로 피며, 많은 머리모양꽃이 산방꽃차례로 달린다. 모인꽃싸개잎은 길이 6mm, 2줄로 배열된다. 암꽃은 흰색이며, 끝이 입술 모양으로 얕게 갈라지고, 암술은 화관 밖으로 길게 나온다. 수꽃은 연한 흰색이며, 끝이 5갈래로 얕게 갈라진다. 열매는 수과이며, 원통형이다. 잎자루를 나물로 먹는다.

식별포인트 북부 지방의 높은 산에 분포하는 개머위(*P. saxatile* (Turcz.) Kom.)에 비해서 잎이 크며, 머리모양꽃은 더 많이 모여 달리고, 암꽃의 화관 끝은 혀 모양이 아니라 입술 모양이므로 구분된다.

전국
다년초

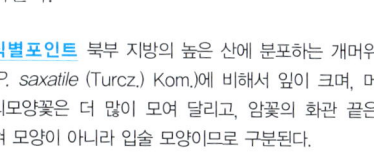

장소	날짜
특이사항	

316 솜방망이

Senecio integrifolius (L.) Clairv. var. *spathulatus* (Miq.) H. Hara
국화과

전국
다년초

전국의 산과 들에 흔하게 자라는 여러해살이풀이다. 전체에 거미줄 같은 솜털이 많다. 줄기는 곧추서며, 높이 20~70cm다. 뿌리잎은 여러 장이 모여나며, 꽃이 필 때도 남아있고, 타원형, 길이 5~10cm, 폭 1.5~2.5cm다. 줄기잎은 위로 갈수록 작아지며, 밑이 줄기를 조금 감싼다. 꽃은 4~5월에 머리모양꽃 3~9개가 산방꽃차례를 이루어 피며, 노란색이다. 꽃자루는 길이 2~5cm다. 머리모양꽃은 지름 3~4cm, 가장자리에 혀모양꽃이 있다. 모인꽃싸개잎은 통 모양이며, 길이 8mm쯤이다. 열매는 수과이며, 원통형, 털이 많다.

식별포인트 민솜방망이(*S. pierotii* Miq.)에 비해서 뿌리잎은 크기가 작고, 전체에 거미줄 같은 털이 더욱 많고, 수과에도 털이 많으므로 구분된다.

장소		날짜	
특이사항			

Youngia japonica (L.) DC.
국화과

뽀리뱅이

전국의 저지대에 흔하게 자라는 한해 또는 두해살이풀이다. 전체에 잔털이 난다. 줄기는 곧추서며, 높이 15~100cm다. 뿌리잎은 도피침형, 길이 8~25cm, 폭 2~6cm, 깃꼴로 갈라지는데 끝의 갈래가 가장 크다. 줄기잎은 어긋나며, 2~3장이다. 잎몸과 잎자루에 긴 샘털이 있다. 꽃은 5~6월에 머리모양꽃차례로 피며, 노란색이다. 머리모양꽃은 산방상 원추꽃차례를 이루며, 혀모양꽃으로만 이루어지고, 지름 7~8mm다. 모인꽃싸개잎은 좁은 원주형, 길이 4~5mm다. 화관은 길이 5~11mm, 혀 부분이 짧다. 열매는 수과이며, 긴 난형, 길이 1.8mm쯤, 세로로 난 능선이 10~13개 있다. 우산털은 흰색이며, 가시 털 모양이다.

전국
일년초

식별포인트 고들빼기(*Y. sonchifolia* (Bunge) Maxim.), 이고들빼기(*Y. denticulata* (Houtt.) Kitam.)에 비해서 전체에 털이 많고, 화관의 혀 부분이 짧아서 머리모양꽃은 활짝 벌어지지 않으므로 구분된다.

318 흰민들레

Taraxacum coreanum Nakai
국화과

전국
다년초

전국의 산과 들 양지바른 곳에 자라는 여러해살이풀이다. 줄기는 없다. 잎은 뿌리에서 모여나며, 피침형, 길이 7~25cm,, 폭 1.5~6.0cm다. 잎 가장자리는 5~6쌍의 갈래로 깊게 갈라지고, 톱니가 있다. 잎 양면은 털이 난다. 꽃은 3~5월에 꽃줄기 끝의 머리모양꽃차례에 달리며, 흰색이다. 꽃줄기는 꽃이 진 후에 잎보다 훨씬 길어진다. 머리모양꽃은 지름 3~4cm다. 모인꽃싸개잎은 종 모양이며, 길이 1.5~2.0cm다. 바깥 조각은 위쪽이 뒤로 젖혀지며, 뿔 같은 돌기가 있다. 열매는 수과이며, 난상 긴 타원형, 갈색, 우산털이 붙어 있다. 만주, 우수리에도 분포한다.

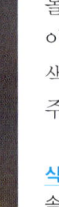

식별포인트 우리나라의 민들레속 식물들에 비해서 꽃은 흰색이므로 구분된다.

장소	날짜
특이사항	

Taraxacum hallaisanense Nakai
국화과

좀민들레 319

한라산 고지대 양지바른 풀밭에 자라는 한국특산의 여러해살이풀이다. 뿌리줄기가 땅속 깊이 들어간다. 잎은 뿌리에서 나며, 긴 타원형 또는 선상 도피침형, 길이 5~15cm, 폭 1~2cm, 가장자리가 4~6쌍으로 갈라지고, 아래쪽이 좁아져서 잎자루처럼 된다. 꽃줄기는 여러 개가 나오며, 높이 15cm쯤이다. 꽃은 5~6월에 머리모양꽃차례로 피며, 연한 노란색이다. 머리모양꽃은 지름 2~3cm이며, 혀모양꽃으로만 이루어진다. 모인꽃싸개잎은 검푸른 색이며, 길이 1.0~1.5cm다. 바깥 조각은 긴 타원형이고, 안쪽 조각은 선상 피침형으로 길이는 바깥 조각의 2배다. 열매는 수과다.

식별포인트 우리나라의 민들레속 식물들에 비해서 한라산 고지대에만 분포하며, 전체가 작으므로 구분된다.

한라산
다년초

장소	날짜
특이사항	

민들레

Taraxacum mongolicum Hand.-Mazz.
국화과

전국
다년초

전국의 산과 들 양지바른 곳에 자라는 여러해살이풀이다. 잎은 뿌리에서 나와 옆으로 퍼지며, 길이 20~30cm, 깊게 갈라지고, 가장자리에 톱니가 있다. 꽃은 3~5월에 꽃줄기 끝의 머리모양꽃차례에 피며, 노란색이다. 머리모양꽃은 지름 3.5~4.5cm다. 모인꽃싸개잎은 길이 1.7~2.0cm이며, 바깥 조각은 난상 긴 타형으로 뿔 같은 작은 돌기가 있고, 안쪽 조각은 선상 피침형이다. 열매는 수과이며, 긴 타원형, 갈색, 우산털이 있다. 도시에서는 유럽 원산의 귀화식물인 서양민들레에 밀려서 찾아보기 어렵게 되었다.

<u>식별포인트</u> 산민들레(*T. ohwianum* Kitam.)에 비해서 모인꽃싸개잎의 바깥 조각은 안쪽 조각에서 떨어져 조금 벌어지며, 끝에 삼각형 부속체가 있으므로 구분된다.

장소	날짜
특이사항	

Taraxacum officinale Weber
국화과

서양민들레

유럽 원산으로 전국에 퍼져 자라고 있는 여러해살이 귀화식물이다. 뿌리는 굵고, 깊게 들어간다. 잎은 모두 뿌리에서 나며, 타원형 또는 도피침형, 길이 10~30cm, 폭 2~6cm, 깃꼴로 갈라진다. 꽃은 3~5월에 머리모양꽃차례로 피며, 노란색이다. 꽃줄기는 높이 5~10cm이며, 꽃이 진 후에 더 자란다. 머리모양꽃은 지름 2~5cm이며, 혀모양꽃으로만 이루어진다. 모인꽃싸개잎은 넓은 종 모양이며, 길이 1.5~2.0cm, 조각은 3줄로 붙는데 바깥쪽의 것은 꽃이 필 때 뒤로 젖혀진다. 열매는 삭과이며, 우산털이 있다. 가을에도 가끔 꽃을 볼 수 있으며, 환경 조건이 나빠지면 꽃가루받이 없이 단위생식으로 씨를 만든다.

식별포인트 우리나라의 민들레속 식물들에 비해서 도시에서 흔하게 볼 수 있으며, 꽃이 필 때 모인꽃싸개잎의 바깥 조각이 뒤로 젖혀지므로 구분된다.

유럽
다년초

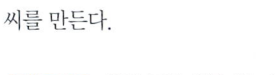

산민들레

Taraxacum ohwianum Kitam.
국화과

전국
다년초

제주도를 제외한 전국의 산에 자라는 여러해살이풀이다. 잎은 뿌리에서 모여나며, 도피침형, 길이 10~20cm, 폭 2~5cm, 깃꼴로 갈라진다. 잎 양면은 털이 난다. 꽃은 4~6월에 길이 10~30cm의 꽃줄기 끝에 머리모양꽃차례로 피며, 노란색이다. 머리모양꽃은 지름 2~3cm이며, 혀모양꽃으로만 이루어진다. 모인꽃싸개잎은 길이 1.5~2.0cm다. 모인꽃싸개잎의 바깥 조각은 난형 또는 긴 타원형이며, 밖으로 벌어지지 않고 붙어 있다. 열매는 수과이며, 긴 타원형, 갈색, 위쪽에 뾰족한 돌기가 있다.

식별포인트 민들레(*T. mongolicum* Hand.-Mazz.)에 비해서 산 속 계곡 주변 등지에 자라며, 모인꽃싸개잎의 바깥 조각은 안쪽 조각에 붙어서 벌어지지 않고, 안쪽 조각은 바깥 조각보다 2배 이상 길므로 구분된다.

장소	날짜
특이사항	

Allium monanthum Maxim.
백합과

달래

제주도를 제외한 전국의 산 숲 속에 자라는 여러해살이풀이다. 비늘줄기는 난형이며, 지름 1cm쯤이다. 잎은 1~2장이며, 선형, 길이 10~20cm, 폭 0.3~0.8cm, 자른 면은 초승달 모양으로 속이 차 있다. 꽃은 3~5월에 암수딴포기로 피며, 꽃줄기 끝에 1~2개씩 피고, 붉은 빛이 도는 흰색, 매우 작다. 꽃줄기는 곧추서며, 높이 5~12cm다. 화피는 6장이며, 긴 타원형, 길이 4~5mm다. 수술은 6개이며, 암술대는 짧고 끝이 3갈래로 갈라진다. 열매는 삭과이며, 둥근 모양이다.

식별포인트 우리나라에 자생하는 파속 식물들에 비해서 꽃은 봄에 피고, 암수딴포기이므로 구분된다. 우리가 달래라고 부르며 먹는 산달래(*A. macrotemon* Bunge)에 비해서 전체가 매우 작으며, 꽃은 둥근 산형꽃차례를 이루지 아니하므로 구분된다.

전국
다년초

장소	날짜
특이사항	

방울비짜루

Asparagus oligoclonos Maxim.
백합과

전국
다년초

제주도를 제외한 전국의 산과 들에 조금 드물게 자라는 여러해살이풀이다. 줄기는 곧추서며, 가지가 많이 갈라지고, 높이 50~100cm다. 줄기와 가지는 모서리가 있거나 세로로 난 줄이 있다. 잎처럼 생긴 가지는 1~8개가 부채 모양으로 나며, 길이 1.0~3.5cm, 진한 녹색이다. 꽃은 5~6월에 암수딴포기로 피며, 가지 사이에서 아래쪽을 향해 난 꽃자루에 1~4개씩 밑을 달리고, 노란빛 또는 보랏빛이 도는 녹색이다. 꽃자루는 길이 7~8mm다. 꽃은 통 모양이며, 길이 6~9mm다. 꽃밥은 수술대보다 길고, 길이 2mm쯤이다. 열매는 장과이며, 둥글고, 지름 8~10mm, 6~7월에 붉게 익는다.

식별포인트 비짜루(*A. schoberioides* Kunth)에 비해서 꽃자루가 길게 발달하며, 꽃은 길이 6~9mm로서 더욱 크므로 구분된다.

Asparagus schoberioides Kunth
백합과

비짜루

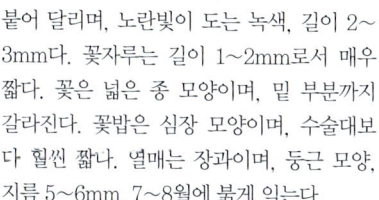

전국의 산과 들에 자라는 여러해살이풀이다. 줄기는 곧추서며, 위쪽에서 가지가 많이 갈라지고, 높이 50~100cm다. 잎처럼 생긴 가지는 3~7개가 모여 직각으로 나며, 좁은 선형, 길이 0.5~2.0cm, 끝은 가시 같다. 꽃은 5~7월에 암수딴포기로 피며, 줄기와 1차 가지의 마디에서 2~4개씩 다닥다닥 붙어 달리며, 노란빛이 도는 녹색, 길이 2~3mm다. 꽃자루는 길이 1~2mm로서 매우 짧다. 꽃은 넓은 종 모양이며, 밑 부분까지 갈라진다. 꽃밥은 심장 모양이며, 수술대보다 훨씬 짧다. 열매는 장과이며, 둥근 모양, 지름 5~6mm, 7~8월에 붉게 익는다.

식별포인트 천문동(*A. cochincinensis* (Lour.) Merr.)에 비해서 바닷가뿐만 아니라 산과 들에도 분포하고, 가시는 덜 날카로우며, 꽃자루는 더욱 짧으므로 구분된다.

전국
다년초

장소	날짜
특이사항	

은방울꽃

Convallaria majalis L.
백합과

전국
다년초

제주도를 제외한 전국의 산에 무리 지어 자라는 여러해살이풀이다. 땅속 줄기는 옆으로 뻗고, 수염뿌리가 많다. 잎은 2~3장이 아래쪽에서 나며, 긴 타원형 또는 넓은 타원형, 길이 12~18cm, 폭 3~7cm, 끝이 뾰족하다. 잎 앞면은 짙은 녹색이며, 뒷면은 흰빛이 도는 녹색이다. 꽃은 4~6월에 높이 25~35cm의 꽃줄기 위쪽에 10여 개가 총상꽃차례를 이루어 달리며, 지름 5mm쯤, 흰색이다. 꽃줄기는 조금 구부러진다. 꽃차례의 포잎은 선형이다. 꽃자루는 길이 6~12mm다. 화관은 넓은 종 모양, 끝이 6갈래로 갈라지는데 뒤로 조금 말린다. 수술은 6개이며, 화관 밑 부분에 붙는다. 열매는 장과이며, 둥글고, 지름 6mm쯤, 붉게 익는다. 북반구에 널리 분포한다.

식별포인트 세계적으로 은방울꽃속은 한 종으로 이루어진다. 우리나라의 백합과 식물들에 비해서 꽃은 긴 총상꽃차례를 이루어 피며, 넓은 종 모양이므로 구분된다.

장소	날짜
특이사항	

Disporum sessile D. Don ex Schult.
백합과

윤판나물아재비

제주도와 울릉도의 숲 속에 자라는 여러해살이풀이다. 땅속줄기는 가늘고 길며, 기는줄기를 낸다. 줄기는 곧추서며, 위쪽에서 가지가 갈라지고, 높이 30~60cm다. 잎은 긴 타원형 또는 넓은 타원형, 길이 5~15cm, 폭 1.5~4.0cm다. 꽃은 5~6월에 가지 끝에서 1~3개씩 달리며, 밑으로 처지고, 끝이 녹색을 띠는 흰색, 길이 2~3cm다. 꽃자루는 길이 1.5~3.0cm다. 화피의 안쪽과 아래쪽 가장자리에 짧고 부드러운 털이 있다. 수술대는 길이 2cm쯤이며, 털이 없다. 꽃밥은 선형, 길이 5~6mm다. 암술대는 길이 15mm쯤이며, 3갈래로 갈라진다. 열매는 장과이며, 지름 1cm쯤, 푸른빛이 도는 검은색이다.

제주도
울릉도
다년초

식별포인트 윤판나물(*D. uniflorum* Baker ex S. Moore)에 비해서 제주도와 울릉도에만 분포하며, 꽃은 푸른빛을 조금 띠는 흰색이므로 구분된다.

장소	날짜
특이사항	

애기나리

Disporum smilacinum A. Gray
백합과

전국
다년초

전국의 산 숲 속에 자라는 여러해살이풀이다. 줄기는 비스듬히 서며, 드물게 가지가 갈라지고, 높이 15~35cm다. 잎은 어긋나며, 긴 타원형 또는 타원형, 길이 4~7cm, 폭 1.5~3.5cm, 끝이 날카롭게 뾰족하다. 잎자루는 짧다. 꽃은 5~6월에 줄기나 가지 끝에서 1~2개씩 밑을 향해 피며, 흰색이다. 꽃자루는 길이 1.0~1.5cm다. 화피는 넓은 피침형 또는 피침형, 길이 11~13mm, 폭 2~4mm다. 수술은 길이 7~9mm다. 수술대는 길이 5~6mm, 꽃밥은 길이 2~3mm다. 씨방은 난형, 길이 2~3mm다. 암술대는 길이 5~7mm다. 열매는 장과이며, 검게 익는다. 일본 전역, 만주, 사할린에도 분포한다.

식 별 포 인 트 큰애기나리(*D. viridescens* (Maxim.) Nakai)에 비해서 화피는 흰색, 작으며, 수술보다 조금 길고, 수술대는 꽃밥 길이의 2배, 씨방은 난형으로서 암술대의 절반 길이이므로 구분된다.

장소	날짜
특이사항	

Disporum uniflorum Baker ex S. Moore
백합과

윤판나물

329

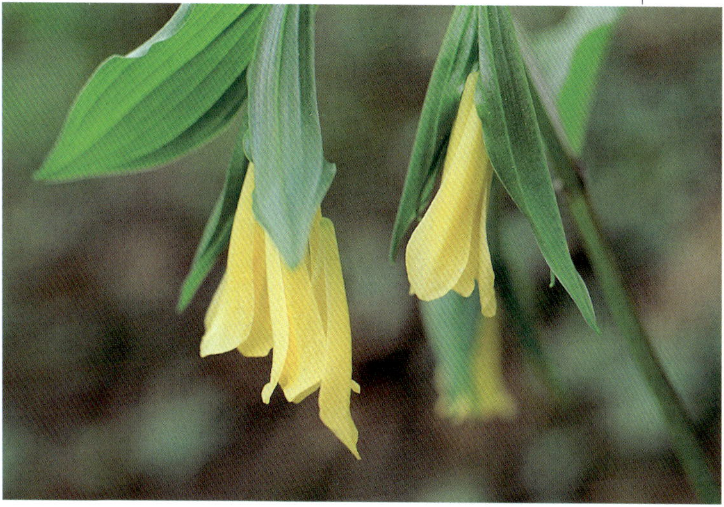

제주도와 울릉도를 제외한 전국의 산과 들에 자라는 여러해살이풀이다. 땅속줄기는 짧다. 줄기는 곧추서며, 위쪽에서 가지가 갈라지고, 높이 30~50cm다. 잎은 어긋나며, 긴 난형 또는 긴 타원형, 길이 5~18cm, 폭 3~6cm, 끝이 뾰족하고, 가장자리에 톱니가 없다. 잎자루는 거의 없다. 꽃은 4~5월에 가지 끝에서 2~3개씩 밑을 향해 달리며, 노란색, 길이 2.0~2.5cm다. 화피는 6장이며, 주걱 모양, 모여서 통 모양을 이룬다. 수술은 6개이고, 암술은 1개다. 열매는 장과이며, 지름 1cm쯤, 검게 익는다.

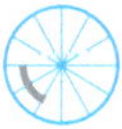

전국
다년초

식별포인트 윤판나물아재비(*D. sessile* D. Don ex Schult.)에 비해서 한반도 전 지역에 널리 분포하며, 꽃은 진한 노란색이므로 구분된다.

장소	날짜
특이사항	

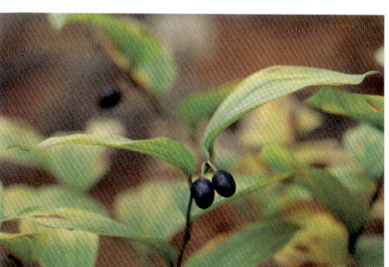

큰애기나리

Disporum viridescens (Maxim.) Nakai
백합과

제주도를 제외한 전국의 숲 속에 자라는 여러해살이풀이다. 줄기는 비스듬히 자라며, 가지가 갈라지고, 높이 30~80cm다. 잎은 어긋나며, 긴 타원형, 길이 5~12cm, 폭 2~5cm, 끝이 날카롭게 뾰족하다. 꽃은 5~6월에 가지 끝에서 1~2개씩 피며, 연한 녹색이다. 꽃자루는 길이 1.5~2.5cm다. 화피는 피침형, 길이 15~20mm, 폭 3~4mm. 수술은 길이 4~7mm, 수술대는 길이 3~4mm, 꽃밥은 길이 2~3mm다. 씨방은 길이 2.5~3.5mm, 암술대는 길이 3~4mm다. 열매는 장과이며, 지름 1cm쯤, 검게 익는다. 일본 혼슈, 만주, 우수리에도 분포한다.

전국
다년초

식별포인트 애기나리(*D. smilacinum* A. Gray)에 비해서 화피는 녹색을 띠는 흰색, 크며, 수술의 3배쯤, 수술대는 꽃밥과 비슷한 길이거나 조금 길며, 씨방은 둥근 모양으로서 암술대와 길이가 같거나 조금 짧으므로 구분된다.

장소	날짜
특이사항	

Erythronium japonicum Dence.
백합과

얼레지

제주도를 제외한 전국의 산 비옥한 땅에 자라는 여러해살이풀이다. 뿌리줄기는 20cm쯤으로 길며, 그 밑에 비늘줄기가 달린다. 비늘줄기는 긴 난형, 길이 5~6cm, 지름 1cm, 흰색이다. 잎은 꽃줄기 밑에 보통 2개가 달리며, 긴 타원형 또는 좁은 난형, 길이 6~12cm, 폭 2.5~5.0cm, 가장자리가 밋밋하다. 잎 앞면은 자주색 반점이 보통 있지만 없는 경우도 있다. 잎자루가 길다. 꽃은 3~5월에 높이 15cm쯤 되는 꽃줄기 끝에 1개씩 피며, 밑을 향하고, 붉은 보라색이다. 화피는 6장이며, 길이 5~6cm, 폭 0.5~1.0cm, 끝이 뒤로 말리고, 안쪽 밑 부분에 자주색 무늬가 W자 모양으로 있다. 수술은 6개이며, 꽃밥은 자주색이다. 열매는 삭과이며, 능선이 3개 있다. 일본과 만주에도 분포한다.

전국
다년초

식별포인트 우리나라에 분포하는 얼레지속 식물은 한 종이다. 우리나라의 백합과 식물들에 비해서 화피가 크고 화려하며, 뒤로 젖혀지므로 구분된다.

장소 날짜

특이사항

332 흰얼레지

Erythronium japonicum Decne. for. *album* T.B. Lee
백합과

제주도를 제외한 전국의 산 비옥한 땅에 자라는 여러해살이풀이다. 뿌리줄기는 20cm쯤으로 길며, 그 밑에 비늘줄기가 달린다. 비늘줄기는 긴 난형, 길이 5~6cm, 지름 1cm, 흰색이다. 잎은 꽃줄기 밑에 보통 2개가 달리며, 긴 타원형 또는 좁은 난형, 길이 6~12cm, 폭 2.5~5.0cm, 가장자리가 밋밋하다. 잎과 꽃줄기의 색깔은 연두색이다. 꽃은 높이 15cm쯤 되는 꽃줄기 끝에 1개씩 피며, 밑을 향하고, 흰색이다. 화피는 6장이며, 길이 5~6cm, 폭 0.5~1.0cm, 끝이 뒤로 말린다. 수술은 6개이며, 꽃밥은 노란색이다. 열매는 삭과이며, 능선이 3개 있다.

식별포인트 기본종인 얼레지(*E. japonicum* Decne.)에 비해서 잎과 꽃줄기는 연두색이며, 꽃은 흰색이고, 꽃밥은 노란색이므로 구분된다.

Gagea nakaiana Kitag.
백합과

중의무릇

전국의 산 숲 속에 자라는 여러해살이풀이다. 비늘줄기는 둥근 모양이며, 지름 5~10mm, 밑에 작은 비늘줄기는 없다. 줄기는 높이 15~20cm다. 잎은 밑에서 1장이 나며, 좁은 선형, 길이 2~22cm, 폭 3~20mm, 털이 없다. 꽃은 3~5월에 줄기 끝에서 3~5개가 우산살 모양으로 피며, 노란색이다. 포잎은 피침형, 꽃차례만큼 길고, 폭 4~6mm다. 꽃자루는 길이가 다르고, 털이 없다. 화피는 좁은 피침형, 길이 9~12mm다. 열매는 삭과이며, 난형 또는 도란형이다.

식별포인트 애기중의무릇(*G. terraccianoana* Pascher)은 북부 지방에 자라며, 비늘줄기의 아래쪽에 작은 비늘줄기가 몇 개 모여 달리고, 잎은 폭이 3mm 이하이므로 다르다.

전국
다년초

장소	날짜
특이사항	

334 처녀치마

Heloniopsis orientalis (Thunb.) Tanaka
백합과

전국
다년초

제주도를 제외한 전국의 높은 산 계곡 주변과 능선에 자라는 여러해살이풀이다. 땅속줄기는 짧고, 수염뿌리가 많다. 잎은 뿌리에서 10여 장이 모여나며, 땅 위에 방석처럼 퍼지고, 도피침형, 길이 5~18cm, 폭 1~4cm, 끝이 뾰족하고, 털이 없다. 잎은 겨울에 남아있다. 꽃줄기는 잎 가운데서 나와 곧추서며, 꽃이 필 때는 높이 10~17cm이지만 꽃이 진 다음 더 자라 30~40cm에 이른다. 꽃은 4~5월에 꽃자루가 짧은 총상꽃차례에 10여 개가 달리며, 처음에는 연한 붉은색이나 점차 진한 보라색으로 변한다. 화피는 6장이며, 도피침형이다. 수술은 6개이며, 화피보다 길다. 암술대는 수술보다 길며, 암술머리에 돌기가 3개 있다. 열매는 삭과이며, 익으면 3갈래로 갈라진다.

식별포인트 우리나라에 분포하는 처녀치마속 식물은 한 종이 있다. 우리나라의 백합과 식물들에 비해서 잎은 상록이며, 방석처럼 퍼지고, 꽃은 봄에 일찍 피므로 구분된다.

장소	날짜
특이사항	

Lloydia triflora (Ledeb.) Baker
백합과

나도개감채

제주도를 제외한 전국의 산 숲 속에 자라는 여러해살이풀이다. 줄기는 곧추서며, 높이 15~30cm다. 비늘줄기는 지름 6mm쯤이다. 뿌리잎은 1장이며, 좁은 선형, 폭 1.0~1.5mm다. 줄기잎은 1~4장이다. 줄기 아래쪽의 잎은 좁은 피침형, 길이 3~7cm, 폭 0.4~0.6cm다. 꽃은 4~5월에 줄기 끝에서 1~4개씩 피며, 흰색이다. 화피는 녹색 줄이 있고, 선형 또는 도피침형, 길이 10~12mm, 폭 2mm쯤이다. 수술은 화피 길이의 절반쯤이나. 열매는 삭과이며, 도란형, 3갈래로 각이 진다.

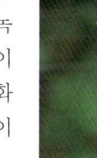

식별포인트 북부 지방에 분포하는 개감채(*L. serotina* (L.) Rchb. fil.)는 꽃이 줄기 끝에 1개씩 달리며, 화피는 보통 보라색 줄이 있으므로 다르다.

전국
다년초

336 두루미꽃

Maianthemum biflolium (L.) F.W. Schmidt
백합과

전국의 높은 산 고지대에 드물게 자라는 여러해살이풀이다. 뿌리줄기는 옆으로 길게 뻗고, 흰색이다. 줄기는 곧추서며, 높이 8~15cm다. 잎은 어긋나며, 줄기 중앙 부분에 2~3장이 달리고, 심장형, 길이 2~5cm, 폭 1.5~4.0cm, 끝이 뾰족하다. 잎 가장자리와 뒷면 맥 위에 털 같은 짧은 돌기가 있다. 꽃은 5~6월에 20여 개가 줄기 끝의 총상꽃차례에 달리며, 작고, 흰색이다. 꽃차례는 길이 2~3cm이며, 겉에 털 같은 돌기가 난다. 꽃자루는 길이 3~8mm다. 화피는 4장이며, 끝이 뒤로 말린다. 수술은 4개다. 암술머리는 얕게 3갈래로 갈라진다. 열매는 장과이며, 둥글고, 지름 3~6mm, 붉게 익는다.

전국
다년초

식별포인트 큰두루미꽃(*M. dilatatum* (Wood) A. Nelson et J.F. Macbr.)에 비해서 잎의 크기가 조금 작고, 잎 뒷면, 잎 가장자리, 꽃차례에 털 같은 짧은 돌기가 있으므로 구분된다.

장소	날짜
특이사항	

Maianthemum dilatatum (Wood) A. Nelson et J.F. Macbr.
백합과

큰두루미꽃

울릉도와 지리산 이북의 높은 산에 자라는 여러해살이풀이다. 뿌리줄기는 가늘고, 길게 옆으로 뻗으며, 흰색이다. 줄기는 곧추서며, 높이 15~30cm, 털이 없다. 잎은 어긋나며, 줄기에 2~3장이 달리고, 심장형 또는 삼각상 심장형, 길이 3~10cm, 폭 2.5~8.0cm, 가장자리에 반원형의 돌기가 있다. 꽃은 5~6월에 20~30개가 줄기 끝에 총상꽃차례로 달리며, 작고, 흰색이다. 꽃자루는 길이 3~7mm다. 화피는 4장이며, 뒤로 젖혀진다. 수술은 4개이며, 화피보다 짧다. 암술머리는 얕게 3갈래로 갈라진다. 열매는 장과이며, 둥글고, 지름 5~7mm, 붉게 익는다.

울릉도 북부 지방 다년초

식별포인트 두루미꽃(*M. biflolium* (L.) F.W. Schmidt)에 비해서 잎의 크기가 조금 크고, 잎은 털이 없어 매끈하므로 구분된다.

338 삿갓나물

Paris verticillata M. Bieb.
백합과

전국
다년초

전국의 산에 자라는 여러해살이풀이다. 뿌리줄기는 옆으로 길게 뻗는다. 줄기는 곧추서며, 높이 20~40cm다. 잎은 줄기 끝에 6~8장이 돌려나며, 피침형, 길이 7~12cm, 폭 1~4cm, 끝이 뾰족하고, 가장자리가 밋밋하다. 잎자루는 거의 없다. 꽃은 4~6월에 잎 가운데서 난 길이 5~15cm의 꽃자루 끝에 1개씩 위를 향해 달리며, 연한 노란빛이 나는 녹색이다. 바깥 화피는 4장이며, 꽃받침잎 또는 꽃잎처럼 보이며, 길이 2~4cm, 폭 0.5~1.5cm, 녹색이다. 안쪽 화피는 4장이며, 노란색, 실처럼 가늘고, 길이 1.5~2.0cm, 나중에 밑으로 처진다. 수술은 보통 8개이며, 안쪽 화피보다 조금 길다. 꽃밥은 수술대의 가운데 부분에 붙으며, 선형, 길이 5~8mm다. 암술대는 4개다. 열매는 장과이며, 둥글고, 검은빛이 나는 보라색으로 익는다.

식별포인트 연령초속(*Trillium*)에 비해서 잎은 3장이 아니라 4장 이상이 줄기 끝에서 돌려나며, 꽃은 3수성이 아니라 4수성이므로 구분된다.

장소	날짜
특이사항	

Polygonatum falcatum A. Gray
백합과

진황정

남부 지방
다년초

제주도, 남부 지방, 서해안 섬의 숲 속에 자라는 여러해살이풀이다. 뿌리줄기는 길게 뻗으며, 마디 사이가 짧다. 줄기는 비스듬히 서며, 높이 50~80cm, 둥글고, 능선이 없다. 잎은 2줄로 어긋나며, 피침형 또는 좁은 피침형, 길이 8~15cm, 폭 1.0~2.5cm, 끝이 서서히 뾰족해진다. 꽃은 5~6월에 잎겨드랑이에서 난 꽃대에 3~5개씩 밑을 향해 피며, 녹색이 도는 흰색, 길이 2cm쯤이다. 꽃은 통 모양이며, 끝이 6갈래로 얕게 갈라진다. 열매는 장과이며, 둥글고, 검푸르게 익는다.

식별포인트 둥굴레(*P. odoratum* (Mill.) Druce var. *pluriflorum* (Miq.) Ohwi)에 비해서 남부 지방에 분포하며, 뿌리줄기는 염주 모양, 줄기는 둥글고, 잎은 피침형이므로 구분된다.

장소	날짜
특이사항	

340 각시둥굴레

Polygonatum humile Fisch. ex Maxim.
백합과

중부 이북
다년초

충청남도 이북의 산과 들에 자라는 여러해살이풀이다. 뿌리줄기는 가늘고, 길게 옆으로 뻗는다. 줄기는 곧추서며, 높이 15~30cm, 겉에 능선이 있다. 잎은 어긋나며, 2줄로 배열되고, 긴 타원형, 길이 4~7cm, 폭 1.5~3.0cm, 가장자리와 뒷면 맥 위에 돌기 같은 털이 난다. 꽃은 5~6월에 잎겨드랑이에서 난 꽃자루에 1개씩 아래를 향해 피며, 연둣빛을 띤 흰색, 길이 1.5~1.8cm다. 꽃자루는 길이 7~15mm다. 화관은 종 모양이며, 끝이 6갈래로 갈라진다. 수술은 6개이며, 수술대에 잔 돌기가 조금 있고, 꽃밥은 삼각상 피침형으로 수술대보다 조금 짧다. 열매는 장과이며, 둥글고, 검게 익는다.

식별포인트 둥굴레(*P. odoratum* (Mill.) Druce var. *pluriflorum* (Miq.) Ohwi)에 비해서 뿌리줄기는 지름 3~4mm로서 가늘며, 줄기는 똑바로 서서 자라며, 키가 작으므로 구분된다.

장소	날짜
특이사항	

Polygonatum inflatum Kom.
백합과

퉁둥굴레 341

전국의 산 숲 속에 자라는 여러해살이풀이다. 뿌리줄기는 옆으로 길게 뻗으며, 가늘고, 흰색이다. 줄기는 비스듬히 자라며, 위쪽에 능선이 있고, 높이 30~60cm다. 잎은 5~9장이 어긋나며, 긴 타원형 또는 넓은 타원형, 길이 10~15cm, 폭 4~7cm다. 잎자루는 짧다. 꽃은 5~6월에 잎겨드랑이에서 난 길이 2~4cm의 꽃대에 3~7개씩 피며, 녹색을 띤 흰색이다. 포잎은 3~7장이며, 넓은 피침형, 길이 5~10mm, 막질이다. 화관은 길이 2.0~2.5cm, 안쪽에 털이 난다. 열매는 장과이며, 둥글고, 검푸르게 익는다.

전국
다년초

식별포인트 용둥굴레(*P. involucratum* (Franch. et Sav.) Maxim.)에 비해서 포잎은 작고 막질이며, 화관 안쪽과 수술대에 털이 나므로 구분된다.

장소	날짜
특이사항	

342 용둥굴레

Polygonatum involucratum (Franch. et Sav.) Maxim.
백합과

전국
다년초

전국의 산 숲 속에 자라는 여러해살이풀이다. 뿌리줄기는 가늘고 길며, 마디 사이는 길다. 줄기는 비스듬히 서며, 위쪽에 능선이 있고, 높이 20~40cm다. 잎은 4~7장이 어긋나며, 좁은 난형 또는 난상 타원형, 길이 5~10cm, 폭 2.5~4.0cm, 끝이 뾰족하다. 꽃은 5~6월에 잎겨드랑이에서 난 길이 1~2cm의 꽃대에 2개씩 피며, 녹색을 띤 흰색이다. 포잎은 2장, 난형, 길이 1.5~3.0cm, 폭 1.0~2.5cm다. 화관은 종 모양이며, 길이 2.0~2.5cm다. 열매는 장과이며, 검푸르게 익는다.

식별포인트 퉁둥굴레(*P. inflatum* Kom.)에 비해서 포잎은 훨씬 크고, 막질이 아니고 작은 잎 같으며, 난형으로서 보다 둥글므로 구분된다.

장소	날짜
특이사항	

Polygonatum lasianthum Maxim.
백합과

죽대 343

전국 다년초

전국의 산 숲 속이나 고지대 풀밭에 자라는 여러해살이풀이다. 뿌리줄기는 길게 옆으로 뻗으며, 흰색이다. 줄기는 위쪽이 비스듬히 자라며, 높이 30~70cm다. 잎은 7~14장이 2줄로 어긋나며, 좁고 긴 타원형 또는 넓은 타원형, 길이 7~10cm, 폭 3~4cm다. 꽃은 5~7월에 잎겨드랑이에서 난 길이 3.0~4.5cm의 꽃대 끝에 1~2개씩 달리며, 끝이 녹색을 조금 띤 흰색이다. 화관은 통 모양이며, 길이 2.0~2.5cm, 끝이 얕게 6갈래로 갈라진다. 수술은 화관 안쪽에 붙으며, 수술대는 아래쪽에 긴 털이 많다. 열매는 장과이며, 둥글고, 검푸르게 익는다.

식별포인트 진황정(*P. falcatum* A. Gray)에 비해서 전국의 높은 산에 자라며, 꽃자루는 처음에 줄기에 붙어서 나오고 후에도 밑으로 완전히 드리워지지 않으므로 구분된다.

장소	날짜
특이사항	

371

둥굴레

Polygonatum odoratum (Mill.) Druce var. *pluriflorum* (Miq.) Ohwi
백합과

전국의 산과 들에 자라는 여러해살이풀이다. 뿌리줄기는 길게 옆으로 뻗으며, 갈라지기도 하고, 지름 3~12mm다. 줄기는 위쪽이 조금 옆으로 기울어지며, 높이 30~60cm, 겉에 능선이 있다. 잎은 5~15장이 2줄로 어긋나며, 좁은 타원형, 길이 5~18cm, 폭 2~6cm다. 잎 앞면은 녹색이고, 뒷면은 흰빛이 돈다. 꽃은 5~6월에 잎겨드랑이에서 난 길이 1~3cm의 꽃대에 보통 2개씩 달리며, 밑을 향하고, 흰색이다. 화관은 종 모양이며, 길이 1.2~3.0cm, 끝이 6갈래로 갈라진다. 수술은 6개이며, 꽃밥은 수술대와 길이가 거의 같다. 열매는 장과이며, 둥글고, 검게 익는다.

전국
다년초

식별포인트 울릉도에 분포하는 왕둥굴레(*P. robustum* (Korsh.) Nakai)에 비해서 줄기는 겉에 능선이 있으며, 줄기 높이, 잎 크기 등이 전체적으로 보다 작으므로 구분된다.

장소		날짜	
특이사항			

Polygonatum robustum (Korsh.) Nakai
백합과

왕둥굴레

울릉도의 숲 속에 드물게 자라는 여러해살이풀이다. 뿌리줄기는 옆으로 길게 뻗으며, 매우 굵게 자란다. 줄기는 비스듬히 자라며, 높이 50~90cm, 겉에 능선이 없다. 잎은 9~15장이 어긋나며, 좁은 타원형, 길이 5~25cm, 폭 2~7cm다. 잎자루는 길이 8mm쯤으로서 뚜렷하다. 꽃은 5월에 잎겨드랑이에서 난 길이 1~3cm의 꽃대에 1~3개가 피며, 녹색이 도는 흰색이다. 화관은 통 모양이며, 길이 1.5~2.0cm다. 열매는 장과이며, 둥글고, 지름 5~8mm, 검게 익는다. 아무르에도 분포한다.

식별포인트 둥굴레(*P. odoratum* (Mill.) Druce var. *pluriflorum* (Miq.) Ohwi)에 비해서 남한에서는 울릉도에만 분포하며, 전체가 크고, 줄기 겉에 능선이 없으므로 구분된다.

울릉도
다년초

장소	날짜
특이사항	

갈고리층층둥굴레

Polygonatum sibiricum Redouté
백합과

북부 지방
다년초

북부 지방의 산과 들에 자라는 여러해살이풀이다. 줄기는 곧추서며, 둥글고, 높이 40~150cm다. 잎은 밑에서는 어긋나지만 중앙 이상에서는 3~8장이 층층이 돌려나며, 선형 또는 선상 피침형, 길이 8~15cm, 폭 0.8~2.5cm, 끝이 둥글게 말리는데 꽃이 필 때는 더욱 그렇다. 꽃은 5~6월에 잎겨드랑이에서 난 4~6개의 꽃대에 각각 2~3개씩 달리며, 밑을 향하고, 흰색이다. 꽃대는 길이 1.5~2.0cm이며, 꽃자루는 길이 0.5cm쯤이다. 꽃은 통 모양이며, 길이 1cm쯤, 끝이 얕게 갈라진다. 열매는 장과이며, 검게 익는다. 충청북도 단양 등지에서 한약재로 재배한다.

식별포인트 층층둥굴레(*P. stenophyllum* Maxim.)에 비해서 남한에서는 자생지가 발견되지 않았으며, 잎은 끝이 동그랗게 말리고, 꽃대는 길이 1.5~2.0cm로서 길므로 구분된다.

장소	날짜
특이사항	

Polygonatum stenophyllum Maxim.
백합과

층층둥굴레

중부 지방 이북의 산과 강가 모래땅에 드물게 자라는 여러해살이풀이다. 뿌리줄기는 가늘고 길며, 흰색이다. 줄기는 곧추서며, 높이 40~90cm다. 잎은 아래쪽에서는 어긋나지만 위로 가면서 4~6장이 층을 이뤄 돌려나며, 좁은 선형, 길이 6~12cm, 폭 0.5~1.2cm, 끝이 뾰족하고 둥글게 말리지 않는다. 꽃은 5~6월에 잎겨드랑이에서 난 여러 개의 꽃대에 각각 2개씩 피며, 흰색이다. 꽃대는 길이 5mm쯤으로서 매우 짧고, 꽃자루도 짧다. 화관은 통 모양이며, 길이 7~8mm다. 열매는 장과이며, 둥글고, 지름 6mm쯤, 검게 익는다.

식별포인트 갈고리층층둥굴레(*P. sibiricum* Redouté)에 비해 전체가 조금 작으며, 잎은 끝이 둥글게 말리지 않고, 꽃대는 길이 5mm쯤으로 매우 짧아서 꽃들이 돌려나는 잎 사이에 다닥다닥 붙은 것처럼 보이므로 구분된다.

중부 이북
다년초

장소	날짜
특이사항	

348 풀솜대

Smilacina japonica A. Gray
백합과

전국
다년초

전국의 산 숲 속에 자라는 여러해살이풀이다. 땅속줄기는 통통하며, 길고 옆으로 뻗는다. 줄기는 곧추서거나 위쪽에서 비스듬하게 기울어지며, 높이 20~40cm, 위로 갈수록 털이 많다. 잎은 5~7장이 2줄로 어긋나며, 긴 타원형, 길이 6~15cm, 폭 3~5cm, 끝이 뾰족하다. 잎 양면은 털이 난다. 잎자루는 있다. 꽃은 4~6월에 줄기 끝의 겹총상꽃차례에 많이 달리며, 작고, 흰색이다. 꽃차례는 털이 많다. 꽃자루는 길이 2~5mm다. 화피는 6장이며, 타원형, 길이 5mm쯤이다. 수술은 6개이고, 암술은 1개다. 열매는 장과이며, 둥글고, 붉게 익는다. 지리산 지역의 방명을 따라서 '지장보살'이라 부르기도 한다.

식별포인트 자주솜대(*S. bicolor* Nakai)에 비해서 전체에 털이 많고, 꽃은 흰색, 봄에 피며, 꽃차례는 더욱 많이 갈라지므로 구분된다.

장소	날짜
특이사항	

Smilax china L.
백합과

청미래덩굴

중부 지방 이남의 산과 들에 자라는 낙엽 덩굴나무다. 줄기는 구불구불하게 자라며, 갈고리 같은 가시가 있고, 길이 3m쯤이다. 잎은 어긋나며, 윤기가 있고, 원형 또는 넓은 타원형, 길이 3~12cm, 폭 2~10cm, 가장자리가 밋밋하다. 잎자루는 길이 1~2cm다. 턱잎은 끝이 2개의 덩굴손으로 변한다. 꽃은 5~6월에 암수딴그루로 잎겨드랑이에서 난 산형꽃차례에 피며, 노란 빛이 도는 녹색이다. 꽃대는 길이 1.5~3.0cm, 꽃자루는 길이 1cm쯤이다. 열매는 장과이며, 둥글고, 지름 7~8mm, 붉게 익는다. '멍감나무'라고도 한다.

식별포인트 청가시덩굴(*S. sieboldii* Miq.)에 비해서 잎은 더욱 둥근 모양이며, 열매는 검은색이 아니라 붉게 익으므로 구분된다.

전국 만경

장소		날짜	
특이사항			

350 선밀나물

Smilax nipponica Miq.
백합과

전국
다년초

전국의 산과 들에 자라는 여러해살이풀이다. 줄기는 곧추서며, 높이 1m에 이른다. 잎은 어긋나며, 타원형, 길이 4~20cm, 폭 2~14cm, 끝이 뾰족하고, 가장자리가 밋밋하다. 잎 뒷면은 연한 녹색이며, 그물 모양의 무늬가 있다. 잎자루 밑에 있는 2개의 턱잎은 덩굴손으로 되기도 한다. 잎자루는 길이 1~4cm다. 꽃은 5~6월에 암수딴포기로 피며, 줄기 아래쪽의 잎겨드랑이에 난 꽃대 끝에 산형꽃차례로 달리고, 녹색이다. 수꽃의 화피는 수평으로 퍼지며, 길이 4mm쯤, 수술은 화피보다 짧다. 암꽃의 화피는 배 모양이다. 열매는 장과이며, 둥글고, 검게 익고 흰 가루로 덮인다.

식별포인트 밀나물(*S. riparia* A. DC. var. *ussuriensis* (Regel) H. Hara et T. Koyama)에 비해서 전체가 노란빛이 도는 녹색이며, 줄기는 곧추서고, 가지가 갈라지지 않으므로 구분된다.

장소	날짜
특이사항	

Streptopus ovalis (Ohwi) F.T. Wang et Y.C. Tang
백합과

금강애기나리

전국의 높은 산 고지대에 자라는 여러해살이풀이다. 줄기는 가지가 갈라지며, 위쪽이 비스듬히 서고, 높이 10~30cm다. 잎은 어긋나며, 난형 또는 긴 타원형, 길이 5~6cm, 폭 2.0~3.5cm, 가장자리에 잔 돌기가 있고, 밑이 줄기를 감싼다. 꽃은 5~6월에 줄기 끝의 잎겨드랑이에서 보통 1~2개씩 피지만 3~4개가 피는 경우도 있으며, 흰색이 도는 연한 노란색이다. 꽃자루는 길이 2cm쯤이며, 털이 없다. 화피는 6장이며, 끝이 매우 뾰족하고, 뒤로 젖혀지며, 보통 자주색 반점이 있다. 수술은 6개이며, 화피보다 짧다. 열매는 장과이며, 둥글고, 붉게 익는다. '신부애기나리'라고도 한다. 중국에도 분포한다.

식별포인트 북부 지방에 분포하는 왕죽대아재비(*S. koreanus* (Kom.) Ohwi)에 비해서 꽃은 잎겨드랑이에서 1개씩 피는 게 아니라 줄기 끝에서 1~4개가 피므로 구분된다.

전국
다년초

장소	날짜
특이사항	

연령초

Trillium kamtschaticum Pall. ex Pursh
백합과

중부 이북
다년초

중부 지방 이북의 높은 산 숲 속에 자라는 여러해살이풀이다. 뿌리줄기는 굵고 짧다. 줄기는 곧추서며, 보통 2대가 모여나고, 높이 20~40cm다. 잎은 3장이 줄기 끝에 돌려나며, 넓은 난형, 길이와 폭이 각각 7~15cm, 끝이 뾰족하고, 가장자리가 밋밋하다. 잎자루는 없다. 꽃은 4~6월에 돌려난 잎 가운데서 난 1개의 꽃자루 끝에 1개씩 피며, 흰색, 지름 3~5cm다. 꽃받침잎은 3장이며, 길이 2.5~4.0cm, 녹색이다. 꽃잎은 3장이며, 난형 또는 타원형, 길이 2.5~4.0cm, 폭 1.0~1.5cm, 끝이 둔하다. 수술은 6개이며, 수술대는 길이 3~4mm, 꽃밥은 길이 7~10mm다. 암술대는 3갈래로 갈라진다. 열매는 장과이며, 둥글고, 지름 2~3cm다.

식별포인트 큰연령초(*T. tschonoskii* Maxim.)에 비해서 중부 지방의 높은 산에 분포하며, 꽃밥은 더욱 크고, 꽃밥 길이는 수술대의 2배에 이르므로 구분된다.

Trillium tschonoskii Maxim.
백합과

큰연령초

울릉도와 북부 지방의 높은 산 숲 속에 자라는 여러해살이풀이다. 줄기는 곧추서며, 높이 30cm에 이른다. 잎은 줄기 위쪽에 3장이 돌려나며, 길이와 폭이 각각 7~17cm, 3~5맥과 그물맥이 있다. 꽃은 4~5월에 돌려난 잎 가운데서 난 길이 1~4cm의 꽃자루에 1개씩 피며, 흰색, 지름 3~4cm다. 꽃받침잎은 3장이며, 넓은 피침형 또는 좁은 난형, 길이 1.5~2.0cm, 녹색이다. 꽃잎은 3장이며, 난형, 길이 1.5~2.2cm다. 수술대는 길이 4~5mm, 꽃밥은 길이 3~4mm다. 열매는 장과이며, 지름 1.5cm쯤이다.

식별포인트 연령초(*T. kamtschaticum* Pall. ex Pursh)에 비해서 남한에서는 울릉도에만 분포하며, 꽃밥은 크기가 작고, 꽃밥 길이는 수술대의 길이와 같거나 조금 길므로 구분된다.

울릉도
북부 지방
다년초

장소	날짜
특이사항	

산자고

Tulipa edulis (Miq.) Baker
백합과

전국
다년초

전국의 산 낮은 지대에 자라는 여러해살이풀이다. 비늘줄기는 넓은 난형, 길이 3~4cm, 겉은 어두운 갈색이다. 줄기는 높이 15~30cm다. 잎은 줄기 아래쪽에 2장이 달리며, 선형, 길이 15~25cm, 폭 0.5~1.0cm, 흰빛이 도는 녹색이다. 포잎은 보통 2장이지만 드물게 3장이며, 길이 2~3cm다. 꽃은 3~4월에 줄기 끝에서 1개씩 위를 향해 달리며, 넓은 종 모양, 흰색, 지름 4~6cm다. 꽃자루는 길이 2~4cm다. 화피는 6장이며, 끝이 뾰족한 피침형, 길이 2~3cm, 겉에 짙은 자주색 줄이 있다. 수술은 6개, 암술은 1개, 암술대는 길이 4~5mm다. 열매는 삭과이며, 세모가 진다.

식별포인트 원예식물로 심어 기르는 튤립(*T. gesneriana* L.)에 비해서 우리나라에 자생하는 식물이며, 전체가 작고, 꽃 아래에 포잎이 있으므로 구분된다.

장소	날짜
특이사항	

Iris koreana Nakai
붓꽃과

노랑붓꽃

전라남도와 전라북도의 숲 속에 매우 드물게 자라는 한국특산의 여러해살이풀이다. 줄기는 높이 10~20cm다. 잎은 넓은 선형이며, 길이 15~40cm, 폭 0.5~1.5cm다. 꽃은 4월에 피며, 항상 2개씩 달리고, 노란색, 지름 2.5~4.5cm다. 꽃줄기는 높이 5~10cm, 끝 부분에 포가 3장 있다. 포는 긴 피침형이며, 길이 3~7cm, 폭 2~5mm다. 열매는 삭과이며, 넓은 난형이다. 변산반도, 백암산, 내장산 등지에 매우 드물게 자란다.

식별포인트 금붓꽃(*I. minutoaurea* Makino)에 비해서 꽃은 항상 2개씩 달리므로 구분된다.

전남 전북
다년초

타래붓꽃

Iris lactea Pall.
붓꽃과

전국
다년초

전국의 산에 자라는 여러해살이풀이다. 뿌리줄기는 짧으며, 수염뿌리는 노란빛이 도는 흰색이다. 줄기는 곧추서며, 높이 40~50cm다. 잎은 좁은 선형, 길이 40~70cm, 폭 0.5~0.6cm, 2~3바퀴 꼬이고, 회색이 도는 녹색이다. 꽃은 5~6월에 꽃줄기 끝에서 2~4개씩 피며, 연한 보라색, 지름 4~6cm다. 꽃자루는 길이 4~7cm다. 포잎은 3~4장이며, 길이 5~10cm다. 바깥 화피는 연한 보라색 또는 우윳빛이며, 맥에는 자주색 줄이 있다. 안쪽 화피는 연한 보라색이다. 암술대는 3갈래로 갈라지며, 갈래는 다시 2갈래로 갈라진다. 열매는 삭과이며, 끝이 부리처럼 뾰족하다.

식별포인트 우리나라의 붓꽃속 식물들에 비해서 잎은 2~3회 꼬이며, 꽃은 화피가 좁으므로 구분된다.

Iris minutoaurea Makino
붓꽃과

금붓꽃

전국의 산에 자라는 여러해살이풀이다. 땅속줄기는 가늘며, 옆으로 길게 뻗는다. 줄기는 여러 대가 모여나며, 높이 20cm쯤이다. 잎은 3~4장이며, 창 모양, 꽃이 필 때는 길이 13~20cm, 폭 3~8mm지만 꽃이 핀 다음 더 자라고, 밑이 줄기를 싼다. 꽃줄기에 달린 잎은 짧으며, 맥이 있다. 꽃은 4월에 꽃줄기 끝에서 1개씩 피고, 노란색, 지름 2.0~3.8cm다. 꽃줄기는 높이 10~13cm다. 포는 2장이며, 선상 피침형, 길이 5.3~8.0cm다. 바깥 화피는 주걱 모양이며, 길이 2.0~2.7cm, 옆으로 퍼진다. 안쪽 화피는 길이 1.5~2.3cm이며, 곧추선다. 열매는 삭과이며, 둥글다. 중국 랴오닝성에도 분포한다.

식별포인트 노랑붓꽃(*I. koreana* Nakai)에 비해서 전국에 비교적 흔하며, 꽃은 항상 1개씩 피므로 구분된다.

전국
다년초

장소	날짜
특이사항	

노랑무늬붓꽃

Iris odaesanensis Y.N. Lee
붓꽃과

경북 강원 북부 지방
다년초

강원도의 가리왕산 금대봉 대관령 오대산 태백산, 경상북도의 소백산 주왕산 팔공산 및 북부 지방의 높은 산 숲 속 또는 풀밭에 자라는 여러해살이풀이다. 땅속줄기는 가늘다. 줄기는 곧추서며, 높이 20cm쯤이다. 잎은 칼 모양, 길이 12~35cm, 폭 1.0~1.5cm, 10~12맥이 있다. 꽃은 4~6월에 꽃줄기에서 2개씩 피며, 흰색, 지름 3.5cm쯤이다. 바깥 화피는 흰 바탕의 안쪽에 노란 줄무늬가 있고, 안쪽 화피는 희며 비스듬히 선다. 수술은 3개이며, 꽃밥은 분홍빛을 띤 녹색이다. 암술은 끝이 3갈래로 갈라지며, 혀 모양이다. 열매는 삭과이며, 삼각형이다. 중국 길림성에도 분포한다.

식별포인트 한국특산식물인 노랑붓꽃(*I. koreana* Nakai)에 비해서 꽃은 흰색이므로 구분된다.

Iris rossii Baker
붓꽃과

각시붓꽃

전국의 산에 흔하게 자라는 여러해살이풀이다. 뿌리줄기와 수염뿌리가 발달한다. 줄기는 곧추서며, 모여나고, 높이 10~30cm다. 잎은 칼 모양, 다자라면 길이 30cm, 폭 2~10mm, 끝이 매우 뾰족하다. 꽃은 4~5월에 길이 5~15cm의 꽃줄기 끝에 1개씩 피며, 보통 보라색이지만 드물게 흰색인 것도 있고, 지름 3.5~4.0cm다. 포는 2~3장이며, 선형, 길이 4~6cm다. 바깥 화피는 3장이며, 좁은 도란형, 중앙의 무늬는 변이가 심하다. 안쪽 화피는 3장이며, 주걱 모양, 비스듬히 선다. 암술대는 3갈래로 깊게 갈라진 후, 갈래는 다시 2갈래로 깊게 갈라진다. 꽃밥은 노란색이다. 열매는 삭과이며, 둥글다.

식별포인트 솔붓꽃(*I. ruthenica* Ker-Gawl.)과 난장이붓꽃(*I. unifbra* Pall. ex Link)에 비해서 화피통은 길이 5~7cm로서 매우 길므로 구분된다.

전국
다년초

장소	날짜
특이사항	

붓꽃

Iris sanguinea Donn ex Hornem.
붓꽃과

전국의 산과 들에 자라는 여러해살이풀이다. 뿌리줄기는 길고, 수염뿌리가 발달한다. 줄기는 곧추서며, 여러 대가 모여나고, 높이 30~60cm다. 잎은 줄기에 2줄로 붙으며, 창 모양, 길이 30~50cm, 폭 0.5~1.0cm, 중륵이 뚜렷하지 않다. 꽃은 5~6월에 꽃줄기 끝에서 2~3개씩 달리며, 보통 자주색이지만 드물게 흰색, 지름 8cm쯤이다. 꽃줄기는 속이 비어 있다. 바깥 화피는 넓은 도란형이며, 안쪽에 노란색 바탕에 자주색 줄무늬가 있다. 안쪽 화피는 곧추서며, 길이 4cm쯤이다. 암술대는 깊게 3갈래 갈라진 후 다시 2갈래로 갈라진다. 열매는 삭과이며, 삼각형이다.

식별포인트 부채붓꽃(*I. setosa* Pall. ex Link)에 비해서 잎 폭이 좁으며, 안쪽 화피는 뚜렷하게 발달하고 곧추서므로 구분된다.

전국 다년초

Iris setosa Pall. ex Link
붓꽃과

부채붓꽃

경상북도 이북의 동해안 습지 및 북부 지방에 드물게 자라는 여러해살이 풀이다. 줄기는 곧추서며, 가지가 많이 갈라지고, 높이 60~100cm다. 잎은 줄기 아래쪽에서는 2줄로 납작하게 겹쳐서 나며, 넓은 선형, 길이 20~50cm, 폭 2~3cm다. 꽃은 5~7월에 줄기와 가지 끝에서 2~3개씩 달리며, 보라색, 지름 7~8cm다. 화피통은 길이 1cm쯤이다. 바깥 화피는 아래로 넓은 도란형, 길이 4.0~4.5cm, 폭 2.0~2.5cm다. 안쪽 화피는 퇴화되어 작으며, 보통 옆으로 퍼진다. 열매는 삭과이며, 타원형 또는 난형, 길이 3cm쯤이다.

경북 이북
다년초

식별포인트 붓꽃(*I. sanguinea* Donn ex Hornem.)에 비해서 잎은 폭이 넓으며, 화피는 색깔이 보다 연하며, 안쪽 화피는 잘 발달되지 않으므로 구분된다.

장소	날짜
특이사항	

362 난장이붓꽃

Iris uniflora Pall. ex Link
붓꽃과

설악산 이북
다년초

강원도 설악산 이북의 높은 산에 자라는 여러해살이풀이다. 뿌리줄기는 옆으로 뻗고, 가늘다. 줄기는 높이 5~8cm, 밑에 묵은 잎이 남아있다. 잎은 좁은 선형, 길이 5~20cm, 폭 4~10mm, 꽃이 진 다음 더 자란다. 꽃은 5~7월에 줄기 끝에서 1개씩 달리며, 연한 보라색, 지름 4~5cm다. 포잎은 2장, 넓은 피침형, 길이 2.0~3.5cm, 폭 0.8~1.0cm, 노란빛 또는 자줏빛이 도는 녹색, 딱딱한 막질, 끝이 조금 뾰족하거나 뭉툭하다. 화피통은 길이 1.5cm쯤이다. 바깥 화피는 도란상 긴 타원형, 아래쪽에 흰색 무늬가 있다. 안쪽 화피는 곧추서며, 피침형이다. 열매는 삭과이며, 둥글고, 엽초 모양의 포 안에 들어 있다.

식별포인트 각시붓꽃(*I. rossii* Baker)에 비해서 화피통은 길이 1.5cm 이하로서 매우 짧으므로 구분된다. 솔붓꽃(*I. ruthenica* Ker-Gawl.)은 포가 피침형이며, 부드러운 막질이고, 끝이 매우 뾰족하므로 다르다.

장소	날짜
특이사항	

Sisyrinchium angustifolium Mill.
붓꽃과

등심붓꽃 363

북미 원산으로 남부 지방에 퍼진 여러해살이 귀화식물이다. 줄기는 곧추서며, 높이 20~30cm, 납작하고, 아래쪽에 좁은 날개가 2개 있다. 잎은 줄기 아래쪽에 여러 장이 어긋나며, 납작한 선형, 길이 4~8cm, 폭 2~3mm, 끝이 뾰족하다. 꽃은 4~6월에 줄기 끝의 산형꽃차례에 3~6개씩 달리며, 푸른 보라색 또는 하얀 보라색, 지름 1.0~1.5cm다. 포는 2장이며, 피침형이다. 화피는 종 모양, 깊게 6갈래로 갈라진다. 갈래는 타원형이며, 끝이 뾰족하고, 아래쪽은 노란색이다. 수술은 3개이며, 수술대는 서로 붙어 있다. 열매는 삭과이며, 둥글고, 밑을 향한다.

북미
다년초

식별포인트 우리나라의 붓꽃과 식물들에 비해서 귀화식물이며, 꽃은 산형꽃차례를 이루어 피므로 구분된다.

장소	날짜
특이사항	

넓은잎천남성

Arisaema amurense Maxim.
천남성과

전국의 산 숲 속에 자라는 여러해살이풀이다. 덩이줄기는 납작한 구형이다. 잎은 보통 1장이지만 2장이 나기도 하며, 작은잎 3장 또는 5장으로 된 겹잎이다. 작은잎은 도란형 또는 좁은 타원형, 길이 7~11cm, 폭 4~7cm, 가장자리가 밋밋하거나 톱니가 있다. 잎자루는 길이 7~30cm다. 꽃은 4~6월에 육수꽃차례로 피며, 꽃줄기가 잎자루보다 짧아서 잎보다 아래쪽에 있고, 녹색 또는 자주색이다. 꽃차례의 연장부는 곤봉 모양이다. 열매는 장과이며, 붉게 익는다. '둥근잎천남성'과 같은 것이다.

식별포인트 천남성(*A. serratum* (Thunb.) Schott)에 비해서 잎은 보통 1장씩 나며, 손바닥 모양이고, 작은잎은 3~5장이므로 구분된다.

Arisaema hetrophyllum Blume
천남성과

두루미천남성

전국의 산 숲 속에 자라는 여러해살이풀이다. 덩이줄기는 둥근 모양, 주위에 몇 개의 작은 덩이줄기가 붙어 있고, 위쪽에서 수염뿌리가 난다. 줄기는 높이 50cm쯤이다. 잎은 줄기 위쪽에서 1장이 나며, 작은잎 11~20장으로 이루어진다. 작은잎은 긴 타원형, 보통 가운데 1장의 갈래가 특히 작고, 가장자리에 톱니가 없다. 잎자루는 길이 30~60cm다. 꽃은 양성꽃이 피거나 수포기가 따로 있으며, 4~5월에 육수꽃차례로 달린다. 꽃차례는 잎보다 높이 길게 나온다. 불염포는 녹색이며, 전체 길이가 15~26cm, 끝이 갑자기 좁아진다. 꽃차례의 연장부는 채찍처럼 길게 자라서 불염포 밖으로 나와 곧추선다. 열매는 장과이며, 붉게 익는다.

전국 다년초

식별포인트 제주도와 남해안 섬에만 분포하는 무늬천남성(*A. thunbergii* Blume)에 비해서 가운데 작은잎이 가장 작으며, 꽃은 잎 보다 높은 곳에서 피고, 꽃차례의 연장부는 늘어지지 않으므로 구분된다.

장소	날짜
특이사항	

큰천남성

Arisaema ringens (Thunb.) Schott
천남성과

남부 지방
다년초

제주도와 남부 지방의 바닷가 숲 속에 자라는 여러해살이풀이다. 덩이줄기는 납작한 구형이며, 주위에 작은 덩이줄기가 있고, 위쪽에서 수염뿌리가 난다. 잎은 2장이 마주나며, 작은잎 3장으로 된 겹잎이다. 작은잎은 넓은 난형, 길이 10~30cm, 폭 5~10cm, 끝이 실처럼 가늘어진다. 잎 앞면은 진한 녹색으로 윤이 나며, 뒷면은 흰빛이 난다. 잎자루는 길이 12~25cm다. 꽃은 4~5월에 암수딴포기로 피며, 육수꽃차례를 이룬다. 불염포는 통부 위쪽이 넓게 밖으로 젖혀진다. 꽃차례의 연장부는 곤봉 모양이다. 열매는 장과다.

식별포인트 우리나라의 천남성속 식물들에 비해서 전체가 크며, 잎은 작은잎 3장으로 이루어지고, 잎 끝이 실처럼 가늘므로 구분된다.

장소	날짜
특이사항	

Arisaema serratum (Thunb.) Schott
천남성과

천남성

전국의 산 숲 속에 자라는 여러해살이풀이다. 덩이줄기는 조금 납작한 구형이며, 지름 2~4cm, 주위에 작은 덩이줄기가 2~3개 달린다. 줄기는 높이 30~90cm, 녹색이지만 때로 자주색 반점이 있다. 잎은 줄기에 2장이 달리며, 각각은 작은잎 7~15장으로 이루어진다. 작은잎은 도란상 피침형 또는 긴 타원형, 길이 10~20cm, 가장자리가 밋밋하거나 톱니가 있다. 꽃은 4~6월에 육수꽃차례로 핀다. 불염포는 녹색 또는 어두운 자주색이며, 통부는 길이 5~8cm다. 불염포 위쪽은 통부보다 길고, 모자처럼 앞으로 구부러지며, 긴 타원형이다. 꽃차례의 연장부는 곤봉 모양이며, 불염포의 통부보다 길다. 열매는 장과이며, 붉게 익는다.

전국
다년초

식별포인트 넓은잎천남성(*A. amurense* Maxim.)에 비해서 잎은 보통 2장씩 나며, 새발 모양이고, 작은잎은 7~15장으로서 많으므로 구분된다.

장소	날짜
특이사항	

섬남성

Arisaema takesimense Nakai
천남성과

울릉도
다년초

울릉도에 자라는 한국특산의 여러해살이풀이다. 덩이줄기는 조금 납작한 구형이며, 지름 3~5cm, 위쪽에서 수염뿌리가 발달해 사방으로 퍼진다. 줄기는 높이 40cm쯤이며, 겉에 붉은 보라색 반점이 있다. 잎은 줄기에 2장이 붙으며, 잎자루는 길이 3~7cm, 9~11갈래로 갈라진다. 갈래는 긴 타원형 또는 타원형이며, 가운데 갈래에는 길이 2~3cm의 작은 잎자루가 있다. 잎 앞면은 보통 얼룩무늬가 있지만 없는 경우도 있다. 꽃은 4~5월에 암수딴포기로 피며, 육수꽃차례를 이룬다. 불염포는 짙은 자주색 또는 녹색이며, 흰색의 세로줄이 있다. 꽃차례의 연장부는 곤봉 모양이다. 열매는 장과다.

<u>식별포인트</u> 우리나라의 천남성속 식물들에 비해서 울릉도에만 분포하며, 전체가 크고, 잎 앞면은 보통 흰색 무늬가 있으므로 구분된다.

장소	날짜
특이사항	

Arisaema thunbergii Blume
천남성과

무늬천남성

제주도와 남부 지방 섬에 자라는 여러해살이풀이다. 덩이줄기는 조금 납작한 구형이며, 위쪽에서 수염뿌리가 사방으로 퍼진다. 잎은 1장이며, 9~17갈래로 갈라진다. 갈래는 작은잎처럼 되며, 선상 피침형 또는 피침형, 가운데 갈래는 길이 10~25cm, 폭 1~4cm로 다른 갈래보다 크다. 가장자리는 톱니가 없다. 잎자루는 길이 30~60cm다. 꽃은 4~5월에 육수꽃차례로 핀다. 꽃줄기는 높이 10~20cm다. 불염포는 검은빛이 나는 보라색이며, 끝이 실처럼 가늘어진다. 통부 위쪽의 불염포에 흰색 그물 무늬가 있다. 육수꽃차례의 연장부는 검은빛이 나는 보라색이며, 불염포 밖에서 30~50cm 길어져서 채찍처럼 된다. 일본에도 분포한다.

남부 지방
다년초

식별포인트 중부 지방에도 분포하는 두루미천남성(*A. hetrophyllum* Blume)에 비해서 가운데 작은잎이 가장 작지 않으며, 꽃은 잎 보다 낮은 아래쪽에서 피고, 꽃차례의 연장부는 늘어지므로 구분된다.

장소	날짜
특이사항	

반하

Pinellia ternata (Thunb.) Breitenb.
천남성과

전국
다년초

전국의 밭에 자라는 여러해살이풀이다. 덩이줄기는 지름 1~2cm다. 잎은 1~2장이며, 작은잎 3장으로 갈라진다. 잎자루는 길이 10~20cm, 아래쪽 안쪽에 육아(肉芽)가 1개 달린다. 작은잎은 난상 타원형 또는 선상 피침형, 길이 3~12cm, 폭 1~5cm다. 꽃줄기는 가늘고, 높이 20~40cm다. 꽃은 3~5월에 육수꽃차례로 피며, 노란빛이 도는 흰색이다. 불염포는 녹색이지만 끝이 붉은 보라색을 띠기도 하며, 길이 6~7cm, 통부는 길이 1.5~2.0cm다. 꽃차례 아래쪽에 암꽃이 여러 개 달리며, 위쪽에 수꽃이 빽빽하게 붙고, 그 위에서 꽃차례가 6~10cm 길어져 포 밖으로 나와 곤추선다. 수꽃은 수술대 없이 꽃밥만 붙어 있다. 열매는 장과이며, 녹색이다.

식별포인트 남부 지방에 드물게 자라는 큰반하(*P. tripartita* (Blume) Schott)에 비해서 전체가 작으며, 잎자루에 육아가 달리고, 잎은 3갈래로 깊게 갈라지는 게 아니라 완전히 갈라져서 작은잎 3장으로 되므로 구분된다.

장소	날짜
특이사항	

Symplocarpus renifolius Schott ex Miq.
천남성과

앉은부채

제주도를 제외한 전국의 산 그늘진 곳에 자라는 여러해살이풀이다. 땅속 줄기에서 긴 끈 모양의 수염뿌리가 난다. 줄기는 없다. 잎은 뿌리에서 여러 장이 나며, 넓은 심장형, 길이와 폭이 각각 30~40cm, 가장자리가 밋밋하다. 잎자루는 길이 10~20cm다. 꽃은 3~4월에 잎보다 먼저 피며, 육수꽃차례를 이룬다. 꽃차례는 둥글다. 꽃차례의 불염포는 주머니 모양이며, 길이 10~20cm, 폭 5~10cm, 붉은 갈색 반점이 있다. 꽃잎은 4장이며, 연한 보라색이다. 수술은 4개이며, 꽃밥은 노란색이다. 암술은 1개다. 열매는 장과이며, 여름에 익지만 잘 결실하지 않는다. 경기도 높은 산에 많다.

전국
다년초

식별포인트 애기앉은부채(*S. nipponicus* Makino)에 비해서 잎은 더욱 둥글고 크며, 꽃은 여름이 아니라 이른봄에 잎보다 먼저 피므로 구분된다.

장소	날짜
특이사항	

자란

Bletilla striata (Thunb.) Rchb. fil.
난초과

전남
다년초

전라남도 해안과 섬의 낮은 산 풀밭에 자라는 여러해살이풀이다. 잎은 아래쪽에서 5~6장이 어긋나게 달리며, 긴 타원형 또는 피침형, 길이 15~30cm, 폭 1~5cm, 세로로 주름이 진다. 꽃은 5월에 3~7개가 총상꽃차례로 달리며, 자주색이다. 꽃줄기는 높이 30~70cm, 가늘고 단단하며, 자줏빛을 띠기도 한다. 꽃받침과 곁꽃잎은 좁은 타원형이며, 길이 2.5~3.0cm, 폭 6~8mm다. 입술꽃잎은 쐐기 모양의 난형이며, 가장자리가 안으로 굽고, 끝이 3갈래로 갈라진다. 입술꽃잎의 가운데 조각은 원형이며, 가장자리가 물결 모양이다. 암술대는 길이 2cm다. 열매는 삭과이며, 길이 3cm쯤이다.

식별포인트 우리나라의 난초과 식물들에 비해서 전라남도 해안 지방에만 분포하며, 잎은 줄기 아래쪽에 모여나고, 꽃은 붉은 자주색이므로 구분된다.

장소	날짜
특이사항	

Calanthe discolor Lindl.
난초과

새우난초

제주도와 남부 지방에 주로 자라지만 서해안을 따라 충청남도 안면도까지 올라오는 여러해살이풀이다. 잎은 상록성이며, 2~3장이 달리고, 긴 타원형, 길이 15~20cm, 폭 4~6cm다. 꽃은 4~5월에 길이 15cm쯤의 총상꽃차례에 8~15개가 조금 드문드문 피며, 화피 조각은 벌어지고, 붉은 색이 도는 갈색이 많지만 녹색을 띠기도 한다. 꽃줄기는 높이 30~50cm이며, 겉에 짧은 털이 있다. 꽃받침과 곁꽃잎은 색이 같고, 모양도 비슷하지만 곁꽃잎이 조금 가늘고 작다. 입술꽃잎은 자줏빛이 도는 흰색이며, 3갈래로 깊게 갈라지고, 가운데 조각은 다시 2갈래로 갈라진다. 거(距)는 길이 5~10mm다.

식별포인트 금새우난초(*C. sieboldii* Dence.)에 비해서 꽃은 붉은 색이 도는 갈색이므로 구분된다. 여름새우난초(*C. reflexa* Maxim.)에 비해서 꽃은 봄에 피고, 잎은 더욱 둥글므로 구분된다.

남부 지방
다년초

장소	날짜
특이사항	

374 금새우난초

Calanthe sieboldii Decne.
난초과

남부 지방
울릉도
다년초

전라남도 해안과 섬, 경상북도 울릉도, 제주도 숲 속에 자라는 상록성 여러해살이풀이다. 잎은 아래쪽에서 2~3장이 나오며, 넓은 타원형, 길이 20~30cm, 폭 5~10cm, 주름이 많다. 잎자루는 길다. 꽃은 4~6월에 총상꽃차례로 달리며, 향기가 조금 나고, 밝은 노란색이다. 꽃줄기는 잎이 다 자라기 전에 높이 40cm쯤으로 되고, 1~2개의 비늘잎에 싸인다. 꽃받침은 타원형이며, 곁꽃잎도 모양이 비슷하지만 조금 가늘고 작다. 입술꽃잎은 깊게 3갈래로 갈라지는데 가운데 조각은 끝이 조금 오목하다.

식별포인트 새우난초(*C. discolor* Lindl.)에 비해서 꽃은 노란색이므로 구분된다.

장소	날짜
특이사항	

Cephalanthera erecta (Thunb.) Blume
난초과

은난초

중부 지방 이남의 산 숲 속에 자라는 여러해살이풀이다. 뿌리는 옆으로 뻗는다. 전체에 털이 없다. 줄기는 곧추서며, 높이 10~40cm다. 잎은 3~6장이 어긋나며, 긴 타원형, 길이 3~8cm, 폭 1.0~2.5cm, 밑이 줄기를 감싼다. 꽃은 4~6월에 3~10개가 길이 2~8cm의 총상꽃차례에 달리며, 흰색, 벌어지지 않는다. 포는 좁은 삼각형, 길이 0.1~0.3cm, 아래쪽 1~2장이 길기는 하지만 꽃차례보다는 짧다. 열매는 삭과이며, 좁은 타원형, 길이 1.5cm쯤이다.

식별포인트 은대난초(*C. longibracteata* Blume)에 비해서 전체에 털이 없으며, 잎은 작고, 포잎은 꽃차례보다 짧으므로 구분된다.

중부 이남
다년초

장소	날짜
특이사항	

금난초

Cephalanthera falcata (Thunb.) Blume
난초과

경기도 이남의 산에 자라는 여러해살이풀이다. 뿌리줄기는 짧고, 뿌리는 몇 개가 옆으로 길게 뻗는다. 줄기는 곧추서며, 높이 40~70cm, 가지가 갈라지지 않는다. 잎은 6~10장이 어긋나며, 긴 타원형, 길이 8~15cm, 폭 2~4cm, 세로 주름이 조금 지고, 털이 없다. 잎 아래쪽은 줄기를 감싸고, 끝은 뾰족하다. 꽃은 4~6월에 3~10개가 이삭꽃차례로 달리며, 노란색, 활짝 벌어지지 않는다. 곁꽃잎은 꽃받침보다 조금 짧고, 입술꽃잎은 3갈래다.

경기 이남
다년초

식별포인트 우리나라의 은대난초속 식물들에 비해서 꽃은 노란색이므로 구분된다.

Cephalanthera longibracteata Blume
난초과

은대난초

전국의 산 숲 속에 흔하게 자라는 여러해살이풀이다. 수염뿌리가 발달한다. 줄기는 곧추서며, 높이 30~40cm, 위쪽에 털이 난다. 잎은 3~8장이 어긋나며, 넓은 피침형, 길이 7~15cm, 폭 1.5~3.5cm, 밑이 줄기를 감싼다. 잎 가장자리와 뒷면 맥 위에 털이 난다. 잎자루는 없다. 꽃은 5~6월에 줄기 끝의 총상꽃차례에 5~10개가 달리며, 흰색, 벌어지지 않는다. 포잎은 선형 또는 넓은 선형, 아래쪽의 1~2장은 꽃차례보다 길다. 꽃받침잎은 3장이며, 꽃잎 같고, 길이 10~12mm다. 꽃잎은 꽃받침보다 짧다. 입술꽃잎은 아래쪽이 둔하고 짧으며, 끝이 넓어져 심장 모양으로 된다. 열매는 삭과이며, 길쭉하다.

식별포인트 은난초(*C. erecta* (Thunb.) Blume)에 비해서 잎이 더욱 길쭉하며, 꽃차례 아래쪽의 포잎은 보통 꽃차례보다 길므로 구분된다.

장소	날짜
특이사항	

378 김의난초

Cephalanthera longifolia (L.) Fritsch
난초과

강원 경북
다년초

삼척 및 울릉도에 자라는 여러해살이풀이다. 뿌리줄기는 옆으로 짧게 뻗는다. 줄기는 곧추서며, 높이 50~70cm다. 잎은 4~7장이 어긋나며, 피침형 또는 난상 피침형, 길이 4~13cm, 폭 0.5~2.5cm, 끝이 뾰족하고, 세로로 난 맥이 뚜렷하다. 꽃은 4~5월에 길이 2~6cm의 총상꽃차례에 2~13개가 피며, 흰색, 조금 벌어진다. 포잎은 선형 또는 넓은 선형이며, 아래쪽에 난 1~2개는 5~13cm로서 길다. 열매는 삭과이며, 타원형, 길이 1.7~2.0cm다. 북반구 고위도 지방에 널리 분포하지만, 우리나라 분포지는 이들과 격리된 것으로서 특이하다.

식별포인트 은대난초(*C. longibracteata* Blume)에 비해서 키가 더욱 크며, 꽃은 일찍 피고, 조금 더 벌어지므로 구분된다.

장소	날짜
특이사항	

Cephalanthera subaphylla Miyabe et Kudo
난초과

꼬마은난초

제주도, 경상남·북도, 전라남·북도, 충청남도의 숲 속에 드물게 자라는 여러해살이풀이다. 줄기는 곧추서며, 높이 10~20cm다. 잎은 아래쪽에 흰빛이 나는 엽초 같은 잎이 1~3장 달리고, 위쪽에 녹색 잎이 1장이거나 없다. 녹색 잎은 좁은 피침형이며, 길이 1.7~3.0cm, 윤기가 있고, 끝이 뾰족하다. 꽃은 4~5월에 줄기 끝의 총상꽃차례에 3~6개기 피며, 흰색, 반쯤 벌어신나. 포잎은 난상 피침형이며, 위쪽의 것은 작고, 아래쪽의 것은 잎 같은데 길이 1.2~2.0cm다. 열매는 삭과다. 일본에도 분포한다.

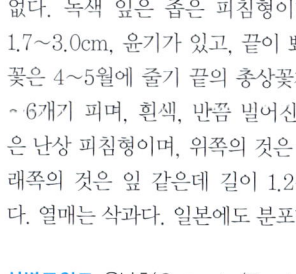

중부 이남
다년초

식별포인트 은난초(*C. erecta* (Thunb.) Blume)에 비해서 전체가 작으며, 잎은 매우 작고, 꽃은 반쯤 벌어지므로 구분된다.

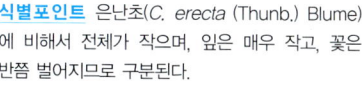

보춘화

Cymbidium goeringii (Rchb. fil.) Rchb. fil.
난초과

중부 이남
다년초

중부 지방 이남의 산에 자라는 여러해살이풀이다. 뿌리는 여러 개가 사방으로 길게 뻗으며, 흰색이다. 잎은 상록이며, 밑에서 모여나고, 선형, 길이 20~30cm, 폭 0.5~1.0cm, 가장자리에 가는 톱니가 있어 까칠까칠하다. 꽃은 3~5월에 줄기 끝에서 1개씩 옆을 향해 피며, 노란빛이 도는 녹색이다. 꽃줄기는 높이 10~25cm, 몇 개의 연둣빛이 나는 막질 엽초에 싸인다. 입술꽃잎은 꽃받침보다 짧고, 희며, 짙은 붉은 보라색 반점이 있다. 이른봄에 꽃이 피어 '봄을 알리는 꽃'이라는 뜻의 우리말 이름이 붙여졌으며, '춘란'이라고도 한다. 동해안과 서해안을 따라서 강원도 삼척과 황해도까지 분포하지만 내륙으로는 경상북도 문경 부근까지만 올라온다.

식별포인트 한란(*C. kanran* Makino)에 비해서 잎은 가장자리에 작은 톱니가 있어 만지면 까칠까칠하며, 꽃은 보통 1개씩 피므로 구분된다.

장소		날짜	
특이사항			